재미있고 알기쉬운 **항공지식 탐구와 도전!**

항공상식

이 강 희 지음

Knowledge of aviation!

이 강 희

- 청주대학교 영문학과 졸업
- 장교영어반 및 미항공고등군사반 수료
- 육군항공 조종사 및 육군항공학교 헬리콥터 학과교관 및 비행교관 역임
- FAA 비행기 학과교관 및 비행교관 역임
- 주요 저서

『운항학개론』『항공우주용어사전』『항법개론』『항공상식』『제트엔진』
『비행기조종학』『계기비행』『항공무선통신』『경량항공기』『항공기 I』
『항공정보지침서』『전자조종실』 기타 문제집 시리즈.

항공상식

펴낸 곳/펴낸 날	비행연구원/2017.5.15
등 록	제17-174호(1996.6.12)
인터넷/e-mail	www.flightin.com / flight-in@hanmail.net
정 가	19,000원
항공상식	2015.01.05. 초판/1쇄 2017.05.15. 2판/1쇄

Printed in KOREA by Flight Institute ISBN 978-89-87015-36-1 93550

머 리 말

최신 항공기는 초보적 인공지능(AI)을 탑재하고 100년의 역사를 뛰어넘어 신개념의 조종실로 변모하고 있다. GNSS는 항공기에 하늘의 눈이 되었고, 새로운 동력원을 개발하기 위한 투자와 연구가 진행되고 있다.

이 책은 전문적인 내용을 실무경험과 지식을 바탕으로 감각적으로 이해할 수 있도록 구성하였다. 예를 들어 비행기의 양력을 복잡한 원리를 동원해서 설명한다면 이해하지 못할 뿐만 아니라 금방 지루함을 느껴 책을 덮게 될 것이다. 따라서 길지 않게 그리고 물리적 현상으로 설명하였다. 항공이라는 전문성을 고려하면 어렵지만 그 이면에 보이지 않는 기술의 바탕을 설명해 준다면 독자 스스로 고개를 끄덕이지 않을까 한다. 예를 들어 전투기의 흡입구의 기술, 그리고 F-22의 기동력을 가변추력 혹은 테일러론과 같이 호기심을 풀어줄 수 있을 정도로 소개하였다.

이 책은 저자가 비행경력을 바탕으로 30여 권 이상의 서적을 집필하면서 최신 여객기와 첨단 초음속 전투기까지 일반인 눈으로 볼 수 없었던 기술과 운용방식을 알기 쉽게 설명하였다. 아울러 전문가가 아니더라도 이해할 수 있도록 약 250개의 그림과 함께 항공지식에 관한 교육적 내용을 확대하였다.

중고등교육이 수능에 집중되어 있는 현실에서 항공기 구조와 원리, 초음속, 제트엔진, 헬리콥터 등에 관해 너무 늦게 접할 수밖에 없는 환경에서 일반인 혹은 예비 항공인을 대상으로 항공기에 대한 호기심을 풀어주고 항공 대중화를 위해서 이야기 식으로 엮었다.

또한 항공기를 직간접으로 운용하고 있는 회사의 임직원과 군 지휘관에게 항공기 운항을 이해시키는 좋은 소재가 될 것이다. 이에 초판 내용을 좀더 보강하였고 일부 주제를 추가하였다.

이 책은 총 3부로 구성하였다.

제1부는 "조종사의 길"이라는 제목과 부재로 "하늘과 벗하다"로 정했다. 여기서는 국내 항공산업의 발전방향과 비전을 제시하였고, 국내 조종사 양성과정에 대해서 간략하게 소개하였다.

제2부는 "항공유학"이라는 제목과 부제 "세계의 하늘에 도전하다"라는 제목으로 FAA의 조종사 양성과정을 소개하였다. 항공산업의 발전을 위해서 항공 선진국과 교류는 필수이다. 이에 항공유학을 계획하는 예비 항공인 역시 적지 않다. 그러나 조종사를 위한 항공유학에 대해서 세부적으로 조언해 주는 자료가 거의 없어 어떻게 방향을 잡고 실제 외국에 나가서 어떻게 행동해야 하는지 난감한 상황에 놓인 예비 항공인을 위한 조언으로 구성하였다.

제3부는 "항공상식"이라는 제목과 부제 "항공기는 상상의 창작물이다"라는 제목으로 초보적 비행기에서부터 초음속 항공기까지 다루었다. 국내 항공산업이 초음속 경훈련기에 이어 헬리콥터를 자체적으로 생산하여 해외에 수출할 만큼 항공산업이 크게 발달하였다. 현대 항공기는 첨단 종합과학기술의 산물이기에 어느 한 분야로 항공기 전체를 이해하기가 쉽지 않다. 항공기술은 결코 항공기에만 적용되지 않는다는 점에서 "항공상식"은 전체 산업분야에 응용할 수 있는 아이디어를 얻을 수 있을 것이다.

끝으로 전문분야이지만 다행이도 독자층이 크게 증가하였고, 이 책을 통해서 항공기와 운항에 관한 폭넓은 항공지식을 전파하고 항공 선진국을 향한 항공인재 양성의 초석이 되기를 기대해 본다.

지은이 이 강 희

차 례

제1부 조종사의 길 _ 하늘과 벗하다!

제3부 항공상식 _ 항공기는 상상의 창작물이다!

제1부

조종사의 길

"하늘과 벗하다"

하늘은 도전하는 자의 것 ……✈

인류의 역사가 끊임없는 도전의 결과로 새로운 문화의 창출과 역사의 장을 엮어 오는 과정에서 20세기 위대한 발명품의 하나인 비행기의 출현으로 운송수단의 일대 혁신을 불러 일으켰다. 1세기가 지나는 동안 비행기의 발달은 지구를 벗어나 이제는 우주여행(space travel)을 실용화하기 위한 단계에 진입할 만큼 최첨단의 운송수단으로 성장하였다.

차세대(next generation)를 지향하는 미래 항공기는 자유롭게 우주여행을 하고, 어느 날 지방 출장을 위해서 차고와 같은 작은 공간에 계류되어 있는 자가용 비행기(private airplane)의 문을 열고 들어가 간단하게 시동을 건다. 디지털 계기판에 조명이 들어오고 컴퓨터는 자율적으로 점검을 수행하여 이상여부를 알려준다. 조종사는 인공지능(AI)을 탑재한 조종실에 탑승하여 목적지를 말한다. 인공지능은 목적지까지 항로, 기상, 도착예정시간 등을 자동으로 산출하여 조종사에게 브리핑한다. 조종사는 비행을 결심하고 간단한 조작만으로 비행기를 이륙시켜 목적지를 향하는 동안 당신의 고객과 사업상 필요한 정보를 주고받는다.

공상과학(science fiction)에 등장하는 한 장면이겠지만 미래에는 특별히 훈련받은 조종사 없이 마치 자동차를 운전하듯 간단한 조작만으로 조종할 수 있는 항공기를 연상해 본다. 이것이 결코 실현 불가능한 것은 아니다. 실제 A380 혹은 B787 드림라이너(dream liner)와 같은 최신 항공기의 조종실이 일반 사무실 환경과 같이 극적으로 변화되고 있는 것을 볼 때 머지않아 조종사가 아닌 운용자(operator)라는 새로운 개념이 실현될 것이다. 항공

▲ 시대에 따른 항공기 발달

기는 수많은 발명가들의 시행착오를 거치면서 초보적인 동력 비행기로부터 국가경제뿐만 아니라 군사적으로 수요가 증대하면서 획기적인 발달을 거듭해 왔다. 우리나라에는 제2차 세계대전과 6.25 전쟁을 치르면서 비로소 동력 비행기의 존재가 본격적으로 상륙하게 되었으나 대부분의 공항과 시설들은 군용기(military aircraft)를 중심으로 이루어져 왔다. 실제 주변에서 목격할 수 있는 항공기의 대부분은 군용 헬리콥터이거나 고속 전투기(fighter) 및 수송기들이라는 것이 이를 반증해 준다.

민간항공으로 대한항공과 아시아나항공에 이어 다수의 저가 항공사(low cost carrier; LCC)들이 설립되었다. 88′ 서울 올림픽은 민간항공의 위상을 높일 수 있는 결정적인 계기가 되었다. 이후 인천국제공항이 개항되어 본격적인 세계화 시대에 접어들면서 항공산업이 비약적으로 발달해 가고 있는 추세이다.

그러나 아직도 일반항공(general aviation) 활동이 드문 상황에서 비행을 논한다는 것 자체가 어쩌면 부적절할 수도 있으나 항공기에 대한 고정관념이 개선되면서 경량 항공기들을 주축으로 일반항공 환경을 조성해가고 있는 것은 매우 고무적인 현상이다. 이제는 모두의 관심을 불러 일으켜 21세기 첨단 항공산업의 저변확대의 필요성과 항공 대중화의 길을 개척해 나가야 할 때이다.

▲ 1인 조종사로 승인된 소형 비즈니스 제트 항공기

비행기의 발명과 발달이 오직 풍족한 환경 하에서만 이루어졌다고 할 수는 없다. 어느 첨단 과학의 발명품과 마찬가지로 현 단계에 이르기까지는 무수한 도전의 역사가 점철되었다는 점을 인식할 때 하늘에 도전하는 자만이 성취할 수 있는 길임을 역사는 말해주고 있다.

비행기를 처음 탑승했을 때 설레었던 기억이 오랫동안 잊히지 않는 것은 하늘이라는 새로운 영역을 경험해 보았기 때문일 것이다. 그러나 안타깝게도 실제 항공기를 자주 접할 수 있는 기회가 많지 않아 항공기는 고차원, 고성능 그리고 오직 특별 훈련을 받은 사람들만이 접할 수 있다는 고정관념이 항공기의 대중화를 어렵게 하는 한 요인이다.

항공기를 어떻게 상상하고 있는가! 어쩌면 당신이 상상하고 있는 항공기의 개념은 거의 대부분 선대 발명가들이 상상했던 것들과 큰 차이가 없음을 알 수 있다. 그 중 일부는 실제 항공기 설계에 반영되어 오늘날 항공기 설계의 중심이 되었다. 항공기를 보는 안목을 기른다면 미래 항공기는 당신 것이 될 수 있을 것이다. ✈

인천국제공항 ……✈

인천국제공항은 2017년 국제공항협의회(ACI) 세계총회에서 12년 연속 공항 서비스 분야 세계 1위를 기록하였다. 1단계 공사가 마무리된 2001년 개항 후 연간 17만 회의 항공기 운항을 통해 2,700만 명의 승객과 170만 톤의 화물을 수송할 수 있게 되었다.

주요 시설은 여객터미널, 화물터미널, 계류장시설, 항행안전시설, 교통 및 지원시설 등으로 구분된다. 여객터미널은 체크인(check-in) 카운터가 270개, 여권심사대 120개, 보안검색대 28개, 출발여객 처리용량은 시간당 6,400명이다. 화물터미널(cargo terminal)은 항공기 24대를 동시에 계류시킬 수 있는 시설을 갖추고 있으며, 연간 화물처리능력은 450만 톤이다. 계류장 시설은 33만 평으로 항공기 60대를 동시에 계류할 수 있는 능력을 갖추고 있다. 지상 22층 높이의 관제탑(control tower)과 활주로 시정거리가 50m에서 항공기의 착륙이 가능한 계기착륙시설(ILS)을 갖추었다. 최종 공사가 마무리되는 2020년에는 활주로가 5개로 증설될 것이다.

인천국제공항은 아시아권 제일의 공항으로 성장하기 위한 웅대한 비전을 제시하고 있다. 지리적으로 거대한 중국 시장과 경제 대국 일본과 함께 경쟁하고 있다. 동남아에서 싱가포르와 홍콩이 거대 공항을 건설하여 환승 공항으로서 역할을 수행하고 있지만 유럽과 미국의 주요 도시를 연결하는 직항로의 개설에는 한계가 있는 것도 사실이다.

인천국제공항은 항공수요를 충족할 수 있는 적절한 시기에 개항된 공항으로 국내 및 세계 경제 회복과 전 국민의 성원이 함께 한다면 아시아권에

▲ 1992년 착공하여 2001년 3월 29일 개항하였다. 인천국제공항이 미래 공항의 이미지를 갖출 수 있는 배경에는 우수한 건설기술과 정보통신 그리고 디스플레이와 디지털 기술이 융합된 결과라고 볼 수 있다.

서 중추공항으로의 위상을 유지해 나갈 수 있을 것이다. 이 같은 비전을 실현하기 위해서는 현실적으로 해결해야 할 과제 역시 만만치 않다.

첫째, 폭발적으로 증가하는 항공수요를 유치하기 위한 국가 간의 치열한 경쟁 체제로 돌입하고 있다. 아시아권의 항공수요는 싱가포르, 홍콩 그리고 거대한 경제력을 바탕으로 한 일본이 기존의 중추공항으로 상당한 항공수요를 점유하고 있고, 인천국제공항에 맞서기 위한 또 다른 서비스 체계를 수립하여 양질의 서비스 개선에 박차를 가하고 있어 아시아권에서는 싱가포르, 홍콩, 한국, 일본 그리고 중국이 치열한 경쟁 체제에 돌입하게 될 것으로 보인다.

둘째, 중추공항은 모든 교통로의 중심지 역할을 하고 있다. 항공교통은 세계적인 도시를 최단 시간에 연결하는 우수한 기능을 갖추고 있다. 인천국제공항 역시 외국으로 출발과 도착 그리고 국내 공항을 연결하는 항공교통망은 잘 개설되어 있어 환승 공항으로서는 훌륭한 입지 조건을 갖추고 있다. 또한 공항에서 수도권 또는 인접 도심으로 진출입하기 위한 지상 교통망이 속속 완공되면서 KTX를 이용해서 인천국제공항까지 직행할 수 있도록 지상 교통망과의 연계가 더욱 정밀하게 설계되어야 할 것이다.

셋째, 획기적인 서비스의 개선만이 경쟁력의 요소이다. 전 세계는 초고속 인터넷망을 기반으로 정보화 그리고 세계화로 빠르게 연결되고 있다. 이를 위한 중추 기능은 인터넷의 발전과 항공 수송력이 주도하고 있으며 세계를 일일 생활권으로 더욱 가깝게 만들고 있다. 21세기에 첫 개항한 공항답게 세계 최고의 정보통신 산업을 기반으로 출입국 단계를 최소화하고 스마트카드나 교통카드 등을 이용하여 출입국 심사 및 발권 업무가 동시에 이루어질 수 있도록 모든 업무를 세계적 선도 항공국으로서 위상을 갖추어야 할 것이다.

넷째, 자력성장 능력을 갖추기 위한 재정건전성 유지가 시급하다. 인천국제공항을 동북아의 중추공항으로 발달시키기 위해서 수차례의 설계 변경과 부실 공사에 대한 끊임없는 문제 제기에도 불구하고 6조 4백억이라는 막대한 비용을 투입하여 완공하였다.

공항을 건설하는 과정에서 40%(약 2조)는 국고로 지원되었고 민자 유치와 부지 매각으로 8천억을 제외한 약 2조 9천억 정도가 단기 고금리의 차입으로 충당된 것으로 알려지면서 공항 개항과 함께 재정적 적자 운용이 불가피할 것으로 예상되고 있다. 이 같은 상황에서 비슷한 규모의 다른 중추공항과 경쟁에서 우위를 선점하기 위해서는 서비스 개선과 함께 이용비용을 감소시켜야 승객이 증가할 수 있고 경영 개선과 아울러 제2단계 공사를 성공적으로 마무리함으로써 미래 공항의 이미지 정립에 기여하게 될 것이다. 공항 간 경쟁력 상실은 취약한 재정 적자를 더욱 악화시킬 것이고, 21세기 비선을 제시하기보다 국민의 세금으로 충당해야 하는 원망의 대상이 될 수도 있다. 이를 극복하기 위해서 21세기 미래 공항이라는 이미지를 한국방문의 해와 연계하여 파급 효과를 극대화시키고, 해상 교통을 이용한 관

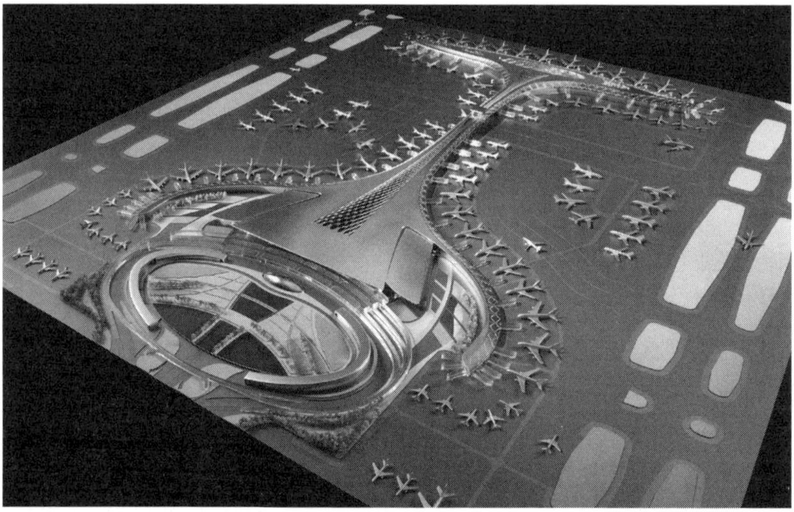

▲ 제2터미널 시설 확장공사가 2017년으로 마무리되었다. 전체적인 외형이 마치 봉황새를 형상화하였고 시설이 크게 확장되었다. 제2여객터미널에는 와이파이(Wi-Fi) 신호를 이용해 목적지까지 갈 수 있는 안내 서비스와 출국장 통과 및 대기시간 안내를 할 수 있는 IT 기술을 접목한 최첨단 시설이 설치된다. 여객 1,800만 명을 처리할 수 있는 제2여객터미널이 개장하면 인천공항은 연간 여객처리능력이 5400만 명에서 7200만 명으로 늘어나고, 화물처리능력도 450만 톤에서 580만 톤으로 증가한다.

광지 개발, 자동화 시설을 확충하여 공항 운영인력의 감축과 항공기 운항에서 얻을 수 있는 직접적인 수입과 아울러 주변의 상업시설을 확대하여 비항공 수익을 증대하는데 역점을 둔다면 명실상부한 중추공항으로서의 면모를 갖추게 될 것이다.

다섯째, 항공안전을 위한 공역의 확보가 우선되어야 한다. 국토 면적에 비해서 항공력은 세계 10위권까지 성장했다. 인천국제공항은 서해안의 미공군 훈련 공역과 대한민국 공군의 접근 비행경로와 근접해 있는 공역으로 고속 전투기의 비행이 빈번한 지역이다. 군사적 여건은 극동 지역의 교두보를 확보하려는 미공군과 자주국방의 기치를 내걸고 육해공군의 전투 능력 증강은 가뜩이나 좁은 공역에서 더욱 효율적인 활용이 요구된다.

항공 교통량이 급격히 증가하고 있는 추세에서 제2터미널의 완공으로 인천국제공항은 김포국제공항보다 3배 이상의 처리 능력을 갖추고 있어 향후 증가하게 될 항공수요를 충분히 감당해 낼 수 있을 것이다. 항공기간의 공중충돌 가능성을 조기에 방지하기 위해서 공중충돌경고 시스템을 구축하고 도착 및 출발의 제한 및 거리와 고도별로 분리가 요구된다. 아울러 수도권에 형성되어 있는 비행금지 구역과 북쪽으로는 전술지대가 설정되어 있어 민간 항공기가 부주의하게 이들 지역에 접근하는 것을 조기에 방지할 수 있는 경보체계를 더욱 정비할 필요가 있다.

여섯째, 항공전문인력의 양성이 시급하다. 항공기는 설계와 제작부터 첨단과학의 산물이고 운항, 관제 및 정비에 이르기까지 고도로 숙련된 전문요원으로 구성된다. 항공수요는 증대하는 데 항공기만 들여온다고 항공기를 운용할 수는 없다. 세계 10위의 항공력에 비해서 항공전문인력을 양성하는 기반시설과 교육기관이 취약하다는 것이 많은 전문가들의 의견이다.

어느 전문분야와 마찬가지로 이론적 지식을 바탕으로 실습이 병행될 수 있는 시설을 갖추어야 한다. 필요에 따라 외국의 경영인, 조종사, 정비사 등을 고용하여 문제를 해결하고 있지만 근본적인 해결책이라고 볼 수 없다. 항공기의 제작국으로서 우수한 인력을 양성하기 위한 기초항공서적, 운용매뉴얼 등 우리말 교재의 개발에도 많은 관심을 가져야 할 것이다. 아울러 영어 능력의 향상으로 선진 기술의 도입에 선도적 역할을 할 것으로 예상되지만 항공 인구의 저변 확대를 유도하는 정책적 배려로 선진 기술을 선도해 나갈 수 있는 인재의 양성이 시급한 과제이다. 결론적으로 21세기 항공산업이 국내 경기 회복의 주축이 될 것을 희망하면서 힘차게 활주로를 박차고 날아오르는 비행기처럼 항공인의 소망도 함께 하길 기원해 본다. ✈

비행과 현실 ……✈

21세기 초부터 사회 전반에 엄청난 혼돈의 시대에서 항공산업 역시 잠시 침체되기도 하였다. 남북한의 군사적 대치 상황이라는 특수한 여건에서 하늘은 철저히 통제되어 왔으며, 아직도 순수한 민간차원의 항공산업이 발전하는 데는 많은 걸림돌이 존재하는 것도 사실이다.

항공산업의 육성은 저변의 확대가 시급한 과제이고 더 많은 사람들의 참여를 유도하여 미래 항공산업을 주도할 인재 양성과 미래 지향적 항공사회의 구축에 공동으로 노력해야 할 때이다. 항공산업의 특성상 국가 정책적 차원의 지원과 대기업의 참여가 꼭 필요하지만 이들 만으로 항공사회를 조성하는데 한계가 있을 수밖에 없어 순수 민간차원의 항공산업 발전을 위해서 몇 가지 사항들을 제안해 본다.

첫째, 중소도시에 위치한 군비행장(miliary airfield)의 개방과 활용이다. 일부 민간 항공기가 운용되는 공항을 제외하고 전국에 산재해 있는 소규모 비행장은 군에서 관리 및 운용하고 있으며 민간 항공기의 접근을 허용하고 있지 않다. 좁은 국토를 효율적으로 활용하기 위해서라도 군에서 활용중인 비행장의 일부를 민간에 개방하여 활용할 수 있도록 검토함으로써 일반항공의 활성화를 기할 수 있고 군으로서도 임대 수익과 같은 부가적인 수익사업도 고려할 수 있을 것이다. 일반항공이 성공을 거두기 위한 핵심 과제는 항공기의 활동 공간을 확보하는 것으로 항공에 대한 저변 확대에 크게 기여하게 될 것이다. 항공에 대한 욕구는 일차적으로 항공 스포츠(air sports or aviation sports)라는 새로운 용어를 등장시켰고 각종 대중 매체에 자주 등장하면서 꾸준히 영역을 확장해 나가고 있는 추세에서 일반항공에 대한 관심도를 가늠해 볼 수 있다.

▲ 자가제작 비행기

둘째, 수동적 공역에서 개방적 공역으로 전환이 요구된다. 다시 말해서 어느 특정 구역만 허용된다는 개념에서 어느 특정 공역을 제외한 모든 공역이 허용될 수 있도록 더욱 세심한 공역 관리가 필요하다. 현재 민간 항공기(대형 항공회사의 정기 노선 제외)가 비행하기 위해서는 비행 전에 반드시 인가(clearance)를 얻은 후 비행해야 한다. 군사적 목적과 통제가 가장 큰 이유이다. 항공에 대해서 잘 모르는 사람은 어쩌면 당연하게 여길지 모르나 비행시간, 목적지, 비행목적, 탑승자 신원확인 등에 대한 사전 승인을 받아야 비행이 가능하다는 것은 일반항공의 접근을 어렵게 하는 요인 중 하나이다. 일반항공(general aviation)이 잘 발달되어 있는 국가에서 일상적인 시계비행(visual flight rule; VFR)을 하는데 특별한 허가를 필요로 하지 않고 자유롭게 비행이 가능하도록 한 것이 항공기 발달의 저변 확대에 크게 기여하고 있는 요소라고 볼 수 있다. (단, 계기비행 혹은 관제공역에서 비행하기 위해서는 반드시 관제기관의 인가를 받아야 함)

셋째, 일반항공의 발전은 군사적인 측면에서도 고려할 가치가 충분하다. 현대전에서 공군력의 우세는 전쟁의 승패를 좌우할 정도로 결정적인 요소이다. 항공기 조종은 자동차를 운전하는 것과 달리 3차원 공중공간에서 기동이 수행되기 때문에 베테랑 조종사를 양성하는 데는 많은 시간과 노력이 필요하다. 또한 단기간에 많은 비용과 노력을 쏟아 붓는다 해도 고도의 비행기술을 숙달시키는데 매우 어려운 전문성을 갖추어야 하기 때문이다.

넷째, 공학과 운항은 각각의 고유 영역으로 확실하게 분리되어야 한다. 현대 항공기는 첨단 산업의 산물이다. 항공기가 공중을 날을 수 있을 때까지 적용되는 기술과 과학은 일반인으로서는 접근이 어려운 학문적 분야이

▲ 현대 전투기는 최첨단 공기역학, 재료역학, 기계공학, 디지털 컴퓨터, 반도체, 항공전자, 무기체계, 디스플레이, 그리고 인공기능 기술이 집약된 결정체이다. 비록 국가안보의 핵심이지만 이면에는 미래 항공우주산업의 주축이 될 최첨단 핵심 기술을 축적하게 될 것이기에 어떠한 어려움이 있더라도 성공하기를 기원한다.

다. 만약 조종사 양성이 이 같은 공학적 지식을 요구할 정도라면 당신은 어떻게 생각하겠는가?

얼마 전까지만 해도 항공사 조종사들은 대부분 군조종사(military pilots) 혹은 대졸 이상의 고학력자들로 구성된 것이 사실이다. 이것이 일반항공의 발달을 저해하는 한 요소임을 부인할 수 없다. 그러나 이제는 군조종사의 이탈이 심각한 전투력 손실의 한 원인으로 지적되면서 군조종사의 처우 개선과 함께 민간항공에서 양성된 조종사들로 충원되고 있는 정상적인 조종사 양성 체계로 자리잡아가고 있다.

공군 조종사 양성과정과 항공관련 대학(aviation university)의 조종사 양성 과정에서 교육받는 사람들은 학위를 위한 한 과정이기 때문에 공학에 대한 연구가 따르는 것은 당연한 것이나, 이것이 마치 일반적인 조종사 양성의 한 과정으로 인식되지 않도록 하는 것도 중요한 과제이다.

결론적으로 첨단 과학기술을 매체로 한 세계화(globalization)가 더욱 가속될 것으로 예상된다면 이를 이어줄 수 있는 항공수요는 꾸준히 발달하게 될 것이다. 이에 적절히 대응할 수 있는 저변확대와 기술개발을 위한 인적자원(human resource)의 확보만이 미래 항공(future aviation)을 선도할 수 있을 것이다. ✈

조종사 양성 ······✈

"민간 항공기 조종사는 과연 어떻게 양성되고 있는가?"

일반인 특히 장래 조종사 혹은 항공관련 직업을 원하는 자녀를 둔 학부모들은 항공에 대한 정보를 얻을 수 있는 기회가 많지 않기 때문에 막연한 어려움을 느끼고 있는 것이 사실이다. 그러나 의외로 항공기에 대해서 관심을 갖고 있는 학생들이 많다는 것을 알 수 있지만 수능에 몰입해야 하는 현실 때문에 결국 묻히고 마는 것이 안타까운 현실이다. 이외에도 대중매체를 통해서 소개되는 전투기 혹은 운송용 항공기들이 주로 등장하다보니 실제 어렵게 느낄 수밖에 없다. 현대 그리고 미래 직업은 분업화와 전문성을 필요로 한다면 우리의 학교 교육과정(curriculum)도 큰 틀에서 이에 맞게 바뀌어야한다는 것이 많은 교육 전문가들의 의견이다.

한 명의 전투기 조종사(fighter pilot)를 양성하는 데는 적게는 수천만 원에서 수억 원의 비용이 소요된다. 고정날개 항공기(fixed wing aircraft) 조종사의 대부분은 공군사관학교나 군조종 장학생으로 선발되어 조종교육을 받은 후 실무에 배치되어 일정 기간 동안 군복무를 마친 후 전역하여 민간항공에 진출하고 있다.

회전날개 항공기(rotary wing aircraft)의 경우는 육군항공학교에 헬리콥터 교육을 전담할 수 있는 최고의 교육시설과 다양한 기종을 보유하고 있으며, 헬리콥터 조종사 역시 군에서 수년 동안 비행임무를 수행하나 전역하여 민간항공에 진출하고 있다. 육군항공은 1984년 고정날개 항공기(비행기) 조종사 과정이 폐지되었고 현재는 헬리콥터 조종사만을 전문으로 양성하고

▲ 미국 한 항공대학의 훈련용 항공기가 나열되어 있다. 다양한 항공기에 대한 접근이 항공의 이미지 개선에 크게 기여할 것이다.

있다. 이에 따라 공군은 전투기 조종사를 전문으로 양성하고 있으며, 필요에 따라 소수의 헬리콥터 조종사를 자체 교육을 통하여 양성하고 있다.

해군도 비행기와 헬리콥터를 보유하고 있으나 아직 완전한 교육시설을 갖추고 있지 못하기 때문에 공군이나 육군항공학교에 조종사 교육을 위탁하여 필요한 조종사 수요를 충원하고 있으나 높아지고 있는 해양 주권을 지키기 위한 항공력의 확보가 시급한 과제로 떠오르고 있다.

공군사관학교는 물론이고 육군항공 및 해군항공 등 군조종사들은 모두 장교(육군항공의 경우 일부는 준사관)로 구성되고, 이들은 각 군에서 별도의 시험을 통해서 선발된다. 세부 선발과정과 일정은 국방부 홈페이지에서 확인할 수 있다. 해당 조종사 과정을 이수하고 조종사로 임명된 이들은 군에서 의무복무기간을 근무한 후에 전역할 수 있다. 장교의 경우는 최소한 10~15년(육군항공 조종사의 경우 5년)의 복무를 마쳐야 한다.

군에서 전역하는 대부분의 조종사들은 10년 이상의 비행경력을 보유한 베테랑급 조종사이다. 군에서는 이들 조종사들이 최고의 기량을 갖출 때까지 많은 비용이 투자되었기에 이들의 민간 진출은 군 전투력 저하에 직접적 요인으로 작용할 수 있다는 우려에서 군조종사에 대한 처우를 크게 개선하여 조종사의 유출을 방지하는 데 많은 노력을 기울이고 있다.

민간 항공사는 자체적으로 조종사를 양성하여 이들을 채용할 수 있는 여건이 조성되어 있지 않고 이제는 그럴 필요성도 없기 때문에 베테랑급 군조종사를 채용한다면 최소한의 교육비행으로 노선에 즉각 투입할 수 있다는 점에서 예산을 크게 절감할 수 있을 뿐만 아니라 장교로서의 소양과 자질을 갖춘 인력을 활용할 수 있다는 점에서 군조종사를 선호하는 경향이 있다.

항공수요가 꾸준히 증가하면서 저가항공사는 물론이고 대형 항공사 간의 합병과 연합으로 새로운 시장을 개척하려는 자와 지키려는 자의 경쟁이 치열해지면서 대학에서도 세계적으로 인증 받는 우수한 조종사 양성을 위한 항공관련 학과들이 속속 개설되고 있다. 조종사 양성을 전문으로 하는 주요 대학은 다음과 같다. 세부 내용은 관련 대학 홈페이지에서 확인할 수 있다.

- 한국항공대학교
- 한서대학교
- 청주대학교
- 극동대학교
- 한국교통대학교
- 중원대학교
- 초당대학교
- 한성대학교

이외에도 항공전문학원, 아시아 조종사 교육원, 울진비행교육원 등에서 조종사 양성을 위한 시설을 갖추고 있다. 항공운송 면에서 세계 10대 국가로 성장했고 민간에서도 항공에 대한 요구가 증가하면서 많은 청소년들과 대학생 또는 직장인들까지도 조종사에 대한 꿈을 실현하고자 노력하고 있으나 실제로 이들 교육기관에서 충원되는 조종사의 수가 매우 적어 경쟁이 치열하다. 실제로 20~30여명의 민간항공 조종사 훈련생 모집에 수백 명의 지원자가 몰려 조종사에 대한 열망을 보여주고 있다. 얼마 전까지만 해도 전투기 조종사 혹은 운송용 항공기 조종사를 희망하는 것이 대세였지만 이제는 일반항공이라는 새로운 사업 영역이 있다는 것에 눈을 돌리고 있는 것은 매우 고무적인 현상이 아닐 수 없다.

이렇게 볼 때 국내에서 가장 쉽게 그리고 개인이 비용을 들이지 않고 조종사가 될 수 있는 길은 군 조종사 교육과정을 선택하는 것이다. 항공관련 대학과 학원을 제외하고 대부분의 국가기관과 항공사에서는 훈련과정에서부터 교육비 일체를 각 회사와 군에서 부담할 뿐만 아니라 소정의 급여와 비행수당 등을 지급하고 있으며, 군조종사로 임명된 후에는 능력별 기종을 부여받고 조종사로서 임무를 수행하게 된다.

이 같은 군 교육기관이나 자체 조종사 훈련기관은 매우 제한된 소수의 인원밖에 충원할 수 없다는 점과 매우 엄격한 조직 하에서 훈련이 진행된다. 경제성장과 더불어 소득수준이 높아지면서 인권에 대한 관심과 신세대의 사고방식은 엄격한 규율에 얽매이기를 거부하고 또한 장기간의 의무복무에 대한 부담으로 이를 거부하는 경우도 적지 않다. 신세대들이 세계를 바라보는 눈은 기성세대와 비교할 수 없을 정도로 높아지면서 지상과 바다까지 자유롭게 도전할 수 있고 필요시 여가를 즐길 수 있는 여건이 성숙되었으나 하늘만은 아직도 활짝 열리지 않고 있다. 하늘을 자유롭게 날아가는 새들을 보면서 날아보고자 하는 욕구와 충동을 느껴보지 못한 사람은 아마 드물 것이다. 이렇듯 하늘을 날아보고자 하는 인간의 소망은 원초적인 것이고 아주 오래 전부터 이를 실현해 보고자 무수한 시도를 해왔고 앞으로도 계속될 것이다.

우리의 경우는 국가안보 차원의 군 전투력 증강에 대한 우선적 필요에 따라 항공이 발전하게 되었다는 점에서 일반인의 접근이 어려운 대형 고속 항공기 위주로 발달해 왔던 것이 사실이고, 이로 인해서 자생적으로 발달할 수 있는 순수한 민간항공의 발달이 도외시 되어 왔던 것도 사실이다. 그러나 시대의 변천에 따라 날아보고자 하는 인간의 욕구를 실현해 보고자 하는 이들이 증가하면서 항공대중화의 길을 열어 가는데 앞장서고 있다. 그러면 자신이 비용을 투자하여 조종사가 될 수 있는 길은 없을까? 라는 의문을 던지면서 수많은 질문이 당신의 머릿속에 떠오르게 될 것이다.

"이것이 과연 가능한가?"
"어디서 어떻게 교육을 받을 수 있는가?"
"비용은 과연 얼마나 준비해야 하는가?"
"무엇을 어떻게 준비해야 하는가?"
"그리고 장래 취업에 대한 희망과 대책은 무엇인가?"
"....."

조종사! 아직까지도 생소한 직종임에는 틀림없다. 당신 자신의 문제일 수 있고 아니면 당신의 소중한 자녀의 문제일 수도 있기에 차분히 이들 문제에 대해서 생각해 보면서 스스로의 길 혹은 자녀의 진로에 함께 고민해 볼 수 있는 기회가 되기를 기대한다. 그 동안 저자와 상담한 예비 항공인은 중학생부터 이미 나이 40세에 접어든 직장인까지 전문 직업조종사가 되기 위해서 전업을 희망하는 경우를 많이 보아왔다. 그러나 앞에서 언급한 것과 같이 전문 직업조종사의 길을 선택하는 데 매우 신중한 결정을 내리지 않으면 기대했던 것만큼 결실을 거두지 못하고 자칫 실의와 좌절을 겪을 수 있다는 것을 명심해야 한다.

IMF 사태가 일어나기 전에 비정상적인 항공유학 열기가 일었던 적이 있다. 항공유학원이 많이 등장했고 이들 유학원에서는 미국, 호주, 캐나다, 뉴질랜드 등의 국가로 항공유학생을 유치하고자 국내 주요 일간지에 광고하여 홍보까지 했었다. 당시로서는 너무 멀게 만 생각되었던 조종사의 길이 가깝게 있다는 것을 간접적으로 일깨워 주는 계기가 되었을 뿐만 아니라 항공을 일반인에게 더 많이 알려 저변 확대에 기여했다고 보는 견해도 있었지만 한편으로는 많은 비용과 시간을 투자해서 직접 도전하고 있는 한 개인에게는 불행의 전조가 될 수 있다는 점에서 저자로서는 심히 안타까움을 금할 길이 없었던 것도 사실이다. 이 같은 비정상적인 항공유학 열풍은 호주나 뉴질랜드에 한국인 학생을 위한 반이 편성될 정도로 성황을 이루었다. 비정상적인 항공유학의 결과는 몇 년 후에 서서히 나타나기 시작했고, 매스컴에서도 이 문제점을 취재하여 심층 보도한 적이 있다. 결과적으로 조종사가 되고자 꿈을 품었던 많은 젊은이들이 경제적 손실과 아울러 정신적 피해를 입게 되었다. 비록 충분한 정보와 자문을 받지 않고 선택한 본인 자신의 책임이 가장 크지만 미성숙한 항공사회의 자화상이기도 하다.

결론적으로 이들이 좌절을 겪게 되는 것은 결코 조종사가 못되었다는 것이 아니다. 다만, 이후 전문 직업인으로 취업의 길이 매우 제한되었기 때문에 극소수만이 전문 직업조종사에 성공하였다는 점이다. 당시 항공사는 매우 제한되어 있을 뿐만 아니라 자격제한과 높은 경쟁률을 유지하고 있었고 대부분 군조종사로 충원되는 현실에서 자비를 들여 양성된 조종사에 대한 불신이 가중되어 취업을 더욱 어렵게 하는 결과를 초래한 것으로 분석된다.

이후 어려움 속에서 자신이 선택한 길을 꾸준히 개척했던 이들은 경기 회복과 군조종사의 민간 진출을 억제하는 정책과 함께 찾아온 조종사의 부족 현상으로 수혜를 본 대상이 되었다는 것을 생각하면 이들의 인생역전이라 아니할 수 없다. 결과적으로 조종사가 될 수 있는 길은 그리 어렵지 않다는 것을 간접적으로 보여주고 있는 사례라 할 수 있다. 저자 역시도 보통 사람이라면 조종사가 되는 길은 결코 어려운 일이 아니라고 단언할 수 있다. 그만큼 외국에서는 항공이 대중화되어 있다는 것을 말해주고 있다.

다행스럽게도 현실을 분석해 주는 각종 정보와 매체들이 등장하고 저가항공사(LCC)의 비약적인 성장과 전 세계적으로 항공수요의 증가와 함께 일반항공이라는 새로운 영역이 전문 직업의 장으로 자리잡아가고 있다. 항공기는 단순하게 조종사만의 직업이 아닌 설계, 제작, 항공전자, 감시 레이더 시설, 동력장치, 정비, 공항과 공항운용 등 수많은 직업을 만들어 낼 수 있는 산업으로 발전할 수 있기에 비정상적인 열풍이 아닌 각 분야별 실질적인 전문가를 양성할 수 있는 기반이 조성되어야 한다.

결론적으로 조종사가 되는 길은 가깝게 다가왔지만 그렇다고 이 길을 개척해 나가는 것이 결코 쉽지는 않다. 다행스럽게도 군조종사의 민간항공 유출을 최소화하고 동시에 일반항공에서 양성된 조종사들이 단계적으로 경력을 쌓으면서 대형 항공사에 진입할 수 있는 장벽을 낮추어 정상적인 조종사 양성 체계가 잡혀가고 있는 것은 매우 다행한 일이다. 이외에도 관련 서적들이 발행되면서 항공지식의 평준화와 함께 평가 시스템이 정착되어 세계적 수준에 뒤지지 않는 항공인 양성 체계를 갖추어 가고 있다. ✈

군항공력 증강 ……✈

인류 역사상 크고 작은 전쟁은 지구촌 어디에서인가 오늘도 계속되고 있다. 우리 민족은 수많은 외적의 침략에 굳건히 민족을 지켜왔으나 임진왜란과 병자호란과 같은 국난을 겪어왔고 급기야 일본에 나라를 빼앗기는 수모를 겪으면서도 민족의 생존을 이어오고 있다. 외세에 의해서 나라를 잃었고 외세에 의해서 해방을 얻었으나 이념적 대립으로 6.25 전쟁을 겪으면서 오늘날에 이르고 있다. 국난을 겪을 때마다 이루 헤아릴 수 없는 수많은 생명들이 희생되었고 결코 잊어서는 안 되는 국력의 소중함을 또 다른 이유로 소홀히 하는 날 국난이 되풀이 될 것이다.

군은 어떠한 전쟁에서도 국가와 민족의 생존을 위해서 승리를 그 목적으로 하고 있다. 전쟁의 승패는 적을 아는데 있듯이 수단과 방법을 가리지 않고 적의 움직임을 파악하는 데 많은 노력을 해왔던 역사적 기록들이 있다. 비행기가 발명되기 이전에도 높은 망루(watch tower)를 세워 더 높은 곳에서 적의 동태를 감시하고자 했고, 큰 연(kite)이나 기구(balloon)를 띄워 높은 곳에서 상대방을 감시하고자 했던 것은 전투 부대의 지휘관으로서 예나 지금이나 같은 마음일 것이다.

비행기의 발명은 군의 정보수집과 공중공격(air attack)의 능력이 극적으로 향상되어 전투의 승패를 좌우하는 요인으로 등장하였다.
비록 비행기의 발명이 전투 목적이 아닌 운송수단으로 개발되었지만 아이러니하게도 두 차례의 세계대전을 치르면서 비행기는 획기적으로 발전하는 계기가 되었다. 현재도 최신 스텔스 초음속 전투기 모델은 민간 항공기에는

▲ 조기경보기는 하늘의 눈이라 할 수 있는 레이더이다. 군사 동향을 파악하여 사전에 대비할 수 있는 것이 전쟁을 억제할 수 있는 최선의 방책이다. 방어를 위한 전략은 공격자보다 더 많은 감시 자산을 투입하여 적의 움직임을 조기에 발견하여 전쟁 의지를 사전에 무력화시킬 수 있어야 한다.

적합하지 않지만 이면의 첨단 기술을 이전받아 민간 항공기의 성능 개량에 적용되고 있다.

이라크와 다국적군 간의 전쟁 그리고 유고 내전에 참전했던 나토(NATO; *북대서양 조약 가맹국의 군사적 협력과 공동 방위를 위하여 결성한 군사 기구*)의 전력에서 보듯이 스텔스 전폭기(stealth attack aircraft)가 등장했고, 적의 전투력을 무력화시키는 데는 절대적인 공군력 우세가 결정적인 역할을 했듯이 항공기의 필요성은 날로 높아지고 있다.

현재 남과 북이 군사적으로 대치하고 있는 우리의 상황은 어떠한가? 그 어느 나라보다 군사적 긴장이 감도는 가운데 공군력의 전력 증강에 많은 노력과 투자를 해 왔지만 아직도 절대 다수의 전력을 미공군에 의존하고 있는 상황에서 자주국방의 기치아래 꾸준한 공군력의 증가는 우수한 조종사 양성의 수요를 요구하고 있다.

현재 공군은 KF-16, KF-15, 전투기까지 보유하여 공군력을 유지하고 있으며, 노후 기종에 대한 대대적인 교체와 미래전에 대비할 수 있는 차세

▲ F-15. 국민의 생명과 재산을 보호하기 위한 국방력은 아무리 강조해도 지나침이 없다. 한반도를 중심으로 한 전략적 상황은 예나 지금이나 크게 달라지지 않았다는 것이 전문가들의 일치된 의견이다. 중국군의 급성장과 러시아 역시 옛 명성을 되찾기 위한 꾸준한 군사력 증강과 일본의 군국주의 성향은 우리가 힘이 없을 때 언제든지 또 다른 비극적 혹은 굴욕적 상황에 직면할 수 있다는 것을 직시해야 할 것이다.

대 전투기(KFX) 사업에 역점을 두고 있다. 이 사업은 단기간에 수조 원의 비용이 투입될 뿐만 아니라 선정된 기종에 대해서는 차후 교체시까지 부품 공급의 막대한 경제적 수익성이 보장되는 사업이다.

이 같은 경제적 실리를 추구하기 위해서 세계적으로 유명한 최신예 전투기를 생산하는 국가에서 자국의 전투기가 선정될 수 있도록 보이지 않는 치열한 유치경쟁이 전개되고 있다. 수조 원의 국민적 세금이 투자되는 상황에서 공군력 강화는 물론이고 항공기 생산을 위한 기술 이전 등 겉으로 드러나지 않는 항공산업의 발달에도 기여할 수 있을 것으로 기대한다.

동북아와 극동 지역에서 대륙과 해양을 연결하는 한반도의 지리적 특성으로 보아 주변 강대국과 힘의 균형을 이룰 수 있었던 것은 미군의 전력에 의해서 유지되어 왔다고 볼 수 있다. 그러나 우리의 문제를 언제까지 미군의 힘에 전적으로 의존할 수 없다는 것은 국민적 여망이고, 시대적 요청에 따라 미군 전력이 점진적으로 축소됨에 따라 이 공백을 우리 스스로 균형을 이루어야 할 때가 오게 될 것이다.

비록 북한의 핵개발과 미사일 개발로 남북관계가 경색되어 있지만 남북통일의 소망은 그 어느 때보다 높다. 남북통일은 반드시 평화적으로 이루어져야 하지만 어느 급변상황에 대비할 수 있는 군사력이 뒷받침되어야 한다. 현 세대가 아니더라도 다음 세대에 통일이 되었다 할지라도 스스로 국토를 보존하고 국민의 생명과 재산을 보호해야 할 군사력의 필요성은 결코 변함이 없을 것이다. 장차 주변국과 군축 문제가 다루어지면 군의 절대적 수에서는 감소가 불가피할지라도 군의 정예화와 전문성을 더욱 필요로 하게 될 것이다. 공군력의 절대 우위와 함께 지상 항공기지(air base)만으로는 한반도 주변 세력과 힘의 균형에서 열세에 놓여 있는 한계를 극복하기 위한 해양 항공기지의 구축이 필수적으로 요구된다.

이미 강대국들은 자국에 인접해 있는 해양을 영토화하는 정책과 국제법을 제정하여 배타적 수역을 선정하고 해양자원을 보호하고 있을 뿐만 아니라 자유자재로 이동 배치가 가능한 해군 항공력(naval air forces)의 증강에 상당한 투자를 하고 있는 것이 현실이다.

이는 이웃 일본의 군사력 증강 과정을 보더라도 해상 항공기지의 구축을 필요로 하고 있으며, 그들은 이미 오래 전에 자국의 영토를 벗어나 대륙 세력과 충돌에서 항공모함(aircraft carrier)의 필요성을 인식했고, 이를 활용하여 대양을 주름잡으려 시도해 왔으니 현 상황에서 자국의 영토 보호를 위해서 항공모함이 필요하다고 주장하지 않는 것이 이상하지 않을까?

이 같은 주변 상황을 예측해 보더라도 장차 해군 항공력의 증가는 필수적으로 요구되는 시대적 상황에서 이를 운용할 우수한 해군 항공 조종사의 절대적 증가가 요구된다. 공군은 전투기에 의한 절대 전력을 보유하고 있는 반면 육군항공은 헬리콥터에 의한 지상 전력을 지원하는 항공력을 바탕으

▲ UH-60 블랙호크는 육군항공의 주력 기동 헬리콥터이다.

로 공군의 작전 특성과 명확하게 다르다. 육군항공은 육군의 한 단위 부대로서 꾸준히 전투력을 증강하여 육군항공사령부를 발족시켰으며 육군의 작전에 절대적인 존재로 성장하였다.

현대의 전투 행태가 보다 빠르게 전투력의 배치와 군수물자의 보급을 필수적 요소로 우선순위가 지정된다는 점에서 기동전을 발전시켰고, 지상 전투력의 주력인 보병(infantry)과 전차(tank)의 이동 수단은 수많은 장애물로 인하여 이동에 큰 제한을 받을 수 있어 지상 전투부대 지휘관은 이들 병력과 장비를 공간을 초월하여 이동시킬 수 있는 육군항공이야말로 지휘관의 의도를 가장 빠르게 실현할 수 있는 수단이다.

최근에 발생한 국지전에서 지상 병력과 장비 그리고 군수물자의 이동은 헬리콥터에 의해서 수행되었다. 한반도의 지형적 여건은 더욱 헬리콥터의 효율성을 높일 수 있는 크고 작은 산악지형으로 형성되어 있어 짧은 이동거리와 이착륙 장소의 제한으로 수직 또는 수직에 가깝게 이착륙할 수 있는 헬리콥터의 필요성이 증대되고 있다. 이는 우리의 생활주변에서 비행기보다 헬리콥터를 더 많이 목격할 수 있는 것은 헬리콥터의 중요성이 그 만큼

▲ 항공모함은 바다에 떠다니는 군사기지이다. 항모에 탑재한 전력은 중소 국가의 공군력에 버금가는 막강한 군사력을 탑재하고 있다.

증가하고 있다고 보아야 할 것이다. 이와 같은 군항공력의 증강은 자주국방의 필수 요소이기에 조종사 양성에 대한 수요는 꾸준히 증가할 것으로 보인다. 군 조종사가 된다는 것은 민간 항공기를 다루는 것과는 운용 개념 자체가 다르다. 군항공기 조종사는 수행하는 임무 자체가 적과의 결전을 위주로 하기 때문에 선발 과정에서부터 투철한 국가관과 엄격한 훈련을 극복해 낼 수 있는 강한 체력을 요구하고 있으며, 전투기 조종사는 그 어느 조종사 훈련 과정보다 강인한 체력과 정신력을 요구하고 있다.

신세대 젊은이들은 이 같은 엄격한 규율과 체력을 요구하는 직업을 선택하는 데 망설이고 있는 것도 사실이지만 대한민국의 건강한 신체 조건과 건전한 사고를 지닌 신세대 젊은이들 중에는 군조종사의 험난한 길을 스스로 택하여 최우수 전투기 조종사(top gun)의 꿈을 실현하기 위해서 도전하고 있다. 군에서 군조종사로서의 위상과 처우가 그 어느 병과 못지않게 높은 대우를 받고 있다. 베테랑 군조종사의 민간 진출을 막기 위해서는 민간항공 조종사 못지않은 처우 개선이 지속적인 이루어져야 할 것이다. ✈

민간항공의 발전 ……✈

대한민국을 대표하는 항공사는 대한항공과 아시아나항공이다. 이들 두 항공사가 항공운송의 대부분을 차지하고 있지만 최근에는 저가 항공사들이 설립되어 또 다른 항공운송 라인을 구축해가고 있다. 그러나 이들 항공사들을 제외하고 순수한 일반항공 차원에서 보유하고 있는 항공기는 과연 몇 대나 될까? 아무리 많게 잡아도 미국에 있는 중급 정도의 비행교육원에서 보유한 자산보다 규모가 작을 것이다. 어느 모로 보나 세계 10대 항공운송 수준을 자랑하는 일반항공의 단면은 아닐까?

국적 항공사들은 경제성장과 더불어 급성장하여 전 세계 주요 도시를 연결하는 항공노선을 개척해가고 있다. 인천국제공항은 규모 면에서 아시아에서 가장 큰 공항으로 등장하였고 이웃 일본 그리고 중국과 치열한 유치 경쟁에서 생존을 위한 끊임없는 기술개발과 우수한 인적자원의 확보에 사활을 걸고 있다.

이를 계기로 중소형 항공기들이 활약할 수 있는 일반항공이 자유롭게 운항할 수 있고, 항공기의 모든 것을 다룰 수 있는 항공 자유시장으로 활용할 수 있는 계기가 될 것을 간절히 희망하면서 어느 형태로든 기존의 시설을 잘 활용하여 일반항공이 발전할 수 있는 계기가 될 것을 기대한다.

항공수요의 증가는 세계적인 추세로 각 국가에서는 이들 수요를 유치하기 위해서 대형 공항을 건설 중이거나 계획하고 있으며, 세계 어느 지역이라도 고객이 원한다면 운항할 수 있는 항로 개척에 열중하고 있다. 국내의 항공사 역시 세계적인 항공사들과 경쟁과 제휴를 하면서 항로 개척에 열을

▲ B787 여객기는 "드림라이너(dreamliner)"라는 별명을 지닌 프리미엄급 여객기이다. 동체의 무게가 4분의 1에 불과하지만 강도는 10배나 강한 첨단 소재인 탄소복합재의 비중을 50%로 늘려 연료효율이 높고 창문이 넓다. 차세대 항공기의 하늘길은 더 빠르고 안전하며 더욱 안락한 항공기 개발에 주력하고 있다. 최근 국내 항공사에서도 도입하여 취항하고 있다.

올리고 있다.

남북 간의 긴장이 다소 완화되는 등 제한적으로 북한 지역의 영공이 개방된다면 세계무대는 더욱 가깝게 다가올 수 있을 것이고, 이들 국가와 교류가 급격히 증가하고 있는 것은 또 다른 블루오션으로 등장하게 될 것이다.

중국은 우리 국토의 수십 배가 되는 거대한 국토이다. 두 말할 필요 없이 항공시장(aviation market)으로서도 거대한 잠재력을 지닌 시장이다. 중국 역시 경제성장과 더불어 빠르고 편리한 항공수요가 급격히 증가할 것이고, 국내 항공사들 역시 주요 도시를 연결하는 항로를 개설하여 이들 수요에 발 빠르게 대처하고 있다.

한중일 3국과 동남아로 연결되는 중장거리 노선 그리고 태평양을 건너 아시아 국가로 다시 아시아 국가에서 태평양 국가로 자연스럽게 연결할 수 있는 환승 공항으로서의 역할만으로도 항공기의 수요는 필연적으로 증가하게 될 것이다. 아울러 항공사 자체의 조종사 수급과 운용 면에서 다소 불합리적인 면들이 개선되면서 조종사 수요와 공급은 자연적인 증가와 정년에 의한 퇴직이 정상적인 순환 주기가 형성되면서 조종사에 대한 수요와 공급은 정상적인 순환으로 이루어질 것이다.

▲ 구조용 헬리콥터가 산악지역에서 인명구조 임무를 수행하고 있다

헬리콥터는 비행기로서는 수행할 수 없는 또 다른 항공 세계를 구축하고 있다. 한반도 그 중에서도 반으로 나누어져 있고 지형의 70%가 크고 작은 산으로 이루어져 비행기 운항에 많은 제한이 따를 수밖에 없다. 이 같은 상황에서 고객이 원하는 위치와 장소에 서비스를 제공하기 위해서 헬리콥터만큼 유용한 운송수단은 없다. 헬리콥터는 공중의 일정 고도와 지점에서 마치 황조롱이가 공중에서 먹이를 찾을 때 날개를 퍼덕여 정지 상태를 유지하듯이 제자리비행(hovering)을 할 수 있는 최대의 장점을 갖고 있다. 사람의 접근이 불가능한 재해의 현장에는 헬리콥터가 어김없이 등장한다. 헬리콥터는 동체 전장의 약 2배의 공간만 확보된다면 안전하게 이착륙이 가능해 그 어느 운송수단보다 효율성이 높다.

헬리콥터 운용에 필요한 조종사는 대부분 육군항공(army aviation)에서 배출된 인원으로 군항공대에서 중대형 터보축 엔진(turboshaft engine) 헬리콥터를 수백 시간에서 수천 시간을 비행한 베테랑급 조종사들이다. 국내에서 고성능의 헬리콥터를 자가용으로 사용하고 있는 대기업도 있으나 일반항공에서는 왕복엔진(reciprocating engine)을 탑재한 소형 헬리콥터가 주로 활약하고 있다. 왕복엔진은 일반 자동차 엔진과 유사하여 가격이 저렴하고 정비가 용이한 장점이 있어 항공레저, 항공촬영, 방역 및 방제, 관광, 방송중계 그리고 제한적인 인원과 물자수송에 각광받고 있다. ✈

영공의 수호자 ……✈

요란한 비상벨이 울리고 상황실에서 긴급출동 명령이 발령된다. 이미 착용하고 있는 비행복 위에 전투장비와 생존장비(survival kits)를 걸치고 한 손에는 헬멧을 들고 비행기를 행해서 뛰어 나간다. 전투기 조종사라고 하면 항상 절도 있는 행동과 비상출동에 대비하고 있는 긴장된 모습으로 우리 앞에 등장했고, 완전한 전투장비를 갖추고 검은 고글(goggle)이 달린 헬멧을 착용하여 언제라도 전투를 벌일 수 있는 태세로 등장하곤 하여 보는 이로 하여금 터프함(tough)과 긴장감을 느끼지 않을 수 없다.

영공을 수호할 이들 전사(warriors)들에게는 한 치의 오차도 허용되지 않는 판단력과 순발력을 요구하고 어떠한 악조건 하에서도 생존할 수 있는 강한 자만이 선택될 수 있는 영공 수호자(guardians)들이다.

이들은 선발과정에서부터 높은 지적 수준과 엄격한 신체적 조건을 필요로 하고 있다. 이들 과정에 선발되었다고 해서 모든 것이 끝난 것은 아니다. 초등훈련 과정을 거치면서 이에 적응하지 못하는 훈련생은 도태되어야 하고 중등비행과 고등비행까지의 혹독한 과정을 거치면서 끝까지 적응할 수 있는 자만이 최고의 전투기 조종사가 될 수 있다.

전투 임무를 부여받은 조종사는 적 전투기와의 교전(dogfight)에서 승리하기 위한 각종 전투 기술과 무기체계에 대한 훈련의 연속이고, 적기와 공중전에서 승리하기 위한 고난도의 전투 기동으로 때로는 인간의 한계를 뛰어 넘는 정도의 강인한 체력을 필요로 한다.

고공(high altitude)이 고속 전투기 조종사들의 무대라면 저공에서는 기계화 및 보병부대가 공격 헬리콥터(attack helicopter)의 엄호를 받으면서 기동 훈련에 열중하고 있고, 때로는 기동 헬리콥터(mobile helicopter)에 의해서 대규모 공중기동 작전이 수행되고 있다. 적 전차의 이동을 탐지하기 위해서 정찰용 헬리콥터(scout helicopter)가 산 능선에 바싹 붙어 제자리비행을 하고 있고 곧 이어 중무장한 공격 헬리콥터를 유도한다.

▲ 전투기 조종사들이 언제 울릴지 모르는 비상벨 때문에 기지 내에서 비행복과 같은 기본 장비를 착용하고 대기한다.

해상으로 침투하는 정체불명의 선박을 탐지하고 이를 확인 및 추적하기 위해서 해군 초계가 험난한 바다 바람의 위험을 무릅쓰고 바다 위를 비행한다. 그들은 엄격하게 제한된 상황 속에서 극도로 절제된 생활을 요구하고 있으며, 때로는 비상 대기조로 편성되어 귀가하지 못한 채 부대 비상 대기실에서 하루를 마감해야 한다. 비행 중 불행하게도 생명을 위협하는 비상상황에서도 민간의 피해를 최소화하기 위한 조치를 취하다 비상탈출의 기회를 놓쳐 사신의 애기와 함께 산화해 버리는 숭고한 정신의 소유자들에게 영공의 수호자라는 국민적 성원과 찬사를 보내는 것은 이들의 역할과 자신의 희생에 대한 최소한의 배려라 할 것이다. ✈

▲ UH-60 블랙호크는 육군항공의 주력 기동 헬리콥터로 중무장 분대 병력이 탑승할 수 있다. 공중기동 작전은 물론이고 특수 작전을 위한 침투와 철수 그리고 수색 및 구조 임무를 수행한다.

전문 직업조종사 ……✈

항공기의 발달은 운송수단에서 일대 혁명을 일으키는 계기가 되었고, 세계는 지금 물류의 주도권을 잡기 위한 치열한 경쟁 속에 있다. 더 많은 물자를 더욱 안전하고 빠르게 소비자에게 전달하기 위한 속도 전쟁이랄까! 그 중심에 전문 직업조종사가 있다. 수백 명의 승객과 화물을 적재하고 활주로를 이륙하는 거대한 항공기를 보면서 어느 누가 탄성을 지르지 않겠는가? 이 항공기는 수만 피트 상공에서 대양과 대륙을 횡단하여 지구 끝 목적지까지 한 치의 오차도 없이 찾아간다. 비행을 꿈꾸는 조종사라고 한다면 어느 누군들 저 거대한 항공기를 자신의 애마처럼 다루고 싶지 않을까?

대부분 조종사를 희망하는 젊은이들의 최종 목표는 최신 초대형 여객기일 것이다. 항공수요의 폭발적 증가는 여객기 조종사 수요를 급격히 증가시켰고, 조종사를 꿈꾸는 젊은 항공인의 선호 직업군 중 하나이다. 몇 해 전까지만 해도 이루기 어려운 직종으로 알려져 있었지만 이제는 민간항공에서 충실하게 경력을 쌓은 조종사들로 충원되고 있다.

이들 운송용 조종사들은 수백 명의 승객과 함께 대양과 대륙을 횡단하면서 세계의 주요 도시를 왕복할 수 있는 남다른 자부심을 갖고 있으며 최첨단 과학의 산물인 여객기 조종에 타인의 존경과 부러움을 한 몸에 안고 있다. 일부 기량이 우수한 조종사는 억대의 연봉을 받고 있으며, 다른 직종에 비해 사회적 신분이 보장될 뿐만 아니라 높은 보수를 받고 있는 것도 매력 중의 하나일 것이다. 대륙을 횡단하는 여객기는 중견 기업체라 할 수 있을 정도로 고가의 항공기이고, 날아다니는 기업체를 운용하는 조종사는 한 사

▲ 에어라인 조종사들은 최고 기량의 전문 조종사들이지만 이 단계에 이르기까지 수천 시간의 비행경력을 쌓아야 하고 비행임무의 성격상 엄격하게 절제된 생활이 요구된다.

람뿐이지만 다른 점이 있다면 수백 명의 생명과 직결되는 막중한 책임을 맡고 있다.

기장(pilot in command; PIC)은 항공기 운용에 대한 직접적이고 최종적인 책임을 갖는다고 명시하고 있다. 아무리 거대한 항공기라 할지라도 이를 운용하는 조종실은 통상 2명이 활동할 수 있는 공간에 수많은 계기와 장비들이 배열(layout)되어 있어 일반인들이 이 공간에 들어왔을 때 탄성을 지르지 않을 수 없을 것이다.

이 작은 공간에서 아무리 사소한 작은 사고 또는 이를 경고해주는 시스템의 작동이라 할지라도 조종사는 이를 완진하게 해소하기 전까지 절대적으로 안심할 수 없다. 이는 곧 수백 명의 생명과 직결될 수 있는 문제이고 조종사의 책임이기 때문일 것이나. 무한 공중공간에 떠 있는 이 고독한 지휘관의 결심을 보소할 수 있는 것은 조종사의 눈앞에 펼쳐진 계기판과 옆자리에 앉아 있는 부기장(first officer) 그리고 지상 무선국에서 간간히 흘러나오는 관제사(controller)의 작은 목소리뿐이다.

▲ 산림청 소속 Ka-32 헬리콥터의 동체 하부에 물을 가득 담아 산불 현장에 물을 뿌리고 있다. 소방용 비행기가 담수하기 위해서는 넓고 긴 담수호가 필요하지만 헬리콥터의 제자리비행 성능은 작은 호수 혹은 강에서도 담수가 가능하다. 특히 봄과 가을철 산불진화의 현장에서 많은 조종사들이 산야를 지키기 위해서 고군분투하고 있다.

수만 피트 상공에서 음속(sonic)에 가까운 속도로 비행 중인 항공기 못지않게 조종사의 판단력(judgement)은 역시 신속정확하게 수행되어야 한다는 것을 누구보다 잘 아는 조종사로서 부단한 지상훈련과 가상 상황에 대한 예측과 훈련을 계속하지 않으면 안 되는 고독한 하늘의 지휘관이다.

이들 전문 직업조종사는 현명한 판단을 내리기 위한 육체적 건강상태(physical fitness)를 유지하지 않으면 안 된다. 술과 담배의 절제가 요구되고 과격한 운동 역시 삼가야 하고 매 6개월마다 까다로운 신체검사를 받아야 한다. 국제선을 운항하는 조종사는 수시로 변하는 시차적응(jet lag)과 고공 운항에 대한 신체적 피로감(fatigue)을 극복하고 안전운항에 대한 부단한 연구와 노력이 요구되는 직업이다.

어느 해에는 전국적으로 유달리 크고 작은 많은 산불(forest fires)이 발생하여 소중한 인명과 재산을 한 순간에 잿더미로 만들어 버렸다. 매년 연례행사처럼 건조한 초봄 강풍을 타고 발생하는 산불을 보면서 안타까워 하지만 산불 현장에 투입된 소방 헬리콥터의 활약으로 산불이 진화되는 과정을 보면서 새삼 헬리콥터의 중요성을 절감하게 된다. 사람과 지상장비의 접근이 용이하지 않은 험난한 산세를 타고 세상의 모든 것을 삼켜버릴 듯 용솟음치는 불길과 시커먼 연기

▲ 일반항공 비행기는 항공방제, 농약살포 등 다양한 업무를 수행한다.

한 가운데 또 다른 전문 직업조종사들이 있다. 이들 역시 항상 비상출동 체계를 갖추고 있으며, 때로는 가족과 떨어져 장기간 파견 근무를 감수해야 한다.

산불과의 한 판 승부에 나선 이들은 솟아오르는 연기를 피하면서 화마에 최대한 근접하여 물을 살포하여야 하기 때문에 때로는 생명의 위협을 느끼면서 산불진압에 나서고 있다. 이들에게는 화려한 제복도 수행하는 업무에 비해 보수도 열악하지만 국민의 생명과 재산을 보호하는 전문 직업조종사로서 오늘도 조종실에 오른다.

산불 진화용 헬리콥터는 산림청에서 산불진화에 최우선적으로 활용되고 있고, 119 응급헬기(air ambulance or doctor helicopter)와 각 지방 경찰청과 해양경찰(coast guard)에서도 헬리콥터를 운용하고 있다. 이외에도 헬리콥터를 보유하고 있는 일부 민간업체는 제한된 업무를 수행하고 있지만 앞으로 경제 여건이 호전되면서 다양한 항공수요에 내처할 수 있는 회전날개 항공기(rotary wing aircraft)들이 활약하게 될 것이다.

아름다운 비행 ……✈

영공을 수호하는 정예 전투기 조종사(elite fighter pilot)들이나 수백 명의 승객 안전을 책임지고 있는 여객기 조종사들에게 하늘은 전장이요 철두철미한 직업의 세계로 어느 한 틈도 여유를 갖기가 그리 쉬운 것만은 아니다. 비행의 원초적 목적은 하늘을 자유롭게 날아다니는 새들을 바라보며 푸른 하늘에 몸을 싣고 지상에서 느껴보지 못했던 또 다른 세계에 대한 동경일 것이다.

틀에 박힌 인간사를 뒤로하고 스치는 바람을 벗 삼아 자연과의 교감을 만끽하고 싶은 비행은 어떨까? 자신을 초라하게 만든 높은 빌딩 숲을 벗어나 더 높은 곳에서 본 모습은 어떨까?

비행에 대한 참 맛을 느끼고 싶다면 새들의 눈에 비친 인간의 모습을 공감하고 싶은 비행을 원할 때 이 비행이야말로 아름다운 비행이라 아니할 수 없을 것이다. 그에게는 특별히 목적지가 있는 것도 아니고 그저 비행 자체를 즐길 수 있는 것이다. 인간의 더 작은 모습과 자연의 오묘함을 보고 싶다면 더 높이 솟아오르고, 서산으로 지는 붉은 노을을 길 삼아 길쭉한 날개를 펴고 유유히 날아가는 백로 무리와 잠시 길을 같이 하는 여유로 움에 문학도의 시상을 자극하고도 남을 것이다. 이것이 문학을 논하고 대학에서 강의하는 어느 노 교수께서 비행의 아름다움을 예찬하시고 이를 스스로 체험하기 위해서 경량비행기에 기꺼이 탑승하여 또 다른 세계를 체험하고자 하는 것이다.

▲ 주변에서 목격하는 대부분의 비행이 직업적이고 임부 지향적이기 때문에 어느 한 순간도 이탈을 허용하지 않는다. 그러나 또 다른 부류의 많은 항공인들은 이 같은 직업적 비행을 벗어나 지상 위의 또 다른 세계를 경험해 보고자 도전한다. 이것이 진정한 항공 레포츠이다.

일반인에게 떠오르는 항공기의 이미지는 고성능의 전투기 아니면 초대형 여객기로 너무 깊게 각인되어 비행이라고 하면 이들 항공기를 먼저 떠올리게 된다. 그러나 항공 선진국에서는 이들 운송용 비행보다 많은 조종사들이 각자의 직업에 충실하면서 비행 그 자체를 즐기고 있다. 우리에게는 다소 무리라고 생각될 수도 있겠으나 일반항공의 발달 과정을 본다면 결코 경제적 여유가 충분해서 라고만 할 수 없고 새로운 세계에 대한 호기심을 갖는 자만이 하늘의 정을 경험하게 될 것이다. 예전에는 비행에 대해서 막연한 기대감을 갖고 있던 사람들이 이제는 실제 비행을 경험해 볼 수 있는 다양한 길이 개척되고 있는 것에 대해서 많은 기대를 걸고 있다. ✈

단독비행의 환희 ……✈

조종사가 되기 위한 과정에 많은 항공지적과 육체적 노력이 따른다는 것은 잘 알려진 사실이다. 특히 엄격한 규율과 교과과정으로 계획된 시간에 목표를 달성해야 하는 과정을 거쳐 본 조종사라면 추억으로 남아버린 지난날 단독비행의 영광과 환희에 잔잔한 미소를 금치 못할 것이다.

"단독비행!"

단어가 의미하는 것처럼 처음으로 혼자서 비행(first solo flight)하는 것이다. 그 동안은 교관 조종사(instructor pilot)의 도움을 받으며 교육을 받아 왔으나, 최종적으로 평가관(examiner)으로부터 단독으로 비행할 수 있다는 평가에 합격할 때까지 눈물겨운 훈련이 거듭된다. 독수리 새끼가 하늘을 날기 위해서 어미 독수리의 보호를 받으면서 수만 번 날개 짓을 한 후 날 수 있듯이 이제는 누구의 도움 없이 비행할 수 있을 만큼 성장했다는 것을 만인 앞에 당당히 보여주는 날인데 어찌 가슴 벅찬 날이라 아니할 수 있겠는가?

훈련 중에는 항상 교관 조종사가 있기에 마음 든든했었지만 조종실에 혼자만 남아 있으니 형언할 수 없는 큰 공간을 느끼지 않을 수 없을 것이다. 그러나 잠시 후 모든 것을 나 혼자서 처리하지 않으면 안 된다는 무거운 책임감에 두 주먹을 불끈 쥐고 아랫배에 힘을 주어 온 몸에 기를 불어넣는다. 어느 덧 조종훈련생으로서의 모든 훈련이 종료되었다. 그리고 마침내 단독비행의 순간이 다가왔다.

"그래, 잘 할 수 있을 거야..."

"하늘은 너의 것... 날개를 활짝 펴라!"

▲ 모든 조종사에게 첫 단독비행은 영원히 잊히지 않을 기억으로 남아 있을 것이다. 저자 역시 교관을 역임했지만 단독비행의 시절이 있었고 교관으로 단독비행을 내보내면서 그 초조함과 성취감을 동시에 경험할 수 있었다.

오늘은 단독비행을 수행하는 날이다. 교관으로부터 일장 훈시를 받고 그동안 갈고 닦았던 실력을 유감없이 발휘하여 안전하게 모든 조종훈련생들이 선후배의 축하를 받았으면 하는 간절한 마음이다. 담당 조종훈련생의 안전띠(seat belt)를 단단히 매어 주고 엄지손가락 치켜세워 자신감을 불어넣어 준다.

"이~야~호!"

"공중에 떠올랐다. 나 혼자서...."

저 아래에 관제탑(control tower)이 보인다. 세상의 모든 것을 가신 듯 이 순간보다 더 짜릿한 기쁨의 순간이 또 있을까! 이것이 비행의 매력이요 이 순간의 기쁨은 단독비행 조종사만이 느낄 수 있을 것이고 오래오래 간직하게 될 것이다.

"그래, 그렇게 하면 된다..."

"그렇지..."

"선회 조작에 들어가고... 그렇지..."

▲ 첫 단독비행은 그 동안 항공지식의 학습과 비행훈련의 결과를 평가 받는 과정이다.

"선회정지하고 수평직진비행으로... 그렇지..."

"고도가 좀 높은 것 같군..."

"그래, 고도를 낮추고..."

"최종접근경로로 선회 준비하고... 그래, 미리미리 선회하고..."

"착륙전 점검을 실시하고...그렇지..."

"속도가 좀 빠른 것 같다...속도, 고도 미리미리 처리하고..."

"그렇지...그대로 접근하여 착륙하라...

"그렇지...그래, 그래 그대로 착륙하면 되는 거야..."

그저 아무도 들어주는 이 없건만 담당 조종훈련생의 항공기가 장주(traffic pattern)를 한 바퀴 돌 때마다 소리 없는 이 외침은 교관이 되어서야 느낄 수 있을 것이다. ✈

미국에서 비행 ⋯⋯✈

군에서 전역한 후 비행경력을 쌓으면서 미국의 조종사 양성 체계를 연구하고 습득하고자 몇 차례 미국을 방문하게 되었다. 3개월, 4개월 때로는 6개월까지 체류하면서 미국에서의 비행경력이 그리 긴 기간은 아니지만 어쩌면 국내에서 10년 이상을 비행했던 것보다 더 많은 것을 배울 수 있었고, 그들의 모습에서 항공인(aviators)의 모습을 엿볼 수 있는 기회였다.

미국 이외에도 여러 나라가 있지만 굳이 미국을 선택하게 된 이유는 오랜 역사와 전통을 바탕으로 체계적인 항공교육 시스템, 항공안전 그리고 각종 간행물과 서적들이 세계 민간항공(civil aviation)을 주도하고 있기 때문이다. 민항항공에 진출하기 위한 목적이 아니고 일반항공 교육체계에 대한 현황을 알아보고 국내의 일반항공 상황과 너무도 다른 환경에서 경험할 수 있는 모든 것을 실행해 보고자 했다.

미국 전역에는 약 7,000여 개의 크고 작은 공항들이 산재해 있다. 이들 공항은 미국 최대 관문(gate)인 케네디 공항이라든지, LA 국제공항 등과 같은 거대한 공항(hub airport)들이 있는가 하면 중소 도시에 위치한 김포공항 규모의 공항들 그리고 수많은 사유공항(private airfield)들을 보면서 이러한 곳도 있구나 하는 부러움을 감출 수 없었다. 중소 도시 어느 곳에도 지방공항(local airports)이 있다고 판단하면 된다. 조종사 자격이 있는 사람에게는 자동차를 임대(lease)하듯이 언제든지 임대하여 비행이 가능하다. 지방공항에는 개인용 비행기(private airplane)를 계류할 수 있는 공간을 확보하여 임대료를 받고 비행기를 계류시킬 수 있으며, 개인적으로 넓은 땅을 소유한

▲ 일반항공은 공간만 제공된다면 비행이 허용되는 자유를 누릴 수 있어야 한다.

사람은 활주로(runway)를 만들고 격납고(hangar)를 지어 원하는 데로 비행을 즐기고 여행을 할 수 있는 자유를 누리고 있었다.

어느 날 비행을 준비하던 중 날렵한 형태의 구형 비행기 한 대가 요란한 소리를 내며 공항 상공을 선회하고 있는 광경에 주위 사람들의 시선이 집중되었다. 잠시 후 그 비행기는 착륙형상(landing configuration)을 취했고 가볍게 활주로에 안착(touchdown)했다. 역시 요란한 소리를 내며 계류장으로 활주하여 들어올 때까지 사람들의 시선을 받았다.

조종사는 60대 초반이라고 자신을 소개했지만 그는 한창 때의 기개가 그대로 살아있음을 느낄 수 있었다. 그가 몰고 온 비행기는 2차 세계대전 때 활약하던 무스탕 전투기(mustang fighter)의 모형을 그대로 재연하여 제작된 비행기로 많은 사람들의 시선을 끌었다.

뉴욕의 한 지방에서 구형 비행기들이 전시된 에어쇼(air show)를 볼 수 있는 기회가 있었다. 미전역에서 많은 비행 애호가들은 자신들이 아끼는 애기를 손수 몰고 자신들의 비행기를 선보이고 있었다. 이들 중에는 부부가 모두 조종사로 미전역을 돌면서 에어쇼에 참가한다고도 했다. 이들 비행기에는 초기 문서나 우편을 전달해 주는 우편기에서부터 1차 세계대전에서 공

▲ 항공역사의 한 페이지를 장식했던 복엽기이다. 국내에서는 보기 드물지만 미국에서는 어렵지 않게 관찰할 수 있어 역사의 공존 현장을 느낄 수 있다.

중전을 수행했던 모형 기관총이 장착된 복엽기(biplane) 등이 등장하여 비행기의 역사를 보는 듯 했다.

초고속 고성능(high performance)의 항공기가 등장하여 세상 사람들을 놀라게 할지라도 항공역사 속의 비행기를 재현하여 역사 속으로 빠져 들어가는 이들의 모습에서 역사를 보존하고 공존하려는 진정한 항공인들의 자부심과 모습에 숙연해진다. ✈

세계적 휴양지, 플로리다 해변의 상공 ……✈

미 대륙에서 플로리다(Florida)는 오른쪽 하단에 길게 뻗어 있고 사철 푸른 계절이 계속되는 지리적으로 따뜻하고, 삼면이 바다로 둘러싸여 세계적인 휴양지로 잘 알려진 주(State)이다. 플로리다의 Daytona beach 국제공항(international airport)에서 비행하던 중 플로리다 해안을 따라 최남단까지 비행계획을 수립했다. 대략적인 비행거리는 약 500마일 정도가 되기 때문에 중간에서 연료보급과 함께 중식을 할 수 있는 중간기착(stopover) 공항까지 선정하였고, 가는 길은 시계비행으로 해변을 따라 비행하고 돌아오는 길은 계기비행(instrument flight rule)으로 직선항로를 계획하였다.

Daytona beach 국제공항이 해안 근처에 위치해 있어 이륙하자마자 플로리다의 해안에 도착할 수 있었다. 때는 8월 하순이라 지상은 높은 기온과 습도로 불쾌지수가 매우 높았지만 언제나 그랬듯이 활주로를 박차고 공중에 오르면 그 상쾌함에 모든 것을 잊은 듯했다.

비행기는 어느 덧 Daytona beach를 벗어나고 있었고 그 아래로 이어지는 끝없는 해안선(shoreline)은 어디가 끝인지를 알 길이 없을 것 같았다. 세계적인 휴양지답게 해안가에는 각종 휴양시설들이 들어서 있고, 잘 발달된 도로와 해안가에는 한가로이 해수욕을 즐기는 사람들로 붐비고 있었다. 국내의 유명 해수욕장에 몰리는 수백만 인파로만 연상이 되던 해수욕장과는 너무나 대조적인 해변의 모습에서 한가로움마저 느낄 수 있었다.

남쪽으로 갈수록 해안의 아름다움은 절정을 달했고, 고도를 낮추어 본 파란 바다는 바닥이 보일 만큼 맑고 투명함 그 자체였다. 담수호에서는 여가

▲ 지방횡단비행으로 플로리다 해안가를 따라 최남단 key west 근처의 지방공항까지 왕복비행을 했던 경험이 아직도 아련한 기억으로 남아있다.

를 즐기는 개인용 소형 보트들이 하얀 물살을 가르며 기묘한 형태의 수를 놓고 지나가고 있었다. 간간이 비껴 가는 다른 비행기를 보면서 항행은 계속되었다.

항공도(aeronautical chart)를 보니 플로리다 해안의 거의 끝단에 도달해 있었고, 플로리다의 최남단 Key west까지는 얼마 남지 않았음을 알 수 있었지만 계속되는 해상 비행을 감수해야 하고 또한 경고공역(warning area)으로 지정되어 있어 이쯤에서 회항하기 시작했다. ✈

미국 제1의 관문, 케네디 국제공항 상공 ……✈

뉴욕(New york)은 국제정치와 경제의 중심지로 너무도 잘 알려진 국제도시로 세계인의 이목이 집중된 도시이다. 미국의 중심 뉴욕은 다국적 다인종의 집합체로 개인의 이익과 국가의 이익을 위해서 수많은 정보가 교환되는 교류의 중심지답게 이들을 수용할 수 있는 거대 공항이 바로 케네디 국제공항(Kennedy international airport)이다.

전 세계의 주요 항공사가 취항하고 있어 이 지역 상공은 고속 대형 항공기들로 항공교통(air traffic)이 매우 혼잡하다. 이들 주변 공역은 관제기관으로부터 철저히 보호되고 있을 뿐만 아니라 이 지역 상공을 비행하기 위해서는 반드시 관제기관의 비행인가(clearance)를 받아야 한다.

뉴욕까지 와 비행하면서 세계적으로 유명한 케네디 공항 상공을 비행하고 싶은 충동을 억누를 수 없어 이 지역 상공을 비행해 보기로 결심했다. 착륙 허가를 받지 못하는 것은 아니지만 경비행기의 훈련 목적 이착륙은 허용하고 있지 않아 통과비행(over flight)으로 계획했다.

JOHN F, KENNEDY 공항은 5개의 활주로가 개설되어 있고 인근에는 국내선만 운항되는 LA GUARDIA 공항 그리고 좌측에는 3개의 활주로를 갖춘 NEWARK 국제공항이 위치하고 있다. 이들 공역에서 운항하는 대부분의 항공기는 고속의 대형 운송용 항공기이기 때문에 항공안전에 특별히 주의를 요하는 공역이다. 이 때문에 비행경력이 많은 조종사들도 상당한 주의를 필요로 하고 가급적 이 공역을 회피하여 비행하는 경향이 있다.

▲ JFK 공항은 미국에서 가장 많은 승객이 입국과 출국하는 공항으로 알려져 있고 주변에 여러 공항들이 산재해 있어 항공 교통량이 매우 복잡한 공항 중 하나이다.

저자 역시 이 공역을 단독으로 비행하기에는 어렵다고 판단하고 이 지역에 익숙한 교관 조종사의 도움을 얻어 비행하기로 결정했다. 이 비행이 단순한 통과비행을 위한 것이 아니라 가장 복잡한 공항에서 이루어지는 항공교통관제를 직접 체험하고 기록하여 항공무선통신(radio communication)에 대한 실무적 경험을 얻기 위한 비행이었다.

관제 상황을 녹음하기 위한 모든 준비를 마치고 조종간은 저자가 잡았다. 교관 조종사는 주위의 시각적 경계를 하면서 관제사와의 교신에서 잘못 이해하는 사항에 대해서 보조하는 역할을 할 수 있도록 업무를 분담하고 뉴욕 공항을 횡단하기로 계획했다. 예상했던 대로 이 지역을 관장하는 접근관제소(approach control)에서는 어느 한 순간의 틈도 없이 계속해서 항공기와 교신이 이루어지고 있었다. 공역 통과인가를 받아야 하기 때문에 임의로 진입할 수는 없다.

조종사와 관제사의 교신은 계속되고 있다. 다른 조종사와의 교신을 끊거나 중도에 끼어 들 수 없어 교신 내용에 온 신경을 집중하고 순간적으로 틈이 났을 때 교신을 시도해야 했다. 역시 보통은 아니다. 일단은 교신에 성공했고 대기(standby)를 지시 받았다. 관제사의 지시는 빠르게 흘러 나왔다. 현재의 고도, 위치, 목적지 그리고 트랜스폰더 코드를 요구했다. 진입해도 좋다는 인가를 받았고 관제사는 계속해서 다른 항공기에 대한 정보를 제공해 주었다.

Cessna... traffic... ten o'clock... four thousands southwest bound... DC-10. cessna... turn heading 265...
Cessna... frequency change...

공역을 통과하는 도중 관제사는 계속해서 다른 항공기의 이동에 대한 정보를 지시해 주었고, 옆자리의 교관은 이들 항공기를 확인하고 본인에게 확인(in sight)했음을 알려주면 이를 다시 관제사에게 항공기를 확인했다는 통보를 해주었다. 비행기는 우측으로 멀리 보이는 뉴욕 공항을 바라보면서 서서히 벗어나고 있었다. 조종간을 잡고 있는 손에는 어느덧 땀에 젖어 있었다. ✈

야간비행

칠흑같이 어두운 밤하늘에 총총히 반짝이는 별들을 벗 삼아 어둠을 뚫고 나가는 비행은 주간에 행하는 비행과는 또 다른 세계를 경험할 수 있다. 모든 것이 어둠 속에 묻혀버린 세상은 그 자태도 완연히 변해 있었다. 속속들이 내보이던 산과 들의 모습은 온데간데없고 어둠에 잠긴 거대한 물체로 변하여 인간의 접근을 허용하고 있지 않다.

인적이 드문 시골길을 비추며 길을 재촉하고 있는 한 줄기 자동차의 불빛만이 인적의 흔적을 느낄 수 있다. 그러나 도심에 들어서면 그 모습은 정반대로 변해 있다. 뉴욕 상공을 옆으로 지나오면서 끝없이 이어지는 자동차 불빛의 행렬과 그 화려한 불빛은 어느 한적한 시골의 모습과는 너무도 대조적이다.

때로는 의도적으로 야간비행을 계획하기도 하지만 목적지에서 돌아오는 길이 늦어져 어쩔 수 없이 야간비행을 해야 하는 경우가 있다. 어둠이 밀려오기 전에 목적지에 도착하겠다는 심리적 부담으로 속도를 높여보지만 항상 야간비행에 대한 대비를 해야 한다.

야간에 지형을 식별하면서 비행하기란 매우 어렵다. 물론 자주 비행을 해본 지역이거나 단거리에서는 불을 밝히는 도시의 윤곽이나 도로의 형태 등으로 위치를 판단할 수 있지만 전혀 생소한 지역에서의 이 같은 항행 방법은 공중에서 길을 잃어버리기 십상이다. 해상에는 항해하는 선박의 위치를 유도해주는 등대(light house)가 있듯이 공항에도 공항을 식별할 수 있는 항공등대(aeronautical beacon)가 있다. 공중에서 보았을 때 조종사들이 쉽게

▲ 야간에 도심의 환한 불빛 속에서 공항등대를 찾을 수 있어야 한다.

식별할 수 있도록 회전등을 설치해 놓았기 때문에 대략적인 방향을 잡고 이 등대를 찾아가면 된다.

인구가 비교적 적은 도시에 위치해 있는 공항이라면 공항의 위치를 식별하기는 그리 어렵지 않지만 대도시의 중심에 위치해 있는 공항을 찾기란 결코 쉬운 문제가 아니다.

조종사는 수십 마일 전의 위치에서 접근관제소로부터 대략적인 방향을 조언 받아 공항으로 향하고 있지만 도심의 화려한 간판, 네온사인, 반듯하게 늘어 선 가로등, 반짝이는 불빛, 레이저 쇼(laser show)와 같은 현란한 불빛 속에서 가늘게 회전하고 있는 항공등대를 찾아야 한다. 형형색색 현란한 도심을 벗어나 착륙자세에 들어서면 완벽한 원근감으로 잘 정렬된 접근등화시설(approach lighting system; ALS)이 당신을 반기게 될 것이다. ✈

구름 위의 다른 세계 ……✈

조종사 직업을 가진 사람의 특이한 현상 중의 하나는 아침에 일어나면 제일 먼저 하늘을 바라본다는 것이다. 그렇다! 이들에게 하늘은 직업의 장이기에 하늘상태를 보고 대략적인 그 날의 기상을 예측해 보고 있는 것이다.

바람이 없고 청명한 날이면 비행의 최적 기상조건이 될 것이나 비바람이 불고 어둠컴컴한 하늘이면 비행에는 최악의 조건이 될 수 있기 때문이다. 따라서 비행하기 전에 기상센터에 기상정보(weather information)를 얻는 것은 조종사의 우선 과업 중 하나이다. 그 날의 비행을 할 것인지 아니면 취소할 것인지 결심(go or no go decision)은 오로지 조종사의 판단에 달려 있고 이에 대한 책임은 전적으로 조종사에게 있다.

기상상태가 전국적으로 동일할 수는 없다. 예를 들어 이륙과 착륙하고자 하는 공항의 기상은 시계기상상태(visual meterological condition; VMC)이지만 항로 중간에 구름이 많이 끼어 있다고 가정할 때 조종사는 계기비행으로 구름 낀 지역을 통과할 수 있다. 또는 낮게 형성된 구름이라면 구름 위로 비행(VFR on top)을 할 수도 있는 것이다. 이 같은 비행을 계획한 조종사는 관제탑으로부터 비행인가를 받아 이륙하였고 구름이 형성된 공역에서는 계기비행으로 구름 속을 통과해야 한다.

"구름 속은 어떠한 모습일까?"

하얀 눈이 소복하게 뒤덮인 자동차 안으로 들어가 운전석에 앉아 보라! 세상이 다 하얗지만 계기판(instrument panel)을 포함한 실내의 모든 것은 지극히 정상적으로 보인다. 어느 누구도 그 상태에서 운전할 수는 없다. 그러

▲ 구름은 항공기 운항에 시정뿐만 아니라 난기류와 같은 악기상을 유발할 수 있는 요소들을 내포하고 있다. 그러나 때로는 구름 위를 비행할 때 펼쳐진 장관은 조종사만이 경험할 수 있는 특권이다.

나 항공기는 가능하다. 오로지 계기가 지시하는 지시침(needle)에 의존해서 말이다. 이것이 계기비행(instrument flying)의 묘미이고 비행의 완성 단계라 감히 말할 수 있다.

구름을 벗어난 후 구름 위의 비행은 또 다른 신비한 세계를 보여준다. 마치 구름 위에 앉아 있는 신선의 모습과 같이 아래로는 솜털 같은 뭉게구름이 떠 있고 위로는 한 점 티끌 없는 듯 푸른 하늘의 진가를 경험하게 될 것이다. ✈

항공인의 축제, 에어쇼 ……✈

공중에서 벌이는 각종 항공기들의 곡예비행(acrobatic flying)은 관객들로 하여금 탄성과 함께 아슬아슬한 장면들이 연출될 때마다 가슴을 쓸어내리곤 한다. 국제적 규모의 행사로 진행되는 에어쇼는 세계적으로 유명한 항공사와 항공기들이 전시되어 항공기의 발전 방향을 예측해 볼 수 있는 좋은 기회이다.

또한 이들 에어쇼에서는 자국의 항공기를 판매하기 위한 치열한 홍보전이 전개되는 곳이기도 하다. 에어쇼는 제한된 시간과 공간에서 일반 대중을 상대로 항공기를 소개하고 항공인의 저변을 확대할 수 있는 기회의 장으로 많은 국가에서 경쟁적으로 유치하고 있다. 국내에서도 국제적 규모의 에어쇼를 유치하여 큰 성과를 거두기도 했으나, 대부분 외국 항공회사들의 항공기 판매 전시장 역할을 했다는 지적을 받아 왔다. 하지만 이제는 항공기 제작국으로서 국산 항공기의 에어쇼는 물론이고 관련 부품들을 전시하여 해외 바이어들에게 홍보하고 판매하는 수준까지 성장하였다.

미국에 체류하는 동안 여러 차례 에어쇼를 볼 수 있는 기회가 있었다. 세계적으로 유명한 에어쇼부터 지방의 작은 공항에서 열린 에어쇼에 이르기까지 이들의 에어쇼는 진정한 의미의 항공축제(aviation festival)임을 실감할 수 있었다. 규모가 제법 큰 에어쇼에는 수백 대에 이르는 각종 항공기가 전시되어 즉석에서 항공기를 매매하기도 하고 자가제작(home built)한 기묘한 모양의 항공기를 들고 나와 다른 사람의 시선을 끌기도 한다. 행사의 대부분은 민간 주도로 이루어지고 행정기관과 군항공기의 지원을 받아 에어쇼

▲ 항공기 제작국으로써 당당히 국제 에어쇼에서 국산 전투기의 위용을 과시하는 수준에 와 있다.
(국산 T-50 Black eagle)

의 진가를 높여 주고 있다. 에어쇼에는 항공기의 전시와 곡예비행뿐만 아니라 항공역사를 말해줄 수 있는 많은 자료와 부속 장비들이 전시되어 예비 항공인들과 일반인들의 흥미를 끌기에 충분하다. 또 한편으로는 퇴역한 베테랑 조종사들이 자신들의 무공을 자랑하고 항공전투의 상황들을 어린이들에게 설명해 주고 있었다. 한국에서 왔다는 말에 한국전에 참전했던 조종사도 만나 볼 수 있었고 자신이 비행했던 지역들을 아직까지도 생생하게 기억하고 있었다.

에어쇼가 새로 개발된 항공기와 관련 부품들의 전시 및 판매의 한마당으로 유도하기 위해서 국제적 규모의 행사도 좋지만, 소박하지만 뜻 있는 항공인들로 구성하여 자생적으로 행사를 이끌어 갈 수 있는 에어쇼의 초석을 다져갔으면 하는 기대이다. 국내에서도 일부 항공클럽에서 경량 항공기 위주로 에어쇼가 개최되고 있다. 비록 규모나 행사의 진행 면에서 외국의 경우와 비교할 수 없지만 점진적으로 개선하고 특징을 살려 나간다면, 에어쇼의 진정한 의미를 찾을 수 있을 것이고 뜻 있는 항공인들 역시 적극적인 참여가 이루어질 수 있을 것이다.

항공산업의 발달은 단순히 조종사 또는 정비사의 필요를 충족하는 것은 아니다. 항공기 제작에 필요한 수많은 부품의 개발과 제작 그리고 판매에 이르기까지 거대한 시장과 직업군을 형성할 수 있는 것이다. 일부 지자체에서도 항공특화

▲ 에어쇼에서 상상한 초월한 묘기를 보여 주고 있다.

▲ EAA AirVenture Oshkosh 에어쇼에는 50만 명의 관람객과 10,000여대의 항공기가 출품되어 세계적인 에어쇼의 진수를 보여주고 있다.(2017)

산업의 일환으로 에어쇼를 개최하고 있는 것은 매우 고무적인 소식이 아닐 수 없다. 머지않아 항공인의 진정한 축제인 우리만의 독특한 에어쇼를 볼 수 있기를 기대해 본다. ✈

▲ 항공기 발명가들에게 남은 마지막 소망은 새와 같이 인간 동력만으로 자유롭게 날을 수 있는 항공기 개발이 아닐까!

항공 레포츠의 발전 추세 ……✈

국내외적으로 많은 시련을 겪으면서도 레저산업(leisure industry)은 꾸준히 증가하고 있는 추세이다. 육지와 바다의 한계를 넘어서 이제는 창공을 날아보고자 많은 사람들이 의욕을 보이고 있다. 레포츠 분야의 마지막 보루인 푸른 하늘마저 정복해 보겠다는 의지에서 항공 레포츠라는 새로운 용어가 등장하였다.

일반인에게는 다소 생소하게 느껴질지 모르지만 경량 항공기의 개발이 활발해 지면서 레저 활동과 접목시켜 많은 호응을 받고 있다. 동력 패러글라이딩(power paragliding) 혹은 초경량 항공기(ultralight vehicle)의 등장은 항공 레포츠(leisure sports)를 즐기려는 사람의 매력을 끌기에 충분하다. 현재의 여건에서 주 5일 근무의 정착과 함께 비행세계를 경험할 수 있는 수단은 경량 항공기(light sport aircraft)이다.

경량 비행기는 무게에 따라 제한되고 약 250kg 이하의 2인승 비행장치이다. 이들 경량 비행기는 기종에 따라 비행속도, 상승률(rate of climb), 이륙 및 착륙 속도 등이 다양하나 일반적으로 순항속도 60~70노트 이륙 및 착륙속도 30~40노트의 저속 비행기이다. 또한 이륙 및 착륙거리(landing distance)도 50m 내외로 매우 짧은 활주거리(takeoff run)로 이착륙이 가능하다. 초보자라 할지라도 약 20~30시간 정도의 비행교육을 받으면 경량 비행기 조종사가 될 수 있다.

일부 경제적으로 여유 있는 사람은 경량 비행기를 직접 구입하거나 국산 경량 비행기를 보유하여 비행을 즐기고 있다. 경량 비행기는 기본적인 구조만 갖추고 있어 계기 작동이 복잡하지 않으나 정상적인 무선장비나 항법장비 등이 미비하기 때문에 장거리 비행에는 한계가 있다. 일반적으로 경량 비행기 조종사 자격증을 취득할 때까지 대략 250~300만원의 비용이 든다. 현재의 증가 추세에 비추어 볼 때 동호인이 증가하고 공역이 확장됨에 따라 비용은 감소될 것으로 전망된다.

▲ 동력 패러글라이더는 낙하산 모양의 공기를 가둘 수 있는 셀을 만들어 날개 역할을 할 수 있도록 설계되어 있다.

경량 비행기라 할지라도 수백 피트의 상공을 비행할 수 있으며 하늘을 날을 수 있다는 기쁨에만 심취하기보다 철저한 안전의식이 요구된다. 아무리 좋은 항공 스포츠라 할지라도 인간의 생명을 위협하는 요소가 있어서는 절대로 안 된다. 일부 비행장의 안전관리가 다소 소홀해 보이는 경향이 옥에 티라 할 수 있다.

어떠한 경우도 항공안전(aviation safety)을 소홀해 했을 때 사고는 피할 수 없다. 일반항공이 완숙 단계에 접어드는 과정에서 항공법규의 철저한 준수도 중요하지만 올바른 항공 관습법(common law)의 장착이 중요하고 모든 항공인의 자발적 참여만이 훌륭한 관습법이 장착될 수 있을 것이다.

▲ 비행의 세계는 가장 원초적인 사고력의 발원에서부터 시작되었다. 비행기 구조에 대한 간단한 지식만으로 제작해 볼 수 있다. 비행기의 프레임은 원통 철골로 제작되었고 날개는 천을 씌워 제작되었다. 후방에 엔진을 장착하고 프로펠러는 미는 방식으로 설계되어 있다.

▲ 수륙양용 경량 비행기는 육지는 물론이고 수상에서 이착륙이 가능하다. 이 같은 수륙양용은 미래 항공 레포츠 항공기의 모델이다. 육상 비행장에서 운용할 수 있도록 바퀴가 달려 있고, 날개를 접을 수 있다면 일반 도로에서 이동할 수 있는 다목적 비행체이다.

경량 비행기를 운용하는 사람 모두 철저한 안전의식이 확립되어야 최고의 항공 레포츠로 자리 잡을 수 있을 것이다.

비록 경량 항공기의 구조가 간단할지라도 비행원리는 동일하다. 단지 속도가 느리고 저고도에서만 운용이 가능한 최소의 구조와 장비를 갖추고 있는 점이 다를 뿐 비행을 만끽하기에 충분한 성능을 갖추고 있다. 경량 항공기는 만 14세 이상의 신체 건강한 남녀노소 누구나 자신의 손발로 비행을 즐길 수 있다.

창공을 향한 어린 새싹들의 꿈을 키워 주기 위한 일환으로 매년 모형 항공기 대회(model aircraft competition)라든지, 항공캠프, 항공기 전시회 등 다채로운 행사들이 열리고는 있으나 아직 많은 항공인들의 욕구를 충족시켜 주기에는 미흡하다. 비록 작은 행사라 할지라도 꾸준히 발전시켜 나간다면 항공인구 역시 자연스럽게 증가할 것이고 공상과학에 등장하는 차세대 항공기(future concept aircraft)를 개발하는 한국의 "라이트 형제"가 탄생될 것을 기대해 본다. ✈

경량에서 경비행기로 전환 ……✈

간혹 이러한 질문을 받는다. 경량 비행기를 조종할 수 있으면 국내 또는 FAA의 경비행기 조종사 자격증명을 쉽게 취득할 수 있지 않느냐는 취지의 질문이다. 이 같은 질문에 명확하게 결론을 내리기는 어려우나 다음과 같은 몇 가지 사항을 심도 있게 고려해 볼 필요가 있다.

첫째, 레저 차원을 넘어서 경비행기 조종사가 되기 위해서는 비행계획을 수립할 수 있어야 한다. 예를 들어 자가용 조종사도 자신의 승객을 탑승시키고 수백 마일을 비행할 수 있어야 한다. 자가용 조종사 평가과정에 대해서 언급되겠지만 정확한 비행계획(flight plan)을 수립할 수 있고 한 차원 높은 항공기의 기본원리 등과 같은 전문지식을 갖추어야 한다.

둘째, 공항 환경에 적응하는데 상당한 시간이 소요된다. 경량 항공기는 공항으로서의 시설을 갖추지 못한 지정된 장소에서 최소한의 공중 기동술(maneuvers)과 이착륙이 이루어지는 반면 경비행기는 다양한 형태의 항공기가 동시에 운용되는 지역에서 다른 항공기의 운항에 지장을 초래하지 않으면서 규정된 절차(procedures)를 준수해야 한다.

경량 비행기는 무선통신 장비가 부족하고 관제절차에 취약할 수밖에 없으며 정상적인 관제절차가 이루어지는 환경에 적응하는 데 상당한 시간이 소요된다. 특히 FAA 자가용 조종사(private pilot) 자격증명에 도전하려는 사람일수록 관세 영어는 커다란 장애물로 등장할 수 있다. 일반적으로 어느 정도 영어 회화 능력을 갖추고 있어서 외국인과 일대일로 대화하는 데 지장이 없는 사람이라 할지라도 항공기 엔진의 소음, 다른 조종사와 교신이 이

▲ 일부 경량 비행기는 세계일주 비행을 성공적으로 완수할 수 있을 정도로 성능이 우수하다. 경량 항공기는 기존의 경비행기 못지않은 성능을 갖추면서 항공스포츠로 각광을 받고 있다.

루어지고 있는 상황 하에서 자신의 순서를 포착하여 관제사를 호출하고 비행인가를 요청하는 상황이라면 매우 당황하게 된다.

셋째, 고속 비행기를 조종하던 조종사가 저속 비행기를 조종하기는 쉬워도 저속으로 숙달된 조종사가 고속 비행기로 전환하는 데는 상당한 훈련을 필요로 한다. 기종에 따라 차이가 있겠지만 경량 비행기와 경비행기의 이륙 및 착륙 속도가 2배 이상의 차이가 있을 수 있음으로 이 같은 속도차를 극복할 수 있어야 한다.

넷째, 비행기 시스템이 매우 복잡하다. 일반적으로 경량 비행기는 비행하는 데 필수적인 계기와 장비를 갖추고 있으나 최근에 보급되는 대부분의 경량 비행기는 항속거리(range)가 길고 속도가 빠르며 계기 및 엔진 시스템이 경량 비행기와 매우 다르기 때문에 이들 시스템에 새롭게 적응할 수 있어야 한다.

다섯째, 비록 자가용 비행기 조종사라 할지라도 기본적인 항법보조시설(navigation aids)들을 활용할 수 있어야 한다. 전문적으로 비행을 연구하다 보면 비행은 조종사 혼자서 하는 것이 아니라는 것을 알게 될 것이다. 이들 시설은 조종사가 목적지 공항(destination airport)까지 안전하게 찾아갈 수 있도록 항로를 안내해 주는 역할을 하기 때문에 이들 항법보조시설을 이해하고 조종사가 어떻게 활용할 수 있는가에 대한 항공지식이 필수적이다.

결론적으로 경량 비행기가 전혀 도움이 되지 않는다는 것은 아니다. 실제 공중 기동술을 훈련하는 데 공중 감각은 남보다 빠르게 소화할 수 있으나, 결코 비행기술만으로 전문 조종사에 도전하기에는 위와 같은 사항을 충분히 고려하여 가능성을 판단해야 한다. 간혹 FAA 조종사 자격증명을 취득하려는 사람이 국내에서 경량 비행기로 숙달하고 미국에 건너가 FAA 실기평가만 받으면 되는 것으로 인식하고 있으나 실현 가능성이 희박하고 비경제적이라고 할 수 있다.

국내에서 경량 비행기를 이용하여 훈련받는 데 비용이 250만원 이상이 소요된다고 보았을 때 그 정도의 비용에 약간만 추가한다면 자가용 조종사 자격증명을 취득할 수 있을 정도의 비용이기 때문에 이중으로 투자하는 결과가 될 수 있음으로 신중하게 고려해 볼 필요가 있다. 따라서 경량 항공기는 항공레저 차원으로만 고려할 것을 권고한다.

그러나 최근에 보급되는 경량 비행기는 첨단 복합소재와 고성능 왕복엔진을 탑재하고 있고, 일부는 GNSS 항법장비를 갖추어 장거리 비행이 가능할 정도로 발전해 가고 있다는 점에서 경량 비행기 경력도 인정하고 있는 추세이다. ✈

여성 조종사 ……✈

조종사를 향한 꿈이 남성만의 전유물은 아니다. 최근 여성 조종사에 대한 뉴스가 증가하면서 여성들도 조종사에 대한 기대와 희망이 점차 늘어가고 있는 추세이다. 아직 대세를 바꿀만한 흐름은 아니지만 조종사 인력난을 겪고 있는 항공업계가 여성 조종사에 주목하고 있다. 여성 조종사가 되기 위해서 특별히 다른 점은 없다. 기본적인 항공지식과 함께 신체검사에 합격할 수 있으면 충분한 자격을 갖추었다고 볼 수 있지만 아직까지 선입견과 함께 모집 인원에서 제한되고 있는 것이 현실이다.

특히 전투 항공기 조종사라면 공중전을 벌여야 하고 고속 때로는 초음속에 근접한 속도에서 기동할 때 신체에 가해지는 극한의 g-하중에 견딜 수 있는 강인한 정신과 체력이 뒷받침되어야 한다. 또한 여성이 비행이 아니더라도 전투 임무에서 배제되는 것은 자신의 결정으로 생과 사를 결정해야 하는 상황에서 감수성이 예민하기 때문이기도 하다.

그러나 민간항공은 전투 항공기와 다르게 여성 조종사의 섬세함이 장점으로 작용하기도 한다. 미래형 항공기의 발달 추세는 조종사의 간섭을 최소화한 완전 자동화(automation)를 추구하고 있는 항공전자(avionics) 시스템으로 이루어질 것으로 본다면 여성 조종사에게 결코 불리하게 작용하지 않을 것으로 본다.

현대 전투기 항공기는 물론이고 초대형 운송용 항공기 조종계통은 완전 디지털 유선조종방식(fly by wire; FBW)을 갖추고 있다. FBW는 요즘 게임에 많이 사용되고 있는 조이스틱(joystick)과 같은 조종간은 미세한 손바닥

▲ 높은 g-하중에 견딜 수 있는 g-슈트를 착용하고 있지만 기본적으로 강인한 체력 조건을 유지해야 한다.

의 압력을 전기신호로 변환(convert)하여 거대한 항공기를 원하는 데로 기동시킬 수 있도록 설계되어 있다.

대륙을 횡단하는 운송용 항공기의 비행관리장치(flight management system; FMS)는 이륙에서부터 순항비행 그리고 접근과 착륙까지 조종사가 이륙 전에 입력한 대로 자동으로 비행할 수 있는 장치들을 갖추고 있어 조종사는 거의 손을 대지 않고도 이륙에서 착륙까지 수행할 수 있는 단계에 와 있으니 성별 조종사의 차별은 의미가 점차 없어지게 될 것이다.

최근(2017) 항공업계의 발표에 따르면 여성 조종사의 비율이 눈에 띌 정도는 아니지만 대한항공과 아시아나항공 그리고 특히 저비용 항공사에서 승무하는 여성 조종사 비율은 해마다 증가하고 있는 추세임을 알 수 있다. 전체 조종사에서 여성이 차지하는 비율은 아직 1%를 조금 넘는 수준이지만(2017), 조종사 인력이 가중되고 전자 조종실(glass cockpit)로 변화하면서 여성들의 진출은 더욱 활발해질 전망이다.

1997년 대한항공에서 국내 첫 여성 민항기 기장을 임명하기 시작해서 현재는 300여명의 여성 조종사가 승무하고 있다. 이후 대한항공은 2012년부터 해마다 1~2명씩 늘어 현재는 12명의 여성 조종사가 근무하고 있다. 여

▲ 전자 조종실 환경은 여성 조종사의 장점으로 작용할 수 있다.

기에 4명의 여성 조종사가 훈련 중으로 총 16명이다. 미국의 5.4%에 비하면 아직 국내 여성 조종사 비율은 낮은 수준이지만 매년 400여명의 조종사 인력이 추가로 필요한 상황이어서 국내 항공업계 역시 여성과 남성의 차별은 없어질 것으로 본다.

대한민국 공군의 주력 전투기인 KF-16 전투기는 물론이고 육군항공의 헬리콥터 조종사 그리고 대항항공, 아시아나항공, 제주항공, 진에어, 이스타항공, 티웨이항공과 같은 운송용 항공기뿐만 아니라 일반항공, 경량 항공기 분야에도 진출하여 다수의 여성 조종사들이 활약하고 있고 그 추세는 점차 증가할 것으로 본다. ✈

조종사에게 유리한 학습 ······✈

"조종사가 되려면 무엇을 공부해야 하나요?"

아직도 많은 사람들이 조종사가 되기 위해서는 공군사관학교 혹은 관련 대학에서 학습해야 하는 것으로 알려져 있으나 기본적으로 조종사 자격증명을 취득하기 위한 응시 자격에는 학력 제한이 없다. 조종사는 항공기를 직접 조종하는 사람이다. 항공기를 조종할 수 있는 항공기의 범주는 고정날개(fixed wind), 회전날개(rotary wing), 글라이더(glider), 비행선(airship) 혹은 열기구(balloon)와 같이 다양하고 수백에 이르는 기종이 있다.

항공기 범주별로 과목을 지정할 수 없어 자격별로 자가용(private), 사업용(commercial), 교관 그리고 운송용(airline transportation) 조종사로 구분해 놓았다. 예를 들어 비행기 범주의 자가용, 사업용, 교관 그리고 운송용 자격증명이 있고 회전날개 항공기도 동일한 개념이 적용되고 있다. 그러나 비행기 자가용 조종사가 헬리콥터를 조종할 수 없다. 이를 위해서는 기종 전환 훈련(transition training)을 받아 별도로 자격인증을 받아야 한다.

조종사 자격증명을 위한 과목은 "비행이론", "항공기상", "항공법규", "공중항법" 그리고 "항공교통과 절차"가 있다. 이들 과목은 경량 항공기부터 적용되어 최고 과정인 운송용 항공기 조종사까지 적용된다. 자가용 과정에서부터 운송용까지 과목에는 변동이 없으나 자격별 수준에 차이가 있을 뿐이다. 따라서 처음 자가용 과정을 충실히 학습한다면 상위 과정은 그리 어렵지 않게 학습할 수 있다.

조종사 자격시험에 특별한 자격제한이 없어 누구나 시험에 응시할 수 있

▲ 미래 항공기의 항공전자 기술은 더욱 작고 가볍게 그리고 인체공학적 설계가 조화된다면 조종사는 조종 기술도 중요하지만 전자기술과 디스플레이에 완전히 익숙하지 않으면 안 된다.

지만 담당 교관이 독학(home study)으로 충분한 지식을 갖추었다고 판단될 때 시험에 응시할 수 있다. 국내에서도 조종사 학과시험은 자동차 운전면허 학과시험과 유사한 방법으로 시험을 치를 수 있도록 개선되었다.

일반인 혹은 항공 관련대학이나 전문대학이 아닌 사람은 독학할 수 있도록 교재가 충실하게 준비되어 있다. 얼마 전까지만 해도 일반인에게 비행 관련 교재가 개발되어 있지 않아 어려웠던 것이 사실이지만 최근 발행된 "참고서와 문제집"은 훌륭한 동반자가 될 것이다. 최신 항공기의 조종실에서 엿볼 수 있는 것은 조종실 환경이 크게 변해가고 있다. 기존의 아날로그(analogs) 시스템에서 디지털(digital)과 디스플레이(display)가 조합된 항공전자 시스템으로 바뀌고 있다는 것은 의미하는 바가 크다. 조종사는 항공기를 조종할 수 있는 능력 외에도 이들 전자장치를 능숙하게 다룰 수 있는 능력이 필수적이라는 것을 어렵지 않게 짐작할 수 있다.

또 다른 주요 질문은 취업에 관한 사항이다. 실무적으로 항공사에서 요구하는 있는 기본 비행경력은 거의 유사하지만 부가적으로 항공사에서 요구하는 자격기준은 달라질 수 있다. 이 중 학력요건을 4년제 대학 혹은 전문대학으로 제한할 수 있고, 때로는 항공사와 제휴하고 있는 국내외 항공전문학원을 선호하는 경우도 있지만 점차 퇴색되어가고 있는 추세이다.

▲ F-35 최신 스텔스 전투기 조종실 모형이다. 조종실에서 몇몇 스위치를 제외하고 아날로그 계기는 사라졌고 대형 디스플레이에 니시딜 전지정보를 제공하고 있다.

이 같은 차별을 두는 것은 국내외 항공관련 학원이 많고 실무적으로 체계적인 교육 프로그램에 의한 교육이 아닌 독학으로 학습한 사례가 많아 근본적으로 선발 요건에서부터 이 같은 차별은 문제의 소지가 있어 점차 개선되고 있다. 이 같은 문제점은 국내 항공사만의 문제가 아니

▲ 경량 항공기의 조종실도 빠르게 전자 조종실로 바뀌어가고 있는 추세이다.

다. 이미 오래 전부터 민간 조종사를 선발해 왔던 미국의 사례에서도 자격취득 요건은 최대한 개방적이지만 입사 시험에서 엄격한 평가 기준을 적용하여 유능한 조종사 선발에 심혈을 기울이고 있다.

결론적으로 국내의 항공사에서도 이 같은 채용 방식이 점차 확산되고 있는 분위기라면 우수한 지적 능력과 비행경력을 갖춘 조종사를 선발할 수 있도록 다면평가 방식을 개발하여 적용하고 있다.

항공기를 안전하게 운용하기 위해서는 항공지식과 기술이 접합되어야 한다. 항공기의 기본구조, 장비, 작동방법, 제한과 성능한계 그리고 관련 항공법규 등에 관한 지식은 항공안전과 밀접한 관련이 있기 때문이다. 이외에도 항공교통량이 증가하면서 절차의 중요성이 크게 요구되고 있다. 따라서 앞으로 전문 조종사가 되기 위해서는 손발의 기술만으로는 결코 달성할 수 없다. 이외에도 앞으로 전문 조종사 과정을 준비하는데 도움이 될 수 있는 몇 가지 사항들 소개한다.

첫째, 전문지식-관련 항공서적의 다독이다.

전문 조종사가 되기 위해서는 많은 지식을 필요로 한다. 아직도 항공관련 지식이 어렵다는 고정관념이 있는 것이 사실이지만 결코 어렵지 않다는 것을 강조한다. 초창기 항공관련 서적이 주로 항공역학(수학과 공학)을 다루었기 때문이고 항공기 운항과 확실하게 분리되지 못했던 시절이 있었다. 실제 이 시대를 살아온 사람들의 뇌리에는 아직도 항공기 조종은 아무나 할 수 없는 것으로 인식하고 있는 것이다.

그러나 필자의 서적은 많은 그림과 사진을 함께 설명하고 있어 어렵지 않고 고등학교 수준의 지적 능력만 갖추었다면 누구나 쉽게 이해할 수 있다는 것을 알 수 있을 것이다. 우리말로 전체적인 지식을 쌓고 원서를 보면 그림만 보아도 어떠한 내용을 다루고 있는지 알 수 있을 것이다.

예를 들어 현대 고성능 항공기 동력장치는 터빈엔진이다. 터빈엔진 혹은 제트엔진을 이해한다는 것이 언뜻 쉽지 않고 매우 어려운 것으로 인식되지만 기본원리를 이해하는 데는 결코 어렵지 않다. 대부분의 고성능 항공기가 터빈엔진을 장착하고 있는데 항공기를 운용하는 한 사람으로서 터빈엔진에 대해서 모른다면 경쟁에서 뒤질 수밖에 없다. 전문 조종사는 터빈엔진 혹은 제트엔진에 대한 기본지식을 갖추어야 원활한 의사소통이 이루어질 수 있을 것이다.

결론적으로 항공 전문가가 되고 싶다면 관련 서적을 구입하는데 주저하지 말고 시간이 허락하는 데로 많은 항공서적을 정독하여 지식을 쌓을 것을 권장한다. 자원이 부족한 국가에서 우수한 인적자원이 세계의 하늘을 주도할 수 있는 인재 양성은 물론이고 치열한 경쟁에서 우수성을 보여줄 수 있는 것은 더 많은 지식을 갖추는 것이다.

둘째, 직간접 비행경험을 쌓아라!

국내에는 민간 항공학교가 충분하지 않아 경력을 쌓기가 쉽지 않다. 그러나 전국적으로 경량 항공기 비행장이 산재해 있고 성장해가고 있는 추세이므로 경량 비행기라 할지라도 초보적인 비행경험을 갖출 수 있도록 시도하는 것도 좋은 방법이다. 경량 항공기도 경비행기 경력을 일부 인정받을 수 있다. 이들 항공기 역시 성능이 매우 우수하여 기존의 Cessna 훈련기 못지않은 성능을 보유하고 있어 비행경험을 익히는 데 도움이 될 수 있다. 이외에도 컴퓨터 시뮬레이터(computer simulator)는 간접적으로 다양한 항공지식을 적용해 보는데 큰 도움이 될 수 있다. 예를 들어 계기비행은 전문 조종사의 필수 과목으로 일반 시계비행과 전혀 다른 방식의 교육을 필요로 하고 많은 훈련 그리고 각종 계기에 익숙해 있어야 한다. 이들에 대한 기초 지식은 "계기비행"에 세부적으로 설명되어 있고 이 지식을 바탕으로 컴퓨터 시뮬레이터를 해 본다면 간접적으로 지식을 적용해 볼 수 있고 실제 계기비행에서 큰 도움이 될 수 있을 것이다.

그때 가서 학습하면 되지 라고 생각하기보다 비록 완전하게 이해하지 못할지라도 부분적으로 이해하고 또 다른 시각을 통해서 학습하는 동안 이전에 이해하지 못했던 내용을 이해할 수 있는 학습효과를 얻을 수 있을 것이다. 다시 말해서 한 서적으로 모든 지식을 다룰 수 없을 뿐만 아니라 가능하

▲ 날로 진화하고 있는 컴퓨터 비행 시뮬레이터는 실비행 못지않은 절차훈련에 상당한 교육효과를 제공한다. 시뮬레이터를 이용해서 항공지식을 간접적으로 경험해 볼 수 있다.

지도 않다. 따라서 다른 책에서는 다른 방법으로 설명하는 것과 비교했을 때 지식이 강화될 수 있다.

셋째, 전문 조종사(professional pilot)가 되기 위해서 컴퓨터에 익숙해 있어야 한다는 것을 강조하는 것에 대해서 의외라고 생각하겠지만 현대 고성능 항공기 조종실 환경은 빠르게 사무실 환경(office environment)으로 변모해 가고 있다. 실제 경량 항공기 조종실조차도 기존의 아날로그 계기판이 사라지고 대형 LCD 디스플레이에 모든 비행정보를 제공하고 있는 추세이다. 전형적인 항공전자 시스템은 오토파일럿(autopilot), 오토랜딩(auto landing), GPS/ILS 항법 시스템(navigation system), 엔진계통, 무선통신 시스템, 그리고 FMS 등이 모두 디지털 컴퓨터(digital computer)를 기반으로 한다는 점은 앞으로 컴퓨터의 활용이 얼마나 더 확장될 수 있는지 가늠해 볼 수 있다. ✈

울진 비행훈련원 ……✈

항공수요가 급성장하면서 적절한 조종사 충원에 대한 문제가 제기되기 시작했다. 항공기만 도입한다고 해서 모든 문제가 해결되는 것은 아니지만 우선 조종사 충원에 대한 사회적 관심사가 될 정도로 문제가 될 수 있는 것은 앞서 언급한 것과 같이 군조종사의 유출이 심각한 전력 공백을 유발하고 외화 유출 그리고 장시간 소요된다는 복합적 요인이 연계되어 있기 때문이다. 바람직한 방법은 아니지만 국가에서 직접 나서서 우선 인프라 구축에 나섰고 그 산물이 울진비행훈련원이다.

국산 항공기의 개발에 관한 소식 그리고 동남권 신공항이라든지 다른 지방공항의 활성화에 관한 사회적 관심이 결국 조종사 양성에 대한 관심을 한층 높였다고 볼 수 있다. 이에 많은 예비 항공인이 울진비행훈련원에 대해서 관심이 높아지고 있어 이에 대해서 간단히 소개한다.

울진비행장(ICAO 코드 RKTL)은 경상북도 울진군 기성면에 위치한 비행장이다. 1995년부터 지방공항 활성화의 일환으로 추진되었지만 경제 상황이 위축되면서 공사가 지연되었으나 국내 최초로 민간 조종사 양성을 위한 비행훈련 전문 비행장으로 전환하여 개항하게 되었다. 울진비행훈련원은 울진 비행장의 개항과 함께 개설되었고 초기 한서대학교와 한국항공대학교를 선정하여 해당 대학에서 훈련 과정을 운영하였지만 현재(2014년)는 일부 한국항공대학교와 아시아항공 전문학교에서 인원을 모집하여 훈련하고 있다. 기본적으로 울진비행훈련원은 정부가 주도하는 조종사 양성 사업을 위한 교육기관으로 정부에서 일정 교육비를 지원하고 있다.

울진비행훈련원이 일차적으로 초등비행훈련(primary flight training)에 대한 기반을 다졌다면 다음 2단계는 고등비행 훈련을 위한 과정이 개설되어야 한다. 대형 운송용 항공기 조종사가 되기 위한 비행경력이 가장 중요시된다. 실제 계기비행(instrument flying), 쌍발기(twin engine) 혹은 제트 항공기까지 비행할 수 있는 능력을 스스로 갖추어야 하기 때문에 이 같은 고등비행(advanced flight training) 훈련을 위해서는 시설을 갖춘 외국으로 향할 수밖에 없다.

이왕 국책 사업으로 인프라를 구축하고자 한다면 고등비행 훈련 시설과 함께 최신 항공기의 조종과 운용 능력을 갖추기 위한 다양한 시뮬레이터 시설을 함께 갖춘다면 국내외에서 상당한 수요를 창출할 수 있을 것이다.

다행이도 얼마 전 국토부에 따르면 울진비행훈련원에 고등비행훈련교육과정을 개설하겠다는 계획을 발표하였다. 한국공항공사는 "항공조종인력 저변확대를 위한 비행경력과정 및 제트기 교육과정 등의 인프라 확대가 시급해 2015년 말부터 도입 운영할 계획"이라 했다.

한국공항공사는 현재의 초등비행 훈련에 비행경력과정, 제트기 운영과정 등 고등훈련과정을 수료할 수 있도록 고등 비행교육훈련 과정을 지원할 계획이다. 교육과정은 울진비행훈련원을 포함한 무안공항, 기타 지방공항 등과 연계하여 운용할 계획이고 추가 비행경력과정은 항공사가 최소 채용자격 충족(비행경력 : 250시간~1,000시간)에 필요한 비행경력을 갖추기 위한 교육과정을 지원할 것으로 알려졌다.

제트 항공기 교육과정은 공항공사가 100억원의 예산을 들여 직접 도입하고 운영하는 방안이다. 국내에서 제트 항공기 자격 취득을 위해서는 2시간 이상의 실비행 경력이 필요하나 이수 가능한 제트 항공기 교육과정은 한서대가 유일하고 연간 해외 제트 항공기 과정 유학생은 연간 150여명 수준으로 1인당 2억원 이상 교육 훈련비로 지출되는 등 외화유출이 심각한 상황인데다 항공사에서 경력 조종사를 채용할 때 제트 항공기 교육수요가 꾸준히 증가할 것으로 예상됨에 따라 제트 항공기 교육과정 도입이 시급한 실

▲ 울진 비행장의 주기장에 계류되어 있는 훈련기

정이라고 지적하고 있다.

고등비행 과정이 도입되면 울진공항 등 지방공항 여유시설을 활용한 최상의 훈련 인프라를 통해 기숙사, 격납고, 시뮬레이터 등 훈련 기본시설에 대해 공익, 민간차원의 투자지원이 이루어질 것이라고 전망된다. 앞으로 좀 더 자생적 비행훈련 교육시설로 성장할 수 있기를 기원해 본다. 예비 항공인들 입장에서는 이들 훈련원을 이수하는 것으로 취업이 보장되는 것이 큰 관심 사안이지만 결코 어느 특정 대학 혹은 훈련원을 이수하여 자격증명을 취득하는 것이 취업을 보장하는 것이 아니라는 것을 명심해야 할 것이다. 항공사 입장에서는 다양한 그리고 많은 경력을 갖춘 조종사를 우선으로 채용한다는 점을 고려해야 할 것이고, 국가적으로도 이 점을 고려하여 인프라 구축에 나서야 할 것이다. ✈

조종사 비행경력 ……✈

기본적으로 자가용 조종사 자격증명을 취득하기 위한 최소 비행시간은 40시간이고, 사업용 조종사는 250시간 그리고 운송용 조종사의 경우는 500시간을 기준(*기준은 국가별 혹은 교육기관별 차이가 있을 수 있음*)으로 하고 있다. 이 시간이 의미하는 것은 해당 자격증명(pilot certification)을 위한 최소한의 기준을 제시하는 것이다. 대부분의 사람들이 조종사 자격증명을 취득하면 즉시 원하는 항공기에 승무를 할 수 있는 것으로 기대하고 있지만 만약 당신이 항공기 소유주라고 한다면 이제 막 자격증명을 취득한 초임 조종사에게 고가의 항공기를 맡길 수 있는가를 자문해 보면 답은 명확하다.

조종사라고 해서 모두 동일한 등급으로 대우 받는 것은 아니다. 조종사 중에서 해당 항공기에 대한 직접적이고 최종 운항 권한을 갖는 조종사를 기장(captain or pilot in command; PIC)이라 한다. 그리고 2-인 이상의 조종사를 필요로 하는 항공기에서 기장이 임무를 수행할 수 없을 때 대신할 수 있는 조종사를 부기장(second in command; SIC or first officer; FO or co-pilot)이라 한다.

조종사의 비행경력에서 자신을 위해서 그리고 항공사 취업을 위해서 갖추어야 하는 경력이 기장 비행경력이다. 기장은 비행계획을 수립하고 그 항공기를 직접 운항하여 최종적으로 비행을 종료할 때까지 전 과정을 스스로 행할 수 있고 결심을 내릴 수 있는 능력을 갖추어야 한다. 이 같은 이유 때문에 기장(PIC or captain)으로서의 경력이 매우 중요시 된다.

"정확하게 항로를 유지하고 있는지..."
"만약 악기상을 만났을 때 계속 비행할 것인지 아니면 대체공항으로 회항할 것인지..."
"비상상황에 처했을 때 예방착륙을 실행할 것인지..."

비록 단순한 비행이라 할지라도 때로는 기장의 결심에 따라 그 결과는 큰 차이가 될 수 있다. 이제 항공사의 필요조건을 예측했다면 당신 스스로 이 같은 필요에 적합한 비행경력을 갖추려 노력하면 된다. 예를 들어 자가용 조종사 자격증명을 취득한 초임 조종사의 비행경력을 분석했을 때 실제 단독 장거리 비행은 10시간 정도이고 이착륙 경력 역시 아직 불안하기 짝이 없는 수준이다.

따라서 단발(single engine) 경비행기를 이용해서 단거리에서부터 점차 비행거리를 늘려가는 방식으로 충분한 비행경력을 쌓는 것이 매우 중요한 과정이다. 단발 경비행기는 임대비용이 저렴하기 때문에 장거리 지방횡단비행 경력을 쌓는데 주력해야 한다. 자가용 조종사는 운임을 받고 영업 행위를 할 수 없지만 승객과 경비를 분담하는 방법으로 비용을 최소화하면서 경력을 쌓을 수 있다. 또한 동일 경력을 쌓는 조종사와 동등하여 한 사람은 승객으로 그리고 다른 한 사람은 PIC로서 비행경력을 쌓는 방법도 비용을 절약하는 방법이다.

이후 계기비행 자격을 받을 수 있어야 어느 정도 기상이 나빠진 상황에서도 비행할 수 있으며 야간에도 장거리를 비행할 수 있는 능력을 갖추는 것으로 전문 조종사를 목표로 하는 조종사라면 가능한 한 빨리 계기비행 훈련을 받는 것이 좋다. 계기비행까지 이수했다면 이후 비행경력은 경쌍발 엔진 비행기에 도전하거나 비용을 절약하기 위해서 시뮬레이터 훈련과 병행하는 것은 비용 절약을 위해서 권장하는 방법이다. 결론적으로 항공사에서 원하는 조종사는 학위가 아니라 다양하고 풍부한 비행경력의 소유자를 최우선으로 한다는 점을 고려해서 준비하는 것이 성공의 지름길이라는 것을 명심해야 할 것이다. ✈

비행기록부 ……✈

비행경력을 어떻게 쌓아야 하고 그 중요성에 대해서 강조하였다. 조종사는 그 기록을 충실하게 기록하고 유지해야 한다. "조종사 비행기록부"는 용어가 의미하는 것과 같이 개인이 그 동안 어떠한 비행을 해 왔는지 세부적으로 기록한 일지의 한 종류이다.

비행교육기관에서 그 기록을 보유하고 있는 것으로 오해할 수 있으나 비행교육기관에서는 전체 비행에 관한 기록만 유지하고 있다. 예를 들어 언제 어느 기종으로 몇 시간을 비행했는지에 대한 기록을 확인할 수 있다.

그러나 어디에서 누구와 어떠한 비행을 했는지에 대한 세부 기록은 조종사 개인 비행기록부(pilot logbook)에 조종사 스스로 기록하고 유지해야 한다. 이것이 공식으로 인증되는 기록은 아니다. 다만 비행교육기관에서 발행한 공식 비행기록에 대해서 기억을 되살릴 수 있는 기록이기에 양심적으로 정확하게 기록해야 한다. 이와 같이 비행기록부는 항공사 취업을 위한 공식 경력을 보충(supplement)하는 자료가 될 수 있고 개인에게는 평생 일기와 같이 그 동안 행한 비행에 대한 소중한 기록이라 할 수 있다.

특히 교육비행에 관한 기록은 매우 중요하다. 따라서 매 교육 비행이 종료된 후 비행기록부에 비행훈련에 관한 간단한 내용과 함께 교관 조종사의 자격증명 번호와 서명을 반드시 받아 놓아야 한다.

외국에서 비행훈련을 받았을 때도 비행기록부에 가급적 상세한 내용을 기록하도록 하고 그 비행교육기관을 떠나거나 다른 비행교육기관으로 옮겼을 때 반드시 운항실에서 자신이 비행한 기록을 발급 받아 소지하고 있어야 한다. 이것이 중요한 이유는 항공사의 입사 시험에 응시하는 자격에서 비행 기록을 입증할 때 비행교육기관에서 공식으로 발행한 기록부와 자신이 작성한 세부 비행기록부를 모두 제출하여 인증을 받아야 하기 때문이다.

비행기록부는 조종사 스스로 정직하게 작성할 것을 요구하고 있으나 일부 자격이 미달되는 몰지각한 조종사가 개인 비행기록부를 허위로 작성한 후 취업에 성공하여 실제 조종능력에 문제가 발생한 사례가 있었다. 항공사에서도 이 같은 개인 비행기록부에만 의존해서는 안 된다는 것을 다시 한번 강조하고 이 같은 부정 사례의 근원을 제거하여 항공사회의 건전한 경쟁 체제를 구축하는 것이 모든 항공인의 소망이다.

조종사 비행기록부는 전문 조종사에게만 필요한 것은 아니다. 초경량 및 경량 항공기 등을 포함한 모든 종류의 항공기 조종사는 자신의 소중한 기록을 체계적으로 기록하여 갖출 것을 권장한다. ✈

조종사와 시력 ……✈

조종사에 관한 질문 중 빠지지 않는 것이 시력(visual acuity) 기준이다. 전문적인 내용은 관련 의사와 상담하는 것이 가장 좋은 방법이지만 항공법에서 규정하고 있는 시력 기준에 대해서 간단히 소개한다.

2014년 2월 7일 항공법에 따르면 항공종사자 신체검사의 시력 기준이 다소 완화되었다. 항공신체검사기준에 따르면 "상용 안경렌즈의 굴절도 ±6디옵터 초과금지" 규정을 폐지하고, 항공신체검사 종별 교정시력 이상만 나오면 항공신체검사 증명서 발급이 가능하고 교정시력 1.0 이상이면 된다.

제1종(운송용, 사업용 조종사, 부조종사) : 1.0 이상

제2종(자가용, 경량 항공기 조종사, 조종연습생 등) : 0.5 이상

제3종(항공교통관제사) : 0.7 이상

미연방항공청(FAA)에서는 안과 전문의가 항공기 조종을 수행하는데 문제가 없다고 판정했다면 엑시머 라섹을 허용하고 있다. 그러나 국제민간항공기구(ICAO)는 엑시머 라섹을 아직 인정하지 않고 우리나라는 ICAO의 규정을 따르고 있다.

시력교정기술은 라식(LASIK), 시력교정수술(PRK)을 받고 공군 전투기 조종사가 될 수 있다. 공군은 2014년부터 공군사관학교 지원자에게 비행교육에 들어갈 조종 장학생과 학군사관 후보생(ROTC)의 선발심사 때 "수술로 시력이 교정될 수 있는 사람"도 합격 대상에 포함하기로 했다.

▲ 급경사 선회기동 중 조종사는 극도로 높은 g-하중을 받으면서 일시적 시력상실이 발생할 수도 있다.

단순히 시력이 나쁘다는 이유로 공군 조종사에 도전할 수 없었던 이들에게도 꿈을 이룰 기회가 주어진 것이다. 공군이 허용한 PRK 수술은 각막 상피를 벗기지 않고 레이저를 이용해 각막 중심부를 절제해 각막의 굴절을 교정하는 방법이다. 라식은 각막 상피 일부를 뚜껑처럼 들어 올려 각막 굴절 교정을 한 후 이를 다시 원위치에 덮는 수술이다.

공군은 라섹(LASEK) 수술은 허용하지 않고 있다. 라섹은 상대적으로 가장 최근에 나온 수술법이지만 PRK나 라식과 달리 검증이 완전히 끝나지 않았기 때문이다. 공군 관계자는 라식수술을 통해 저시력자들의 비행훈련이 가능하다고 판단한 것은 최근 미국 항공우주의학교 연구에서 라식수술의 항공의학적 안정성이 확인됐기 때문이고 미 공군의 경우, 2000년부터 2010년까지 시력교정수술을 받은 조종사 516명이 정상적으로 임무를 수행하고 있는 것으로 알려졌다.

공군은 이미 시력교정수술을 받은 사람은 선발 대상에서 제외하기로 했다. 합격자는 공군 항공우주의료원에서 최소 1년간 지속적인 검사와 관찰을 통해 눈의 굴절률 변화를 검사받아야 한다. 공중근무 가능성을 확인해야 하기 때문이다. 단순히 시력이 1.0 이상으로 향상된다고 해서 조종사로 뽑을 수는 없다는 것이 공군의 설명이다.

조종자원 후보군인 고등학생 중 나안(naked eye) 0.5 이하 저시력자는 무려 57.3% (2014)에 달했다. 눈이 나빠 탈락한 지원자의 비율이 연평균 26.1%나 됐다. 따라서 공군은 2007년부터 2010년까지 총 37명의 공사생도 희망자들을 대상으로 PRK 수술 후 비행 임무수행 적합성을 연구하는 프로젝트를 시행했다.

항공법은 바뀌었지만 대형 항공사와 공군사관학교 그리고 항공관련 대학에서 이를 적극적으로 수용할지 여부는 아직 확실하지 않지만 의학적으로 충분히 검증된 시술에 의한 교정시력을 세계적으로 인정하는 추세라고 한다면 국내 항공사의 입사 기준 역시 달라져야 할 것이다.

요즘 많은 청소년들이 컴퓨터와 스마트폰에 매달리면서 시력에 대한 자신감을 잃어가고 있는 것이 현실이다. 다행이도 의료기술이 발달하여 의학적 임상실험을 거쳐 인증되고 있는 것은 고무적인 소식이지만 일차적으로 눈의 소중함을 스스로 인지하여 올바른 습관으로 눈을 보호하는 것이 중요하며 가능하다면 안과의사와 상담하여 공군 및 항공사 입사 기준에 적합한지 상담해 볼 것을 권장한다. ✈

조종사와 영어 ……✈

"조종사가 되기 위해서 영어는 필수입니까?" 라는 질문 역시 적지 않다. 이 같은 질문이 많은 것은 항공지식을 학습하기 위한 필수 서적들이 영어로 구성된 원서였기 때문이다. 미국을 비롯한 항공 선진국의 항공기 운용 경험과 교육자료 및 시설은 우리와는 비교하지 못할 만큼 발달해 있다.

늦게나마 항공전문교육기관이 설립되고 있지만 어떤 책으로 학습을 해야 하는 가에 대해서 확신을 주지 못하고 있는 것이 현실이다. 실제 원서를 가지고 대학에서 학습하고 있는 것도 사실이다. 영어 능력과 함께 전문 지식을 익히기 위한 방법이겠지만 아직 영어에 확실한 자신감이 없는 상태에서 그 동안 접해 보지 못했던 전문용어에 대해서 상당한 오류의 가능성이 남아 있는 것도 사실이다. 예를 들어 다음의 용어를 보자!

Angle of attack!

이것을 어떻게 해석할 것인가! 일반사전으로 해석했을 때 가장 보편적인 답변이 "공격각도"이다. 그러나 항공에서는 "에어포일과 상대풍 사이에 형성되는 받음각"이라고 한다. 이를 이해하기 위해서는 에어포일(airfoil)이 무엇인지 그리고 상대풍(relative wind)은 무엇인지 알아야 받음각을 이해할 수 있다. 만약 이 용어를 정확하게 이해하지 못한 채 나가는 진도는 전혀 다른 의미로 해설될 수 있고, 이 같은 오류를 발견하는 데는 상당한 시간이 지난 후일 것이다.

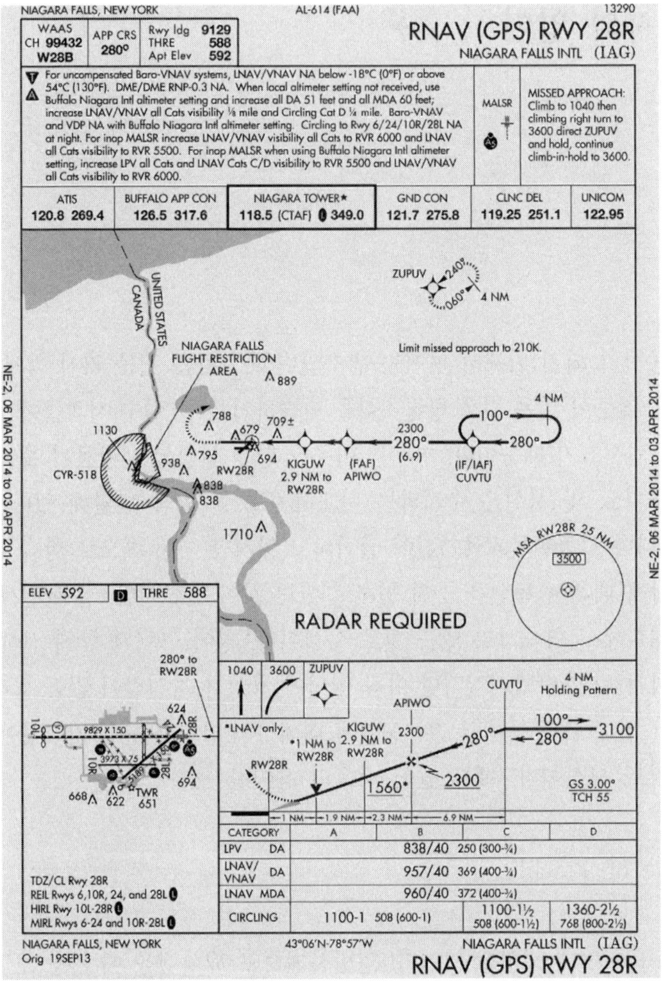

▲ 일정 형식과 약어로 구성되어 있어 항공도 범례집을 참고한다면 어렵지 않게 판독할 수 있다.

그렇다면 이 같은 내용을 우리말로 잘 설명된 책이 있다면 용어상의 오류를 최소화할 수 있을 것이다. 항공지식의 범위는 전 세계적으로 거의 유사하다. 따라서 우리말로 잘 설명된 책을 활용해서 두세 번 반복해서 정독 한다면 결코 이해하지 못할 내용이 없다는 것을 강조한다.

원서를 보면서 학습하는 방법이 효율적일 것 같지만 위에서 언급한 상당한 시행착오를 거쳐야 한다. 이것은 지식에 대한 확신을 갖지 못하는 것이 문제점으로 잠재되어 있다. 영어에 대한 교육은 이미 초등학교부터 시작되고 있지만 최종적으로 그 결과는 그리 좋지 않다는 것이 많은 전문가들의 견해이다. 이 문제에 대해서 영어의 활용성이 영어 수준을 결정하게 된다.

다시 말해서 많이 사용할수록 영어 능력의 향상은 크게 달라질 수 있다. 대학까지 영어를 배웠지만 실용성이 없는 분야에 취업했을 때 영어는 사장될 수밖에 없다. 그러나 영어를 배우지 못했을 지라도 외국인에게 관광지를 소개하는 직업인은 비록 단기간 학습이라 할지라도 목표가 있고 지속적인 활용성이 보장되었기 때문에 이 사람은 대학에서 학습한 사람보다 빠르게 그리고 능숙하게 성장할 수 있다. 무엇보다 중요한 것은 전문지식을 갖추는 것이다. 영어 능력이 뛰어나다 해도 전문지식을 갖추지 못하면 대화가 단절된다. 그러나 기본적인 영어 구사 능력이 있고 전문지식을 갖추고 있다면 자신의 의사를 충분히 교환할 수 있다.

국제선 전문 조종사로 성장하기 위해서는 영어를 위해서 자신만의 용어집을 만들어보고 암기한다면 큰 도움이 될 것이다. 항공지식의 원천이 서구(특히 FAA)이기 때문에 거의 모든 내용을 원서로 익혀야 한다는 생각을 버려도 좋다. 저자 세대는 현재의 참고서와 문제집이 거의 없었다. 아직 완전하지 않은 영어로 학습했을 때 많은 시간이 소요되지만 이들 서적만으로도 이미 보편화된 지식을 우리말로 전문지식을 일정 수준까지 빠르게 도달할 수 있을 것이다. 전문지식을 습득했다면 이후 영어 원서를 보기가 한결 수월하고 한 차원 높은 학습이 가능하다는 것을 스스로 발견하게 될 것이다.

우리나라가 반도체, 디스플레이 그리고 정보통신 분야에서 세계를 선도해 가고 있다. 시중에는 이에 대한 수많은 서적들이 발행되고 있다. 이 분야의 최고 지식은 외국 서적보다 국내 서적이 더 정확하게 이해할 수 있기 때문이다. 저자의 지론도 이와 마찬가지로 우리말로 된 책으로 전문지식을 익힌 후 부족한 부분에 대해서 원서 혹은 인터넷 검색을 하는 데 크게 도움이 될 수 있다고 확신하기 때문에 이를 권장하는 것이다. ✈

조종사는 만능이 아니다. ……✈

"수천 시간의 비행경력을 갖춘 조종사는 과연 만능일까?"

이 질문은 항공기를 이용하는 승객, 운항을 직간접으로 담당하고 있는 실무자 그리고 기업의 임직원, 사장 혹은 회장 그리고 군 지휘관까지도 항공기 운항에 관한 인식의 전환이 필요하다는 것을 강조하기 위함이다.

최근에 발생한 항공기 사고의 기장 경력은 기본적으로 수천 시간의 비행경력을 보유하고 있다. 그럼에도 불구하고 사고(accidents)를 피할 수 없었던 것은 항공기 운항의 특수한 환경이라는 것을 이해하지 않으면 안 된다.

과학기술의 발달로 항공기의 자동화는 점차 인간 조종사의 간섭을 최소화하고 있지만 3차원 운동을 하는 항공기와 대기조건 그리고 보이지 않는 조종사의 심리(psychological)가 치명적 부조화를 이루었을 때 예측할 수 없는 재난(distress)이 초래될 수 있다.

"아니, 이 정도 기상에 비행을 못 해..."

"다른 비행기들은 다 뜨는 데 왜 이륙을 못하는 거야..."

"오늘은 중요한 회의가 있어 반드시 가야 해..."

위와 같은 질문은 기장을 만능으로 여긴데서 있을 수 있는 사례이지만 실제 기장에게는 엄청난 부담으로 작용할 수 있다. 비록 동일한 항공기라 할지라도 승객이나 화물에 따라 무게가 다를 수 있고 순간순간 변하는 기상여건은 이착륙 상황을 수시로 달라지게 할 수 있다.

항공기 운항을 직접적으로 위협하는 요소 중 하나가 기상이고 수시로 변할 수 있을 뿐만 아니라 출발지 기상은 물론이고 목적지 공항의 예보 상황까지 고려해야 한다. 기장(pilot in command)은 합리적인 대책을 수립할 수 있어야 하고 승객도 항공기가 정시에 출발하지 못하거나 혹은 착륙하지 못할 수도 있다는 것을 항상 염두에 두고 모든 계획을 수립하는 것이 좋다.

"당신은 항공기의 정시율을 어떻게 생각하십니까!"

물론 정확한 이륙과 착륙 시간을 준수하는 것이 승객을 위한 최고의 서비스이지만 아무리 훌륭한 정비 능력을 갖추고 있을지라도 수십만 개의 부품으로 이루어진 항공기는 언제든지 사소한 결함이 발생할 수 있다. 정시율을 지키기 위해서 사소한 결함을 무시하고, 또는 악기상을 용감하게 뚫고 착륙하는 기장을 신호하겠는가?

운송용 항공기는 첫 번째 목적지에 도착하여 착륙 조건이 되지 않았을 때 몇 차례 체공(holding)할 수 있고, 그래도 여의치 않으면 대체공항까지 비행할 수 있는 충분한 연료를 적재하도록 항공법에 규정하고 있다. 이러한 예비 대책이 수립되어 있음에도 불구하고 승객의 안전을 담보, 혹은 회사의 방침에 따르기 위해서 아니면 동료의식 때문에 위험을 무릅쓰는 행위는 승객뿐만 아니라 항공사도 이를 결코 용인되어서는 안 되는 환경을 조성해야 한다.

항공기 사고는 복합적인 요소들의 치명적 부조화로 발생하는 경우가 대부분이기에 기장의 결심을 신뢰하는 것이 부조화의 한 요인을 제거하는 것이라면 당신은 동의하시겠습니까! 기장의 결심에 대해서 승객의 동의만으로 만족할 수 없다. 항공사에서 이를 존중하고 동시에 합리적 지연(delay)으로 인한 승객에 대한 적절한 보상이 이루어졌을 때 항공안전과 함께 고객의 충성도를 높일 수 있을 것이다. ✈

조종사의 길 ……✈

직립 보행하는 인간으로서는 단지 몇 미터만 공중에 떠 있기만 해도 두려움을 느끼는 나약한 존재인 것을 부인이라도 하듯 하늘 높이 솟아올라 끝없이 펼쳐지는 수평선에 가슴을 열어 본다. 처음 하늘을 날았을 때 공중에 대한 공포심과 아울러 발 아래로 펼쳐지는 파노라마 영상에 그 무엇을 얻은 것보다 큰 환희와 기쁨은 하늘을 날아 본 사람만이 느낄 수 있는 감격일 것이다.

어느 날 50대 중반의 초로에 접어든 한 독자로부터 조종사가 되기 위한 간절한 소망을 듣는다. 이 나이가 들도록 하늘을 날고자 하는 꿈을 한 번도 접은 적이 없었다는 것이다. 어릴 때부터 조종사가 되는 것이 꿈이었고 공군사관학교에 친구와 함께 응시했지만 친구는 조종사의 꿈을 이루었지만 자신은 이루지 못했다는 것이다.

자신은 다른 길을 걸으면서 이제 사회적 지위와 경제적 안정 상태에 접어들었지만 아직도 조종사에 대한 꿈을 버리지 않았고 포기하고 싶지 않다는 강한 욕구를 내비쳤다. 뜻을 이루기 위해 비행에 관련된 서적들은 빠짐없이 구해서 보던 중 저자가 집필한 서적을 보고 다시 희망을 불태우기 시작하여 출판사를 통하여 본인에게 직접 문의해 온 사례이다.

미국 시카고에 살고 있는 한 교포 청년은 항공기 제작회사에서 근무 중이며 항공기 제작업체에 특별 채용되어 국내로 들어올 예정인데 국내에서 자유롭게 비행하기 위한 절차를 문의해 왔다. 그는 항공기 계기배열 부분의 박사 과정을 이수하였고, 고등학교 때부터 비행기를 조종하기 시작하여 이

미 1,500시간이나 되는 비행경력을 갖추고 있다고 자신을 소개했다. 그는 전문 직업조종사가 아닌 아마추어 조종사로서 한국에 들어와서도 비행을 계속하고 싶었던 것이다. 때문에 한국에서 비행하는 데 필요한 절차를 알고자 했던 것이다.

중학교 3학년이라고 자신을 소개한 한 학생은 일찌감치 조종사의 길을 가고자 뜻을 밝혀 왔다. 현재의 위치에서 할 수 있는 일에 대해서 소상히 설명해 주고 공부할 수 있는 방법 등에 대해서 설명해 주었다. 이 학생은 이미 부모님과도 상의하여 확고한 목표를 정했고 항공유학 과정까지도 생각하고 있을 정도로 뚜렷한 목표를 갖고 있었다.

어느 30대 후반의 한 여성은 하와이에서 직접 전화를 해왔다. 조종사의 길이 자신의 모든 것이고 반드시 이루겠다는 간절한 소망을 간직하고 있던 중 주위의 소개를 받아 저자를 찾았던 것이다. 우여곡절 끝에 하와이까지 오게 되었고 국내의 상황과 조종사가 될 수 있는 길을 알고자 했던 것이다. 여성들도 이미 기장으로 임명되어 임무를 수행하고 있을 뿐만 아니라 공군사관학교에도 여성 조종사들이 훈련을 받고 있다는 것을 조언해 주었다.

2013년 80세가 넘은 어느 열혈 독자로부터 전화를 받았다. 젊은 시절 판사로 평생 법조인으로 살아왔고 현재는 변호사로 활동하고 계시다면 자신을 소개했던 분의 전화를 받았을 때 놀라지 않을 없었다. 그도 그럴 것이 80세가 넘는 분의 전화도 처음이지만 이미 경량비행기 과정을 마치고 경비행기 과정을 위해서 도전하고 있다는 말에 한 동안 말을 잇지 못했다.

이 분 역시도 젊은 시절 조종사의 꿈을 비록 노년이 되었지만 꼭 실현해 보고자 하는 간절한 소망에 비행을 시작했다고 했다. 저자의 서적으로 많은 항공지식을 어렵지 않게 학습할 수 있었고 비록 계기비행까지 비행할 수 없을 것으로 예상하면서도 계기비행에 관한 기본 지식을 갖추고 있는 것에 감탄하지 않을 수 없었다. 이 시점에서 저자가 조언해 줄 수 있는 것은 항공지식이 아니라 건강을 유지할 수 있는 것이 우선이라는 조언 밖에 드릴수가 없었던 기억이 있다. 남녀노소 누구나 조종사에 대한 꿈을 간직하고 있다는 것을 엿볼 수 있는 사례들이다.

저자는 육군에서 장교영어반이라는 영어 집중 교육시설과 미군의 항공고등군사반 그리고 국내대학의 영문과를 국비로 졸업했고, 군에서 헬리콥터 교관 그리고 전역 후 FAA 경비행기 교관을 이수했다. 일찍이 미국 유학과정에서 국내 운항분야에 대한 서적이 부족하다는 것을 인식하고 이 분야에 대해서 전문으로 연구하기 시작했다.

그러나 대부분 사람들의 생각은 다르다. 왜, 보장된 고소득의 전문직을 마다하고 어려운 길을 택했는가에 대해서 왜곡된 시선으로 바라보는 이도 없지 않았지만 전역한 이후 25년 이라는 외길 동안 연구결과로 발행된 30여 권에 이르는 항공서적은 원서 없이도 최고 과정까지 학습할 수 있는 환경을 조성해가고 있는 것을 큰 자부심으로 여기고 있다.

군에서 많은 혜택을 받아 군인으로서 군에 보답해야 했지만 현실적 여건을 극복하지 못하고 전역하는 바람에 이에 대한 일말의 부담을 갖고 있었던 것도 사실이다. 군인으로서 군복을 입고 국가에 충성하는 것만이 다는 아니기에 후학에 기여하고 세계 하늘을 선도할 수 있는 항공인 양성을 위한 항공지식 개발에 기여함으로써 국가에 보은하는 길이라 생각해 본다. ✈

제2부

항공유학

"세계의 하늘에 도전하다"

21세기 항공 선진국을 향한 비전 ······✈

인천국제공항과 동남권 신공항에 대한 기대 그리고 글로벌 경제의 회생은 국내외적으로 본격적인 항공시대에 진입했음을 알리고 있다. 국가적인 경쟁력을 갖추고 세계 항공시장을 선점하기 위한 발판을 마련했고 더 많은 사람들이 공동으로 혜택을 누릴 수 있는 항공산업은 이 분야에 직간접적으로 종사하고자 하는 잠재적 일자리 창출과 연계되어 있어 각 지자체에서도 적극적으로 유치전을 벌이고 있다.

항공우주산업(aerospace industry)의 특성상 국가적 차원에서 그리고 과학기술의 발달 측면에서 꾸준하게 성장하고 있는 추세에서 국내를 벗어나 더 나은 여건을 갖추고 있는 외국 항공학교(flight school)를 찾는 예비 항공인도 적지 않다. 국내에서 모든 자격을 취득하고 훌륭한 조종사를 양성할 수 있는 시스템을 구축하는 것이 바람직하지만 국내 민간항공 조종사 교육기관의 취약한 점을 보완하고 다양한 비행경력을 쌓을 수 있는 교육현장을 찾는 것은 당연한 현상이 아니겠는가?

항공유학의 대상이 되는 국가는 주로 미국, 호주, 캐나다, 필리핀 그리고 뉴질랜드 등 점차 확대되고 있다. 비용과 주거 여건 면에서 크게 차이는 없으나 유럽 등 여러 국가들의 젊은 조종사 지망생들이 미국에서 교육을 받고자 몰리고 있는 이유가 있을 것이다.

이 같은 이유는 앞서 언급한 바와 같이 FAA 비행서적이나 비행환경 등 제반 여건이 세계적인 수준이라 할 수 있으며 우리나라 군교육이나 민간항공에서도 FAA 체계를 많이 따르고 있기 때문이다. 저자 역시도 미국의 뉴욕, 오하이오, 텍사스, 플로리다 등에서 비행기의 자가용 과정에서부터 교관과정까지 훈련하였고 그 어느 나라에 비해서 항공교육 시스템 역시 체계적으로 잘 갖추어져 있기 때문이다.

현재 우리나라의 경제현황과 차세대 전투기 사업, 우주발사체 개발, 그리고 민간항공의 발전 추세로 판단했을 때 항공우주산업은 지속적으로 성장하게 될 것이고, 인천국제공항의 제2터미널 완공과 동남권 신공항 그리고 중소도시의 공항 활성화 방안 등은 조종사 지망생들에게 커다란 비전이 아닐 수 없다.

아울러 언젠가 다가올 남북한 화해와 통일 시대에 접어들었을 때 항공수요는 폭발적으로 성장할 잠재적 수요를 갖고 있다. 국내 대기업들 역시 항공산업(aviation industry)의 중요성을 인식하고 항공 선진국과 기술 제휴로 항공기 부품의 국내 생산체계와 정비시설(aircraft maintenance)의 확충에 나서고 있다. 이외에도 저변의 항공산업은 인접 국가와 비즈니스 항공기의 부정기 항로 개설, 자가용 비행기 시대, 항공 레포츠, 경량 항공기 산업 등 개척해야 할 분야가 많다.

전문 조종사 직업을 선택하고자 하는 사람에게는 국내 교육시설에 대한 가용성(availability)과 비용(cost) 그리고 장점 및 단점 등을 검토해 보고 이외의 길을 선택하고자 한다면 항공유학도 고려해 볼 만하다. 항공유학을 희망하는 사람들은 증가하고 있지만 아직 이들에 대한 정확한 정보를 제공해 줄 수 있는 기관이나 서적들이 없는 것도 현실이다.

조종사 교육은 그 어느 직종에 비해서 많은 비용이 요구된다. 교육과정(curriculum)에 대한 정확한 정보를 바탕으로 가능한 한 많은 준비를 한다면 비용절감은 물론 최대의 교육효과를 거둘 수 있을 것으로 기대한다.

미국은 전 세계적으로 일반항공이 가장 잘 발달되어 있고 절대적으로 많은 시설과 다양한 항공기가 활약하고 있기 때문에 국내 예비 항공인뿐만 아니라 전 세계 국가에서 미국을 찾고 있는 이유이다. 미국에는 전국적으로 크고 작은 공항이 산재해 있고 사유공항(private airport)을 제외하고 이들 공항 대부분이 비행교육시설을 갖추고 있다고 보아도 무방할 정도로 기반

◀ 세계적 항공대학에서 많은 지식과 정보, 그리고 소중한 경험은 국내 항공산업의 발전에 기여하는 바도 크다. 우수한 자원이 배출될 수 있기를 희망해 본다.

시설이 잘 발달되어 있다. 이 중에는 교관 자격을 갖춘 개인이 직접 비행기를 구입하거나 임대하여 비행교육에 나서는 경우도 많다.

제법 큰 교육시설을 갖춘 비행교육원에는 일본, 중국, 인도, 남미, 동남아, 유럽, 아프리카, 중동 등 전 세계에서 비행교육을 받고자 하는 예비 항공인들을 어렵지 않게 만날 수 있다. 그 만큼 세계적인 항공교육시장이라는 것을 보여주고 있으며 훌륭한 교육시설에서 양질(high quality)의 조종교육을 받을 수 있다.

세계화의 추세에 따라 많은 국민들이 미국, 캐나다, 호주, 뉴질랜드 등 세계 각국으로 삶의 터전을 옮기고 있다. 특히 미국 LA와 뉴욕에는 국내의 어느 지방도시 못지않게 이미 수십만 교포들이 살고 있다. 일부 비행학교에는 한국인 비행교관(flight instructor)이 활약하고 있다.

모든 유학생들의 주요 관심사 중 하나가 비용을 절약할 수 있는 방법이다. 조종사 교육은 이론과 비행훈련으로 구성되어 있기 때문에 유학을 계획했다면 출국 전에 항공지식(aviation knowledge)을 충분히 학습한 후 현지에서 비행훈련에만 전념할 수 있도록 계획해야 한다. 이 같은 사정을 잘 모르고 일부 유학원에서 소개하는 것과 같이 현지에서 모든 교육과 이에 따른 교보재를 구입하거나 제공한다는 것으로도 이미 수백만 원의 비용이 추가되었다고 판단하면 된다. ✈

왜, 조종사가 되려 하는가? ……✈

"조종사가 되려면 어떻게 해야 하나요?"라는 물음에 먼저 "왜, 조종사가 되려고 하십니까?"라고 되묻는다. 당신이 전문 직업 조종사를 원하는 것인지 아니며 취미 활동의 일환으로 비행을 하려는 것인지에 대한 물음이다. 조종사가 되는 것은 결코 어려운 것이 아니라고 누차 강조했다. 현재 전문 조종사 직업을 원하는 사람이라면 30대 이전에 조종사 자격을 갖출 것을 권장하지만 저가항공사가 영역을 확장해 가면서 30대 이후라도 도전할 수 있는 기회가 많아지고 있다.

전문 직업 조종사로서 가장 선호하는 직장은 역시 대한항공과 아시아나항공일 것이다. 따라서 이들 두 회사의 입사 자격조건에 초점을 맞추어 계획을 수립하라. 전문 조종사의 희망을 포기하는 주요소가 나이이다. 나이 제한에 해당되면 해결할 수 있는 방법은 없다. 때문에 현재의 나이에서 비행자격을 갖추는 데 소요되는 기간과 한 두 차례 시험에 응시할 여유까지 고려하여 뒤에서부터 계획을 수립해 나가는 방법이 좋을 듯하다.

일반적으로 30대 이하의 젊은이는 전문 조종사직을 원하고 그 이상은 주로 아마추어 활동 또는 일반항공 사업자의 일환으로 혹은 젊은 시절 조종사의 꿈을 이루지 못했던 희망을 성취하기 위한 욕구로 나타난다. 후자의 경우는 현재의 여건으로 경비행기를 조종할 수 없으나 항공레저로 즐길 수 있는 경량 비행기를 소종해 볼 것을 권장한다. 경량 비행기에 대한 관심이 높아지고 있고 신속 TV와 같은 매스컴에 소개되면서 항공레저로서 조금씩 자리를 잡아가고 있고 전국적으로 확산되고 있는 추세이다.

▲ 조종사 양성은 3차원 공간에서 항공기 조종, 항법 그리고 통신 등이 동시에 수행되어야 하기 때문에 오랜 시간이 걸린다.

지역의 특성을 고려하여 유명 관광지 주변, 호수에서 운용할 수 있는 수상기(seaplane), 환경 감시단의 일원으로 활약하는 등 점차 활동 범위를 넓혀가고 있다. 지역적으로 산재해 있는 경량 비행장을 서로 연결하여 장거리 비행로를 형성함으로써 국지비행(local flight)과 단거리 비행의 한계를 극복할 수 있고 종합 레저시설과 기능을 통합하여 운용된다면 경량 항공기 인구도 크게 증가할 잠재력을 갖고 있다.

해외여행이 자유로워지고 외국 출장 기회가 많거나 해외 지사 근무를 하는 사람들도 여유 시간을 할애하여 비행기 조종을 배울 수 있는 길이 있다. 미국의 수십만 아마추어 조종사들 역시 직업적으로 비행하기보다 주말을 이용하여 비행을 즐기거나 장거리 출장시 자신이 직접 비행기를 조종하여 사업을 하는 경우도 많다.

그러나 전문 직업조종사의 길을 걷고자 결심했다면 결심은 단호해야 하고 많은 노력이 따라야 한다. 이 같은 이유는 당신이 비록 외국 조종사 자격증명을 취득했다 해도 당신을 선뜻 맞아 줄 직장은 없기 때문이다.

제일 먼저 조종사가 되려는 목적과 현실을 직시하지 않으면 안 된다. 초기에는 군에서 전역한 조종사들로 대부분 충원되고, 일부는 항공사 자체의 교육시설을 구비하여 필요한 조종사를 충원하였지만 군 조종사 유출과 입사 기준에 대한 출신별 차별은 점차 해소되고 있으며 점차 완전 자유경쟁 체제를 갖추게 될 것이다.

그러나 자비로 유학하여 항공사에서 요구하는 경력을 쌓기에는 시간적 재정적 부담이 적지 않기 때문에 30대 이후의 직장인이 지금부터 시작해서 국내 항공사에 취업하기는 쉽지 않은 것이 현실이다. 이런 분들께는 자기의 직업에 충실하면서 여가를 이용하는 방법을 권장해 주고 싶다. 조종사는 기술인이다. 중소 항공사와 저가항공사는 지속적으로 사세를 확장하고 있어 충분한 비행경력을 갖춘다면 늦게라도 기회를 잡을 수 있기 때문이다.

직업을 선택한다는 것은 한 사람의 인생을 좌우할 수 있기에 매우 신중하게 결정해야 한다. 조종사는 항공지식만으로 완성될 수 없다. 비행훈련이 필수이지만 시간, 장소, 비용의 제한이 있고 때로는 생명과 직결되는 문제이기에 쉽게 접근할 수 없는 어려움이 따른다.

때로는 조종사를 희망하는 학생들의 학부모로부터 문의를 받기도 하지만 공통적으로 희망보다는 우려의 시선으로 보는 경향이 더 높다. 그만큼 잘 알려지지 않은 탓도 있지만 수능만능의 교육체계 때문에 어린 학생의 꿈이 늦어지거나 포기해야 하는 현실이 안타까운 것은 저자의 생각만은 아닐 것이다.

전문 조종사가 되는데 가장 큰 장애 요소는 역시 영어이다. 영어에 능숙하지 못하면 항공지식 학습이나 무선통신(radio communication) 능력에서 뒤길 수밖에 없고 취업을 한다 할지라도 어려움을 겪게 될 것이다. 극단적인 예이지만 영어에 대한 충분한 준비 없이 유학의 길을 택한 어느 유학생은 자가용 과정을 이수하는 데 약 1,500만원의 비용 소요되었다는 것은 결코 과장이 아니다. 플로리다에서 만난 한 일본인 학생은 8개월째 교육을 받고 있다고 자신을 소개했다. 그 정도면 최소한 계기비행에 사업용(commercial) 과정까지 마쳤을 것으로 예상하고 현재 어느 과정을 받고 있느냐고 물으니 아직까지 단독비행(solo flight)도 하지 못했다는 것이다. 의외라고 생각하고

▲ 항공유학의 매력은 풍부한 항공자원과 교육시설 그리고 비행의 자유이다.

대화를 해보니 그럴 수밖에 없겠구나하는 생각이 들었다. 문제는 영어에 있었다. 영어 능력이 부족하니 단독으로 교신할 수 있는 능력이 부족하여 교관이 단독비행을 승인하지 못하고 있는 상황이었다. 비행은 계속되고 비용은 밑 빠진 독에 물 붇기 식이니...

이 같은 문제는 사전에 알고 충분히 대비한다면 최소화할 수 있다. 현지에서 비행훈련을 하면서 영어를 배운다? 물론 효과도 있겠지만 비용을 고려하지 않을 수 없다. 현지에서 학과교육을 받을 수 있는 훌륭한 시설과 교보재가 준비되어 있지만 교관에게 시간은 곧 돈이다.

자본주의 사회에서 무료란 없다. 모든 것이 돈과 연결되기 때문에 현지에서 익히기보다 출국 전에 최대한 영어와 항공지식을 완성하고 출국할 것을 강력하게 권장한다. 전문적인 영어 실력이 아니어도 비행에 관련된 이론을 충분히 연구할 수 있도록 전문 과정까지 국내 서적으로 전문지식을 쌓는 데 많은 도움이 될 것으로 본다. ✈

왜, FAA를 선호하는가? ……✈

조종사도 역시 자격증명(certificate)을 필요로 한다. 국내에도 자가용(PPL), 사업용(CPL) 및 운송용 자격증명(ATP)을 취득하기 위한 법규가 마련되어 있고 군조종사 또는 항공관련 대학 재학생이나 졸업생을 제외한 일반인으로 조종사 과정을 도전하기에는 다소 제약이 있어 영어에 자신이 있다면 미국 항공학교에 도전할 것을 권장한다. 이유는 다음과 같은 사항들은 좋은 참고가 될 것이다.

첫째, 운항과 공학이 잘 분리되어 있다. 항공 선진국의 경우 대부분 자가용 조종사 과정에서부터 운송용 조종사까지 단계적으로 혼자서도 학습할 수 있도록 각종 교재와 관련 시설들이 잘 구비되어 남녀노소 누구라도 조종사 과정에 도전할 수 있다. 한 때 국내의 조종사 이론 시험을 살펴보면 조종사가 마치 항공 공학자, 기상 전문가인 것처럼 느껴질 정도로 어렵게 출제된 적이 있었다.

당시는 조종사 과정에 대한 이해가 부족했고 조종사 시험을 항공공학 교수 또는 기상 전문가가 문제를 출제하다보니 조종사의 범위로 한정할 수 없었던 것이 사실이고, 당연히 십여 년 이상의 비행경력을 갖춘 베테랑 조종사들조차도 국내 학과시험이 어렵다고 느꼈던 것이 사실이다. 이 같은 비합리성에 대한 끊임없는 문제 제기와 항공인구의 증가로 국내 조종사 문제도 점차 개선되어 자격별 조종사 수준에 맞게 개선되었다. 실제 몇 해 전까지만 해도 군에서 전역한 조종사들은 수백만 원의 비용을 시불해가면서까지 미국이나 호주의 사업용 자격증을 취득하기 위해서 외국을 찾았던 것도 사

▲ FAA는 초등과정에서부터 고등비행훈련까지 체계적인 교육과정이 준비되어 있고 계기비행을 포함한 다양한 비행경력을 쌓을 수 있는 장점이 있어 많은 국가에서 조종사 지망자들이 몰리고 있는 이유이다.

실이다.

국내 항공사의 취업에 필요한 자격증을 취득하기 위하여 국내의 시험과정이 개설되어 있었음에도 불구하고 외국행을 선택하는 이유 중 하나는 비행경력을 쉽게 쌓을 수 있고 학과시험이 어렵지 않았기 때문이다. 이들이 외국에서 활약할 조종사들도 아니면서 적지 않은 외화를 낭비하며 외국의 자격증을 취득하고, 이를 다시 국내 자격증으로 교환하는 기형적인 현상이 되풀이 되었던 적이 있다.

앞에서 잠깐 언급했듯이 FAA 항공교재는 조종사에게 공학차원의 지식을 요구하지 않는다. 실제 여러분이 FAA 교재를 들춰 보더라도 수학적 표현과 공학적 내용을 찾아보기 어렵다. 저자 역시도 이에 초점을 맞추고 운항 관련 참고서를 집필하여 이론 정립에 한 몫을 담당하고 있다. 현재는 외국을 찾는 군조종사는 거의 없으며 국내 학과시험도 많이 개선되어 본인이 조금만 노력한다면 충분히 합격할 수 있을 것으로 본다.

둘째, FAA 학과시험은 자가용 과정부터 운송용 조종사까지 100% 문제은행식으로 구성되었다. 얼마 전까지 문제를 공개하였으나 문제를 공개했을 때 얻는 이점보다 공개함으로써 시험을 준비하는 지원자들이 오직 문제해결에만 매달리고 있어 항공지식이 심각하게 떨어지는 것이 지적되면서 현재는 공개하고 있지 않다. FAA 자가용 학과시험에는 조종사가 알아야 할 모든 과목 즉, 기초비행이론, 항공기상, 항법, 항공법규, 운항정보 및 절차, 무선통신, 항공생리학, 항공기 구조, 비상절차 등 자가용 조종사로서 알아야 할 모든 지식들이 포함된다. 그러나 국내 학과시험은 비행이론, 운항정보 및 절차, 공중항법, 항공기상, 법규와 같이 과목별로 시험에 합격해야 한다. 이 같은 차이가 있으므로 어느 방식이 더 합리적인지는 여러분이 판단하길 바란다.

FAA 문제의 출제 형태를 살펴보면 기존에는 4지 선택형에서 현재는 3지 선택형으로 개선되었다. 또한 문제를 묻는 지문의 형태에도 "....무엇 무엇이 아닌 것은..."과 같은 부정적 정답을 고르는 지문이 거의 없는 것이 특징이다. 학과시험이 단순히 합격의 여부를 결정하는 과정으로만 여기기보다 시험에 집중하고 있는 응시자들로 하여금 확실한 정답만 각인시켜 주는 학습과정의 연장이라고 보는 것이다.

"그러면 문제점은 없는가?"

FAA에서도 항공 대중화를 위한 노력의 일환으로 문제를 투명화하여 조종사라면 필수적으로 알아야 할 문제만을 다루고 있다. 이러다 보니 일부 지원자들은 학습교재를 통한 항공지식을 습득한 후 시험에 응시하기보다 문제만을 암기하는 사례가 발생되고 있다는 것이 FAA의 고민이다. 이를 해결하기 위해서 학과시험에 응시하기 전에 교관으로부터 간단한 예비 테스트를 거친 후 교관의 서명 하에 시험에 응시할 수 있도록 하였다. 학과시험에 합격하였다 할지라도 비행훈련이 진행되는 과정에서 이론에 정통해 있지 않으면 훈련 진도에 차질이 발생할 수밖에 없으며, 이는 고스란히 훈련생의 비용 증가로 이어져 이론에 소홀히 할 수 없도록 훈련과정을 강화하고 있는 추세이다.

이 같은 FAA 허점을 이용했던 일부 국내 유학원의 사례도 있었다. 군조종사라고 해서 영어에 상당한 실력이 있다고 판단하는 것은 오해이다. 영어 능력은 부족하고 FAA 자격증명은 취득해야겠고 이런 사람들을 위해서

▲ 2인승 경비행기는 조종사 훈련 및 자가용으로 오랫동안 선호되어 왔다.

FAA 자격증명 취득을 위한 유학 브로커가 기생할 수 있는 조건이 되었던 것이다.

호주와 미국에서 현지 시험관을 매수하는 방법으로 영어 능력이 없는 일부 사람들이 FAA 자격증명을 취득해 왔던 것이 적발되어 국제적 망신을 당하고 국내에서 FAA 자격 자체를 불신하는 불미스러운 사례들이 현지에서 활약하는 교관들을 통해서 전해졌다. 국내의 시험 풍조가 합격만 하면 그만 이라는 그릇된 사고방식이 만연해 있는 것도 사실이지만 우리 미래의 항공인들은 결코 이 같은 악습을 생각조차도 하지 말아야 할 것이다.

셋째, 조종사 자격취득의 편리성이다. FAA는 원하는 사람 누구나 장소에 크게 구애받지 않는다. 쉽게 말해서 비행장이 있는 곳에는 비행학교가 있고 비행학교에서는 원하는 시기에 시험에 응시할 수 있는 편리성이다.

컴퓨터 시스템을 적극적으로 활용하고 있는 미전역 어느 비행학교에서든지 컴퓨터를 이용해서 시험에 응시할 수 있고 결과는 즉석에서 알 수 있다. 불합격이 되었다면 틀린 문제를 갖고 교관과 충분히 토의한 뒤 일정 기간이 경과 한 후 다시 시험에 응시할 수 있다. 전국적인 컴퓨터 시설을 잘 활용하고 있는 것이다.

◀ 교관과 동승하여 착륙훈련을 받고 있다.

넷째, 다양한 비행경력을 쌓는데 절대적으로 유리하다. 기초비행 단계에서는 단순히 이착륙 기술(takeoff and landing technique)과 기초 항법기술을 바탕으로 목적지를 찾아가는 단순한 비행도 있겠지만, 전문 조종사로서 진출하기 위해서는 지상의 각종 항법을 보조해 주는 시설들을 활용할 수 있는 능력이 절대적으로 요구된다. 예를 들어 계기비행은 자가용 조종사에게도 항공안전을 위해서 기본적이고 필수과정으로 등장하고 있다. 그러나 계기비행은 시계비행방식(visual flight rule)과 달리 별도의 훈련과 지상항법보조시설(navigational aids)들의 활용 능력에 달려 있다.

기본적으로 이러한 지상의 시설들이 따라 주어야 하지만 국내의 경우는 절대적으로 부족하다. 따라서 레저 차원으로 비행을 즐기는 경우라면 이러한 시설이 크게 요구되지 않으나 보다 전문적인 교육과 비행의 완성 단계인 계기비행을 이수해 보고자 한다면 이러한 시설이 잘 발달된 시설에서 충분한 비행경력(flight career)으로 자신의 가치를 높일 수 있을 것이다. ✈

FAA 비행교육원 ……✈

이제 조종사가 되겠다는 목표는 설정되었다. 현재 중고등학생이라면 미국 내의 학위 과정을 이수할 수 있도록 계획할 것을 권장한다. 국내 항공회사에서 최소한 전문대학 이상의 학력을 요구하고 있어 학위에 대해서 준비해야 한다.

전문적인 시설과 장비 등을 잘 갖추고 있는 항공 관련대학을 선택하는 것이 가장 이상적인 방법이다. 이들 항공 관련대학은 오랜 기간 동안 각국의 수많은 조종사를 양성해 낸 기술력을 보유하고 있으며, 항공지식에 대한 학문적 연구를 함께 발전시키고 있는 중추적 역할을 해오고 있다.

이들 항공대학에는 각국의 예비 조종사들이 함께 교육을 받고 있어 외국인 학생에 대한 기숙사 시설과 제한적으로 아르바이트를 제공하고 있다. 또한 직업 선택을 위한 각종 프로그램을 개발하여 졸업생의 취업을 돕고 있다. 항공대학만이 유일한 대안은 아니다. 일반대학에 입학했다 할지라도 얼마든지 조종사 자격증을 취득할 수 있는 길은 많다.

미국의 경우는 대부분의 도시에 공항이 있고 공항 주변에는 비행교육원(flight academy)이 산재해 있다. 당신의 전공을 살리면서 주말이나 방학을 이용한다면 얼마든지 교관 과정까지 이수할 수 있다. 국내에서 주말과 방학을 이용하여 비행한다는 것은 상상하기 어려운 여건이지만 미국이라면 얼마든지 가능하다. 어느 교포 청년의 경우처럼 자신의 전공에 충실하면서도 1,000시간 이상 그리고 계기과정에 사업용까지 이수할 수 있었던 것은 좋은 본보기라고 할 수 있다.

항공대학은 조종사 과정을 이수하면서 학위까지 취득할 수 있기 때문에 국내 고등학교를 졸업하고 전문직 조종사가 되기 위한 학생들에게 권장할 만한 코스이다. 대학에 들어가기 위해서는 일반대학의 유학과정도 동일하게 해당 학교에서 요구하는 어학 능력의 테스트를 거치거나 토플 성적을 요구한다. 대부분의 항공 관련대학은 충분한 비행시설을 동시에 갖추고 있어 교과과정 외에 추가적으로 비행을 원하면 언제든지 비행할 수 있는 장점이 있다. 미국의 항공 관련대학에서 수학하는 동안(2년 또는 4년) 사업용, 교관과정까지 원하면 운송용 조종사까지 이수할 수 있는 여건이 마련되어 있다. 학위과정에 대한 자료는 유학원을 방문하여 상담하면 상세한 정보를 얻을 수 있다.

국내 대학 혹은 전문대 과정을 이수하였거나 이와 동등한 학력을 갖춘 경우는 학위 과정이 필요 없기 때문에 최단 기간에 최대의 효과를 거둘 수 있는 방법을 모색해야 할 것이다. 여러 가지 제한사항 때문에 대한항공이나 아시아나항공에 입사할 수 없으나 다른 항공회사 또는 자신이 직접 항공 사업을 희망하는 사람이라면 선진 비행교육 시설을 한번 경험해 보는 것도 비행자격 취득과 함께 소중한 경험이 될 것이다. 미국의 일반 비행교육원은 Part 141과 Part 61 두 종류가 있다. ✈

Part 141/61 비행교육원 ……✈

항공유학을 준비하는 예비 항공인은 Part 141/Part 61 계열의 비행교육원이 무엇을 뜻하는지 잘 모를 것이다. 미국의 항공 소식을 전하는 사이트 혹은 잡지에는 많은 항공학교들이 소개되어 있고 이들 중 Part 141/Part 61이라는 용어가 쉽게 볼 수 있다.

항공에 대한 지식이 없는 일반인이 전문 조종사를 지향하고 있다면 Part 141 계열의 비행교육원을 선택하는 것이 좋다. Part 141 계열은 대부분 자체 비행장을 갖추고 있고, 체계적인 이론교육 시설들을 갖추고 있다. 또한 이론교육과 함께 비행교육이 동시에 이루어지기 때문에 기초과정부터 비행교육을 이수하기에 적합하다. Part 141 계열 비행교육원의 교관은 대부분 전임 교관들로 구성되어 있어 전문 조종사 과정을 이수하려는 분들에게는 Part 141 계열의 비행교육원을 권장한다.

이들 계열의 비행교육원은 외국인을 위한 영어 학습 프로그램과 기숙사 시설을 갖추고 있어 이들 문제를 한 곳에서 모두 해결할 수 있는 장점이 있다. 교육과정 역시 수준별로 교관 한 명 당 2~3명의 훈련생이 교육을 실시하기 때문에 당신의 노력에 따라 기간은 단축될 수도 있다. 정규 비행교육원의 또 다른 장점은 당신이 원하는 수준까지 책임제 교육을 실시하고 있다. 예를 들어 사업용에 계기한정(instrument rating)과 육상 다발엔진 그리고 교관과정까지 이수하고 싶다면 그 단계까지 수준별로 교육을 받을 수 있다. 또한 대부분의 Part 141 계열의 비행교육원은 자체에 FAA 평가관(examiner)이 상주하고 있다는 것도 장점 중 하나이다. 결론적으로 처음부터 시작하려는 지원생이라면 가급적 Part 141 계열의 비행교육원을 권장한다.

Part 141 외에도 비행장이 있는 곳에는 인근 지역의 항공 동호인 형태의 클럽(aero club or flying club)이 있다. Part 61 계열의 비행교육원은 어느 비행장에서나 쉽게 찾아볼 수 있으며, 최소한의 이론교육 시설과 시간제(part time)로 근무하는 교관 조종사들이 많이 상주하고 있다. 따라서 Part 61 계열의 비행교육원은 당신 자신이 어느 정도 항공지식과 경험을 갖고 있거나 전문직이 아닌 아마추어 조종사로 조종을 배우려는 사람들이 주로 활용하는 비행교육원이다. 일정한 교육계획이 수립되어 있지 않고 교관이나 훈련생이 임의로 비행훈련 계획을 수립하고 조정할 수 있는 융통성이 많은 것도 장점이다.

이외에도 시간을 자유롭게 선택할 수 있고 원하는 교육만 받을 수 있어 비용 면에서 절약할 수 있으나 그 만큼 자신의 노력이 뒤따라 주어야 한다. 물론 이론도 교육받을 수 있으나, Part 141과 같이 체계적인 교육을 기대하기는 어렵다. 또 한 가지 특이한 것은 Part 61 계열에는 비교적 20대 중반의 젊은 교관들이 많다. 이 같은 이유는 정규 비행학교나 항공대학을 졸업하고 교관과정까지 이수한 교관들이 비행경력을 쌓기 위해서 임시로 상주하여 최소한의 수입과 비행경력을 쌓을 수 있기 때문이다. Part 61 계열 비행교육원이라 해서 비행교육이 소홀히 이루어지는 것은 아니나 자신의 위치를 스스로 판단하거나 선임 교관 조종사의 조언을 받아 현명한 결정을 내려야 한다. ✈

▲ 에어로 클럽

조종사 자격증명의 종류 ……✈

조종사 자격증명(pilot certificates)의 종류는 전 세계적으로 유사하다. 비행교육원에 등록하면 당신은 해당 비행교육원의 조종훈련생 증명서(student pilot certificate)를 발급 받는다. 조종훈련생은 나이가 16세 이상이어야 하고 그 증명서로 비행교육을 받을 수 있을 뿐만 아니라 자가용 조종사 자격증 취득을 위한 신체검사 증명서(pilot medical certificate)를 발급 받는데도 활용된다.

자가용 조종사 자격증명을 취득하기 전까지 당신은 조종훈련생(조종학생 혹은 학생조종사)이 되며 단독비행을 실시한 후 해당 교관 조종사의 배서(endorsement)를 받고 제한된 공역에서 단독으로 비행훈련을 계속할 수 있다. 자가용 조종사 자격증명이 전문 조종사가 되기 위한 가장 기본이 되는 조종사 자격증명이다. 나이는 17세 이상이어야 하고 학과시험과 40시간 이상의 필수 비행훈련 경력을 바탕으로 비행 실기평가(practical test)에 합격하면 조종훈련생이라는 딱지를 떼고 정식 자가용 조종사(private pilot)가 된다.

자가용 조종사는 단어의 의미대로 항공기의 운항을 자가용으로만 활용할 수 있는 자격증명이다. 일단 자가용 조종사 자격증명을 취득하면 자신이 조종할 수 있는 등급을 갖고 있는 해당 항공기를 자유롭게 조종할 수 있는 자격을 갖게 된다. 자가용 조종사라고 해서 단발 경비행기만을 조종할 수 있는 것으로 착각하는 경우가 있으나 자가용 조종사가 규정된 쌍발기 훈련을 받게 되면, 자가용 조종사 자격에 쌍발기 조종사 한정을 갖추게 되기 때문에 얼마든지 활용 범위는 확대될 수 있다. 단지 법규에서 정한 영업활동을 할 수 없으며 항공회사에도 취업이 제한된다.

사업용 조종사는 나이가 18세 이상이어야 하고 학과시험과 250시간의 비행경력을 바탕으로 비행평가에 합격하면 사업용 조종사 자격증명을 취득한다. 사업용 조종사는 제한적으로 비행교육을 시킬 수 있을 뿐만 아니라 영업활동을 할 수 있는 조건을 갖추게 된다. 사업용 조종사는 제한된 비행교육, 항공관광, 항공촬영, 승객운송 등을 할 수 있는 자격과 항공회사에 취업할 수 있는 자격을 갖게 된다.

다음 필수 과정이 계기비행 능력을 갖추는 것이다. 이는 자가용 조종사 이상의 자격증을 소지한 조종사가 별도의 학과시험과 비행경력 125시간(*국가별 과정별 차이가 있을 수 있음*)을 바탕으로 계기비행평가에 합격하여 계기한정능력을 갖추게 된다. 이는 별도로 자격증명이 부여되는 것이 아니고 해당 자격증명에 계기한정만 추가된다.

계기한정은 비록 선택 과정이지만 시계비행 조종사로는 기상의 제약을 많이 받을 뿐만 아니라 항공안전을 위해서도 필수 과정으로 인식되고 있다. 대한항공이나 아시아나항공에서 요구하는 신입 비행경력 조종사는 사업용 조종사 자격증에 계기한정과 쌍발기 50시간을 요구하고 있다.

이외에도 운송용 조종사, 교관 조종사, 시험비행 조종사 등이 있다. 교관 조종사 자격증은 사업용 조종사 자격증을 소지한 사람이 일정한 교육 과정을 통하여 학과시험과 비행평가를 통하여 교관 조종사 자격증명을 취득할 수 있다. 교관 조종사는 개인이 비행기를 직접 구입하여 비행교육에 임할 수도 있고 교육시설의 교관으로 취업할 수 있다. 대부분의 신임 교관들은 이들 비행교육 시설에서 활약하는데 교관으로서는 비용을 들이지 않고 비행경력을 쌓을 수 있으며, 교육시설에서는 최소의 비용으로 교관을 활용할 수 있는 상호이해 관계가 맞아떨어지기 때문이다. 대부분의 항공 유학생들이 교관 조종사 과정까지 이수함으로써 이후부터는 "커피 값"이라고 할 정도의 작은 보수이지만 보수보다는 비용을 들이지 않고 비행경력을 쌓을 수 있어 이를 적극 활용하도록 권장하고 있다.[1]

출국 전 준비 사항 ……✈

어느 유학과정이나 마찬가지겠지만 외국에 체류하는 것 자체가 비용과 직결되기 때문에 최단 기간에 원하는 과정을 마칠 수 있도록 계획해야 한다. 현지에 도착해서 교재를 구입하고 공부를 하기 시작한다면 이미 때는 많이 늦었다고 볼 수 있다. 얼마 전까지만 하더라도 민간에서 조종사 교육 자체가 어려웠던 것이 사실이고, 실제 비행에 관해서 일반인이나 초보자도 이해할 수 있을 정도의 참고서는 찾아보기 어려웠다.

일부 국내 서적이 없지는 않았지만 일반인이 보기에는 너무 어려워 접근하기가 쉽지 않았다. 이 점을 저자도 안타깝게 생각하고 있었고, 언젠가 누군가는 해야 할 일을 저자가 나서 여기까지 오기에는 결코 쉬운 길이 아니었다. 일단은 비행경력을 충분히 갖추어야 하고 영어 능력이 보통 이상 그리고 지적 능력을 갖추지 않으면 전문서적을 집필하기란 결코 쉬운 일이 아니다. 이 정도의 능력을 갖춘 조종사라면 훌륭한 직장에서 많은 보수와 장래가 보장된 운송용 조종사가 될 수 있는 자격조건을 갖추게 된다.

"당신이라면 어느 길을 택할 것인가?"

조종사가 갖추어야 할 지식은 비행이론, 항공기상, 항공법규, 운항정보 및 절차, 항법, 무게와 균형, 무선통신, 그리고 항공의학 등이다. 항공기가 부양(lift off)하는 데 적용되는 원리 모두를 이해한다는 것은 매우 어렵다. 조종사는 비행원리의 연구가 주목적이 아니고 원리의 적용(application)에 대해서만 이해할 정도의 수준을 요구한다. 이 같은 비행이론은 기본 물리법칙과 날개의 구조와 비행기 또는 헬리콥터의 부양원리를 설명할 수 있어야 한다.

조종사에게 기상은 어느 분야보다 직접적이고 때로는 생명을 위협하는 중요한 과목이다. 이에 항공기상(aviation weather)이라는 분야를 발전시켜 별도로 다루고 있다. 조종사는 기상현상에 대한 기본 지식과 기상청에서 제공하는 각종 기상보고와 예보에 관련된 자료들을 판독하고 활용할 수 있어야 할 정도의 지식이 요구된다.

운항정보 및 절차(AIM)에서는 조종사가 준수해야 할 법규와 절차들이 수록되어 있다. 대부분 미연방항공청에서 발행한 내용을 따르고 있으며 조종사가 알아야 할 절차(procedures)들이 수록되어 있다.

항법(navigation)은 하늘의 길을 따라 목적지까지 안전하게 찾아갈 수 있는 기술이다. 대부분의 자동차에 GPS 항법장치를 갖추어 시구촌 구석구석을 헤매지 않고 찾아갈 수 있다. 항공기 역시 위성항법이 보급되면서 항법이 한결 수월해 졌으나 위성의 이상이라든지 혹은 불법적 신호 간섭으로 인해서 방해를 받을 수 있는 개연성이 상존하는 것도 사실이다. 따라서 다른 전자항법(VOR, NDB...)에 대한 기본지식을 갖추어야 조종사 자격을 갖출 수 있다.

국내 항공사뿐만 아니라 군비행훈련기관에서는 자료의 공개를 꺼리고 있다. 그러나 조금만 관심을 갖고 연구해 보면 대부분의 항공지식이라든지 절차 등은 세계 공통 기준을 따르고 있다는 것을 알 수 있다. 국내 항공사에서 자체 선발하는 조종훈련 과정도 국내에서 이론교육과 일부 비행교육을 실시한 후 다시 미국 교육기관에서 마무리하는 단계로 이루어진다. 국내선이든 국제선이든 대형 항공사에 취업하기 위해서는 FAA를 무시할 수 없는 것이 국내의 현실이다.

미연방항공청이라면 전 세계의 민간항공을 주도하고 있을 만큼 비행교육제도, 시설, 민간항공을 위한 항공기상, 비행정보 체계 등이 잘 발달되어 있어 세계 각국의 조종사 지망생들이 미국을 선호하고, 미국의 비행교육 제도하에서 교육받고 배출될 정도로 FAA는 여시적으로 상당한 지적정보와 체계를 갖추고 있다. 조종사는 이 같은 항공지식을 바탕으로 고가의 항공기를

▲ 기상은 항공기 운항에 직접적인 위협요소이다. 실제 많은 항공기 사고가 기상과 연관이 있다. 따라서 항공기상은 자가용 과정부터 운송용 조종사 그리고 계기 비행과정까지 수준에 따른 시험과목으로 편성되어 있다.

운용할 수 있는 조종술도 함께 갖추어야 한다. 조종사는 첨단 과학의 산물인 항공기를 운용하고 항공기의 경제적 가치로나 무한 공역에서 운용되는 안전성 면에서 많은 지식과 다양한 경험을 필요로 한다.

조종사 양성에 대한 세부적인 지식은 예비 조종사뿐만 아니라 일반인들도 상당한 관심의 대상이다. 여기서는 가장 기본적인 자가용 조종사 자격증명을 취득하기까지 과정을 상세하게 소개한다.

군조종사 양성과정과 다른 점이 있다면 군조종사 훈련생들은 엄격한 규율에 따라야 하고 지정된 기간 동안에 교육과정을 이수해야 한다. 어느 국가 혹은 비행훈련원이든 거의 유사한 교육체계를 갖추고 있어 예비 조종사의 입장에서 교육과정을 예측하고 조종사 양성과정을 엿 볼 수 있는 기회가 될 것이다. 또한 자가용 조종사 과정을 성공적으로 이수한다면 이후의 과정은 스스로 준비할 수 있는 능력을 갖추었다고 볼 수 있기에 이후의 과정은 독자의 과제로 남긴다. ✈

조종훈련생 ……✈

자가용 조종사 자격증명(private pilot certificate)을 취득하는 순간부터 당신은 스스로 비행계획(flight plan)을 수립하고 비행을 할 수 있는 자격이 주어진다는 점에서 자가용 조종사 시험 준비는 철저히 대비해야 하고 평가 역시 엄격하게 실시된다.

자가용 면장을 취득할 수 있는 나이는 17세 이상이고 지정된 병원에서 발급하는 3등급(유효기간 2년) 이상의 신체검사 증명서가 필요하다. 또한 정규 비행교육 시설에서 학과교육을 받았거나 또는 독학으로 공부를 했거나 어느 경우든 상관없으며 담당 교관 조종사에게 필기평가(written test)를 받을 준비가 되었다는 의사를 표명하면 담당 교관이 간단한 자체 평가를 실시한 후 필기시험에 응시할 수 있다.

시험 방법은 자가용 필기시험 문제집과 문제번호 그리고 답안지가 주어지면 응시자는 문제집에서 문제번호에 해당하는 문제를 찾아 해결하면 된다. 응시자는 필기구, 항법 계산반 또는 전자비행계산기, 플로터 등을 소지할 수 있고 사전에 감독관의 검사를 받는다.(*국내와 다를 수 있음*)

컴퓨터에 의한 시험과 문제집을 이용한 방법이 있으나 대부분 컴퓨터에 의한 시험으로 치러진다. 시험 시간은 통상 4시간이 주어지기 때문에 시간은 충분하다. 합격선은 70%로 충실히 학습한 지원생이라면 무난히 통과할 수 있다. 답안지 채점 방법도 컴퓨터에 의해서 실시되기 때문에 시험 종료와 동시에 결과를 알 수 있다.(*국내와 다를 수 있음*)

필기시험은 조종훈련생으로서 비행훈련 중 언제든지 응시할 수 있으며 가급적 조기에 필기평가를 마칠 것을 권유한다. 이는 필기평가에 대한 부담은 비행훈련에 전념하는데 장애가 될 수 있기 때문이다.

비행의 첫 단계를 관숙비행이라 한다. 첫 비행은 본격적인 훈련에 들어가기 전에 조종훈련생의 비행적성을 판단하기 위한 단계라고 판단하면 된다. 교관 조종사는 비행 전에 수행해야 할 제반 절차를 설명한다. 먼저 활주로와 유도로(taxiway)의 위치 그리고 활주로(runway) 방향 등을 익힌다.

미국에는 통상 2개 이상의 활주로를 갖추고 있는 공항이 많고 바람에 따라 이착륙 방향이 변하기 때문에 활주로 방향에 익숙케 하는 것은 매우 중요한 요소이다. 교관 조종사는 조종훈련생이 익숙해질 때까지 시범식 교육을 실시하나 어느 정도 숙달되었다고 판단되면 훈련생 스스로 모든 준비를 해야 한다. 비행기의 외부 점검이 끝나면 항공기 탑승 요령과 안전벨트의 착용 방법 등을 교육받는다.

항공기는 교관의 감독 하에 활주로를 이륙한 후 교관(instructor)은 공항 주변시설에 대한 지형 설명을 한다. 아울러 도착 및 출발할 때 필수보고지점(compulsory reporting position)의 지형지물 등에 대한 설명을 하고 주로 훈련이 실시되는 지역에 대해서 소개한다.

첫 비행의 감회에 젖어 있을 때 교관은 갑자기 엔진 RPM을 줄여 비정상 자세(abnormal attitude)를 만들어 조종훈련생의 반응을 관찰한다. 이 같은 비정상 자세에서 당황하지 않을 사람은 없겠지만 신체적으로 큰 이상이 없다면 비행하는 데는 지장이 없는 것으로 판단한다. 첫 비행의 경험을 마치고 본격적인 비행훈련은 다음 날부터 시작된다.

비행훈련은 먼저 수평직선비행, 상승 및 강하비행, 선회, 원형비행, S-자 비행, 8-자 비행 등을 교관의 시범에 따라 조종훈련생이 스스로 행할 수 있을 때까지 계속된다. 이들 기본비행을 마친 후에는 공중에서 의도적으로 비행기의 실속(stall) 상태로 만들어 비행기가 지상으로 곤두박질하기 직전의 상태를 인식하고 이 상태에서 회복(recovery)할 수 있는 기술을 숙달시킨다. 최종적으로 공중에서 엔진고장(engine failure)과 같은 비상상황이 발생했을 때 안전하게 착륙시킬 수 있는 비상조치 능력을 숙달하는 것으로 기본 공중기동을 마무리한다.

공중기동을 익힌 후에는 공항 장주권(traffic pattern)으로 진입하여 본격적인 이착륙 훈련이 시작된다. 정상 이착륙, 측풍 상황에서의 이륙과 착륙, 단거리 활주로에서의 이륙과 착륙 그리고 활주로가 잔디밭이나 흙으로 다져진 표면에서의 이륙과 착륙 기술, 장주에서 항공기간 간격유지 방법 등을 익힘으로써 자가용 조종사로서 기본 비행기량을 갖추게 된 것으로 판단한다.

▲ 전형적인 교통장주이다. 활주로 주변으로 직사각형으로 형성되고 바람방향에 따라 이착륙 경로가 바뀔 수 있다.

시간으로는 약 20~30시간 정도면 완성된다. 비행교관으로부터 최소한 20시간 이상의 교육을 받으면 간단한 단독비행 필기평가를 마치고 단독비행을 위한 비행평가를 받는다. 일반적으로 단독비행 평가는 다른 교관에 의해서 수행된다. 단독비행 평가에 통과하면 첫 단독비행을 실시할 수 있는 자격을 갖는다. 단독비행이란 말 그대로 그 동안 익혔던 비행기량을 발휘하여 혼자서 비행하는 단계로 단독비행을 마치면 당신은 혼자서 비행할 수 있다는 것을 의미한다. 전통적으로 단독비행은 상당한 의미를 부여하고 있으며, 교육기관에서는 단독비행을 축하하기 위한 여러 행사도 준비하여 선후배 또는 동료들의 축하를 받는다.

비행훈련은 주공항으로부터 통상 25마일 이내에서 실시한다. 단독비행을 마친 후에는 지방횡단비행(cross country flying)을 위한 항법 훈련에 들어간다.

▲ 실속훈련

지방횡단비행을 위해서는 해당 교관과 2~3회 동승하여 비행을 하고 이후부터는 조종훈련생 스스로 비행계획을 수립하여 단독으로 지방횡단비행에 나서야 한다.

자가용 조종사 자격증명을 취득하기 위해서 10시간 이상의 지방횡단비행 경력이 요구되고, 국지 공역에서 벗어나 3회 이상의 지방횡단비행을 실시해야 하며, 이 중 한번은 최소한 세 군데 이상의 비행장을 연결하는 비행거리 300마일 이상을 단독으로 비행한 경력을 갖추어야 한다.

착륙지가 세 군데 이상을 계획했을 때 각 착륙 공항에 착륙했다는 증거를 제시해야 한다. 일반적으로 활용되는 증빙서는 연료보급 영수증 또는 착륙료(landing fee)를 지불하면서 그 공항에 착륙했다는 간단한 확인서를 받아두었다가 비행 종료 후 교관 조종사에게 제시해야 한다. 규정상 기본 공중기동 20시간과 지방횡단비행 20시간을 포함하여 40시간을 갖추었을 때 비로소 자가용 조종사에 응시할 수 있는 모든 조건을 갖추게 된다.

자가용 조종사 실기평가에 응시할 수 있는 최저 시간은 40시간이지만 일반적인 통계에 의하면 미국의 평균시간은 약 50~60시간으로 알려져 있다. 공역이 복합한 지역일수록 비행시간은 10시간 정도 추가될 수 있다. 만약 관제영어에 취약하면 서두에서 언급한 것과 같이 시간은 무한정 연장될 수 있다는 것을 염두에 두길 바란다. ✈

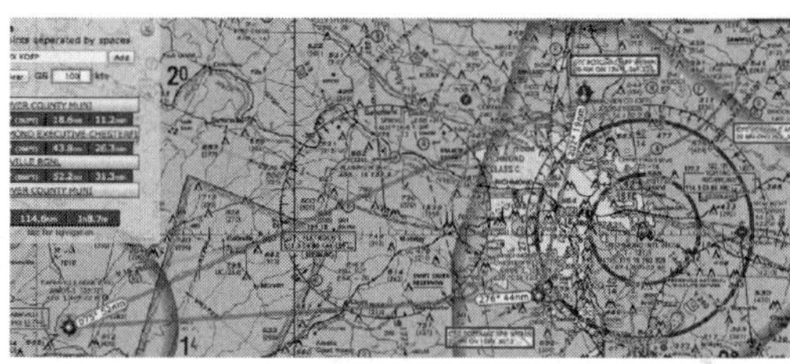

▲ 자가용 자격증명을 위한 지방횡단비행 요건은 최소 1회는 3개의 공항을 선정하여 비행한 경력을 갖추어야 한다.

비행평가 ……✈

실기평가 준비가 완료되면 교관과 상의하여 평가 일정과 평가관을 선정한다. Part 141의 경우는 비행교육원 내에 평가관이 상주하거나 해당 교육원 원장이 FAA 평가관이기 때문에 별문제가 되지 않으나 Part 61 계열이라면 해당 지역에 위임된 여러 명의 평가관이 활동하고 있음으로 교관의 조언을 받아 평가관을 선정하면 된다. 일반적으로 평가는 4시간 중 2시간은 구술평가(oral test)를 실시하고 나머지 2시간은 실기평가를 한다. 비행평가는 오직 평가관과 단독으로 이루어지기 때문에 평가 시작부터 끝까지 평가관이 지시하고 요구하는 것을 스스로 해결해야 한다.

평가 날짜가 결정되면 하루 전이나 이틀 전에 평가에 요구되는 모든 비행기동을 교관과 함께 복습(review)하는 것도 평가를 대비해서 큰 도움이 될 수 있다. 해당 교육원에서는 평가자를 우선적으로 지원한다. 예를 들어 비행기를 선정하는 데 있어서도 평가자를 위해서 우선적으로 배정할 수 있기 때문에 평소에 자신과 익숙한 비행기를 선정하는 것이 좋다. 따라서 해당 비행기의 정비 날짜를 잘 판단하여 원하는 기종을 선택하는 것도 하나의 지혜이다.

평가 당일에 교관은 평가관(examiner)을 소개만 하고 자리에서 벗어나기 때문에 그 이후의 모든 과정은 스스로 해결해야 한다. 평가관은 비행하게 될 코스와 자신의 무게와 소지품의 무게(weight)를 알려준다. 주종훈련생은 이를 받아서 약 30~40분 이내에 비행계획서, 무게와 균형표(weight and balance table), 항행일지(navigation log)를 작성한다.

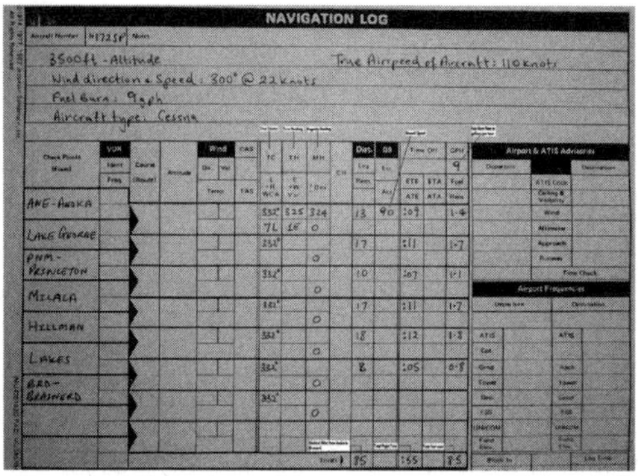

▲ 항행일지의 한 사례

모든 비행전 준비가 완료되면 그때부터 구술평가에 들어간다. 구술평가는 항공도에 대한 이해 여부를 철저히 분석하고, 현재의 기상보고나 기존의 기상보고를 활용하여 기상보고 내용의 이해력, 무게와 균형표가 정확하게 작성되었는지를 평가한다. 비행계획서의 적절성을 판단하고 최종적으로 자가용 조종사로서 알아야 할 전반적인 항공지식에 대해서 각 부분별로 한 두 문제씩 질문하고 응답하는 방식으로 진행된다. 위의 모든 절차가 끝나면 비행계획서를 조종훈련생 자신이 FSS에 직접 접수시키고 계류장에 나가 비행전 점검을 실시한다. 비행전 점검(preflight inspection) 중에도 평가관이 관찰하고 있기 때문에 절차대로 점검표(checklist)를 반드시 활용하여 점검을 실시한다. 응시자는 비행기 시동을 걸고 정상적인 절차에 따라 이륙 준비를 실시한다.

평가관의 다른 지시가 없는 한 응시자는 계획된 시간에 맞추어 활주로로 이동하고 관제탑(control tower)과 교신하여 정상적으로 이륙한다. 항로에 진입하여 2~3개의 확인점(checkpoints)을 통과할 때까지 비행계획서에 의해서 진행된다. 정상적으로 항로에 진입했다는 것을 판단한 평가관은 비행계획을 취소하고 본격적인 비행 기동을 평가하기 위한 절차에 들어간다.

완전실속(full stall), 급경사 상승 또는 급강하의 비정상 자세로부터 회복 방법, 항로를 잃었을 때의 절차, 항법보조시설을 이용한 방법, 제한적인 자세계기비행(attitude instrument flight) 능력을 평가하고 갑자기 동력을 감소시켜 비상상황에 대처하는 능력을 평가한다. 이 같은 모든 기동들은 응시자 스스로 처리할 수 있다는 것을 평가관에게 보여 주어야 한다.

평가시 주의할 사항은 평가관의 의도(intentions)를 정확하게 이해하지 못했을 경우 질문하여 정확한 의도를 파악해야 한다. 평가관은 옆자리에 앉아서 필요한 지시 외에는 아무 말도 하지 않는다. 비행평가의 목적은 절차에 준해서 안전하게 비행할 수 있는 능력이 있는 가를 평가하는 것이다. 응시자는 그 동안 익혔던 비행기술을 유감없이 발휘하고 자만하거나 너무 위축된 행동을 보이는 것은 금물이다.

평가관이 가장 싫어하는 사항은 자신을 속이려는 행위이며 그 행위에 대해서는 가차 없이 지적하고 매우 불쾌하게 생각하기 때문에 사소한 실수를 했을 경우 이를 솔직히 인정하고 다시 한 번 기회를 요청하면 된다. 그러나 이를 속이려는 행동은 사소한 실수라 하더라도 매우 불리하게 작용할 수 있다는 점을 인식하고 자신 있게 평가에 임한다. 끝으로 공항에 진입하여 정상착륙(normal landing)보다는 단거리 착륙, 슬립 또는 측풍착륙절차(crosswind landing procedure) 등을 지시하여 착륙 능력을 2~3차례 실시하여 평가하는 것으로 모든 실기평가는 종료된다.(*평가관에 따라 순서와 방법은 다를 수 있음*) 비행평가를 종료한 후에는 평가관의 강평을 듣고 합격 여부를 즉석에서 통보 받을 수 있다. 평가에 합격했다면 자격증명에 기록될 정확한 주소(permanent address)를 기입하는 것이 매우 중요하다.

평가관이 발행하는 임시(temperory) 자가용 조종사 자격증을 받아야 하고, Part 61계열의 비행교육원이라면 평가 후 평가관에게 직접 평가비용을 지불해야 한다. 평가비용은 지역과 기종 및 등급에 따라 200~300달러 정도이다. 사전에 교관으로부터 평가비용과 지불 방법에 대해서 상의할 수 있다. FAA로부터 정식 자가용 조종사 자격증명은 약 120일 이후에 받을 수 있고 그 기간 동안에는 임시 자가용 조종사 자격증으로 비행할 수 있다. 정상적인 교육이 진행되었다고 가정했을 때 약 4~5주면 완성될 수 있다. ✈

자가용 조종사 ……✈

교관의 통제 하에서 제한된 비행만 가능했던 조종훈련생(student pilot)의 굴레를 벗어난 단계가 자가용 조종사이고 이제부터 모든 비행계획 수립과 그에 대한 책임(responsibility)은 당신 자신에게 있다. 자가용 조종사는 경비행기만 조종하는 것으로 생각할 수 있으나 자가용 조종사 자격증으로 다른 기종에 대한 기종전환 훈련을 받은 후 수상기, 다발엔진 비행기 혹은 회전날개 항공기 등의 한정증명을 받을 수 있다. 이외에도 일정한 비행경력을 갖춘 후 계기한정에 도전할 수 있고 이를 이수한 후 계기비행이 가능하다. 단지 자가용 조종사 자격증으로 영업행위를 하거나 항공회사에 취업할 수 없고 제한된 자격범위 내의 규정을 준수해야 한다.

자가용 조종사 자격증을 취득한 후에는 2년에 한번씩 FAA 검사관이나 비행교관으로부터 비행기량평가를 받아야 계속해서 비행할 수 있으며, 비행기량평가에 합격한 기록을 제시하지 않는 한 비행을 계속할 수 없으나 비행자격이 소멸되는 것은 아니기 때문에 언제든지 비행기량평가를 받으면 회복이 가능하다.

대부분의 일반항공(general aviation) 공항에서 조종사 자격증과 신체검사 증명서를 제시하면 항공기를 대여 받을 수 있으며 가급적 자주 활용하는 공항의 항공기를 활용함으로써 추가적인 서비스를 제공받을 수 있다. 시작이 반이라 했듯이 자가용 조종사 자격증명을 취득할 때까지가 어렵다. 그 이후의 과정은 스스로 관련 법규를 참고하면서 방법을 터득할 수 있게 능력을 갖추었고 상위과정에 도전하기 위한 고등비행기술을 습득하기 위한 기반이

▲ 자가용 조종사 자격증명을 취득한 후 처음으로 혼자 비행기를 조종해서 이륙 활주로를 향해서 활주해 갈 때 그 어느 순간보다 느끼는 감회는 새로울 것이다.

마련되었다고 할 수 있다.

이제 자가용 조종사 자격증을 취득했으니 자신 있게 원하는 비행기를 대여 받아 비행에 나서보아야 하지 않을까? 자신만의 공중세계를 느끼기 위해서 이 순간을 얼마나 기다려 왔던가? 아직은 햇병아리 조종사이니 멀리 가기보다는 교관과 함께 훈련했던 공역 혹은 공항을 찾아 혼자서 이착륙 훈련을 계획해 본다.

공항 주변에서는 여러 대의 항공기가 동시에 비행하고 있기 때문에 일정한 순서(sequence)에 따라서 이륙과 착륙이 실시되어야 한다. 따라서 공항 주변에는 일정 형태의 비행경로가 형성되어 있고 이를 교통장주(traffic pattern)라 한다. 이륙 또는 착륙하는 항공기는 장주에 진입하여 장주경로를 따라 착륙할 것을 권장하고 있다. 일반적인 장주의 형태는 활주로를 중심으로 직사각형으로 형성되고 선회방향에 따라 우측으로 선회시 우장주라 하고 좌측으로 선회시 좌장주(left traffic pattern)라 한다. 공항 절차에 특별히 언급되지 않는 한 좌장주를 표준으로 활용한다.

통상 이착륙 훈련은 관제탑(non-tower)이 없는 소규모 공항을 선정할 수

▲ 지방공항 활주로의 구조를 관찰할 수 있다. 활주로와 유도로 그리고 노면표지가 그려져 있다. 초기에는 한적한 공항에서 훈련한 후 점차 복합한 공항에서 훈련한다.

도 있고 다른 공항에 착륙할 때는 공항 사용료를 지불해야 한다. 일반적으로 초임 조종사의 이착륙 훈련에 활용되는 비관제 공항의 사용료는 공항에 따라 약 \$2~\$5 정도이다.

아울러 토요일과 일요일에 비관제 공항에서 이착륙 훈련시 상황에 따라 활주로에 정지 후 이륙하는 절차를 삼가거나 착지 후 이륙(touch and go) 혹은 저고도 접근(low approach) 절차를 수행해야 한다. 주말과 휴일에는 많은 조종사들이 동일 공항에서 비행훈련을 실시하고 있어 몇 명의 조종사들이 활주로를 장시간 점유하고 있다면 다른 조종사들은 지상에서 오랫동안 대기해야 하기 때문에 가급적 완전히 착륙한 후 활주로에서 이탈하여(full stop) 대기 중인 비행기를 따라 다음 순서를 기다려야 한다. 이 같은 규정은 없으나 조종사들 사이에서 스스로 양보하고 순서를 지켜주는 것이 관례가 되어 있다. 자율적 질서를 지키지 않고 혼자서 장주를 독차지하고 있다면 다른 조종사들로부터 무례한 조종사로 인식되고 때로는 심한 핀잔을 받을 수도 있다. 이외에도 규정된 절차와 진로권(right of way)을 지키는 마음 자세가 요구되고 의심나는 사항이 있으면 반드시 교관 조종사의 조언을 받는 것이 좋다. 공항에서는 다양한 조건에서 이착륙 경력을 쌓고 점차 장거리 비행을 계획하여 지방횡단비행을 위한 항법 능력을 숙달시킨다. 이로써 당신은 자가용 조종사로서 첫 걸음을 내디딘 것이다. ✈

비용절약을 위한 제언 ……✈

조종사가 되기 위한 항공유학 자체가 많은 비용을 필요로 한다는 것은 대부분 인식하고 있다. 기본적으로 소요되는 비용은 어쩔 수 없다하더라도 그 외의 비용에서 절약할 수 있는 방법을 찾아야 한다.

첫째, 항공지식에 정통하라. 비행교육 자체가 항공기 없이는 불가능한 과정이기 때문에 항공유학의 길을 선택하는 것이다. 그렇다면 출국 전에 교육에 필요한 이론은 얼마든지 학습할 수 있는 서적이 준비되어 있다. 이들 서적을 탐독한다면 조종사가 갖추어야할 이론은 상당한 수준까지 습득할 수 있다. 물론 영어에 정통해 있다면 직접 원서를 이용하여 학습하면 되겠지만, 영어에 미숙한 사람이 전문지식을 영어로 학습하려니 이해력이 떨어질 뿐만 아니라 많은 시간이 소요될 수밖에 없다. 조종사의 지식분야는 전 세계적으로 유사하다.

예를 들어 비행기를 이륙시키는 기술, 항공기상, 항법, 무선통신 등이 나라마다 다르다고 생각할 수 있는가? 전혀 그렇지 않다. 동일한 과목과 기술을 갖고 단지 다른 언어로 설명되고 있을 뿐이다. 따라서 조종사가 알아야 할 이론에 정통해 있는 상태에서 기본 영어 구사 능력만 갖추면 해당국 교관과 언어소통이 원활하게 이루어질 수 있다. 항공유학을 위해서 별도의 영어 교육은 없다. 저자가 집필한 서적에는 중요한 전문용어에 대해서는 원어를 표기해 놓았고, "항공우주용어사전"을 엮어 놓았기 때문에 이들 교재를 이용해서 중요한 용어를 학습할 것을 권장한다. 영어회화 능력과 독해 그리고 필기능력까지 갖춘다면 다할 나위 없겠으나 최소한 회화와 독해능력은

▲ 최근 훈련기종으로 많이 활용되고 있는 2인승 경비행기이다.

갖추어야 한다. 또한 두려움의 대상이 조종사와 관제사 사이에 이루어지는 무선통신(radio communication)에 관한 사항이다. 엔진 소음(noise)을 들으면서 마이크 키(mike key)를 잡고 특정인과 전문적인 의사소통을 한다는 것 자체가 조종 훈련생에게는 결코 쉬운 일은 아니겠지만 공항 구조와 운항절차 그리고 무선통신 용어에 익숙해진다면 그리 어려운 것도 아니다.

관제에 사용되는 용어는 국제적으로 표준 용어를 사용할 수 있도록 권장하고 있고, 일정한 형식(form)으로 행해진다는 것을 조금만 학습해 보면 알 수 있다. 이를 위해서 실제 비행에 꼭 필요한 절차 등을 책으로 엮어 놓은 것이 "항공무선통신"이다. 이 책에서 제시한 예문을 완전히 숙달하고 여기에 필요한 사항만 추가하면 된다. 대형 운송용 조종사들 역시 이 범위를 벗어나지 않는다. 자신감을 갖고 도전하라!

둘째, 비행훈련은 가장 낮은 등급의 기종을 선정한다. 기종에 따라 임대하는 비용에 상당한 차이가 있다. 미국 내에서도 지역에 따라 또는 보유한 기종의 형식과 연식(make and model)에 따라 차이가 있다. 처음 비행을 시작하는 사람은 2인승 비행기로도 충분하다. 초등 훈련에 Cessna 152가 가장 많이 활용되는 기종이었으나 현재는 다양한 기종들이 출시되어 선택의 폭이 넓어졌고 비용도 저렴해졌다.

성능이 우수하고 다인승 기종으로 훈련하면 좋겠으나 모든 면에서 비경제적이기 때문에 비행훈련 기종을 선호한다. 일단 자가용 조종사가 된 후에 자신이 원하는 저익형(low-wing) 비행기라든지 쌍발기(twin-engine) 등과 같은 별도의 기종전환 훈련을 받아 전환하는 것이 비용을 절약할 수 있는

▲ 왕복엔진을 탑재하고 있는 경헬리콥터이다. 조종사 훈련용으로 많이 활용되고 있고 항공관광, 사진촬영 제한적 승객 운송 및 화물공수 임무까지 수행한다.

지름길이다.

헬리콥터 조종훈련은 R-22 기종이 많이 활용된다. 비행훈련을 시작하기 전에 해당 비행교육원에서 보유하고 있는 기종과 비용을 제시해 줄 것을 요구하고 필요하다면 교관과 상의하여 기종을 선정한다.

셋째, 2인 1조 비행훈련을 계획하라. 자가용 조종사 자격증을 취득할 때까지는 의무적으로 교관과 동승하여 비행훈련을 받아야 한다. 일단 자가용 조종사가 된 후부터 당신은 비행기를 대여하여 혼자서도 비행할 수 있으나 옆자리를 비워 두기에는 아깝지 않은가? 동료가 있다면 둘이 합의하여 비행계획을 수립한다. 한 사람이 비행훈련에 임하는 동안 다른 한 사람은 다른 비행기의 접근을 경고해 주는 안전 조종사의 역할과 잘못된 조작에 대한 지적을 상호 토의할 수 있으며, 아울러 대여 비용도 절반씩 나누어 지불할 수 있으니 일석이조의 효과라고 아니할 수 없다. 자가용 조종사는 탑승자로부터 비용을 받아서는 안 되지만 비행에 소요된 경비는 분담할 수 있다. 어느 정도 비행경력이 쌓인다면 비용 분담의 조건으로 동승비행을 계획하는 것도 경력을 쌓으면서 비용을 절약할 수 있는 한 방법이다.

넷째, 미국에 살고 있는 친인척 주거지, 해외 근무지 또는 숙소 인근의 공항을 찾아라! 비행훈련에 필요한 비용 못지않게 숙식비가 차지하는 비용 역시 만만치 않다. 미국의 주요 도시에는 이미 수십만의 교민이 살고 있어 친인척 또는 동료 등의 숙식 시설을 활용할 수 있다면 상당한 비용을 절약할 수 있다.

미국 내 어느 곳을 가더라도 사유공항을 포함하여 크고 작은 공항 혹은 비행장이 산재해 있다. 대부분의 소규모 비행장은 인구밀집 지역보다는 다소 외곽 지역에 위치해 있는 경우가 많다. 비행장은 인근에 여러 곳이 있을 수 있음으로 비행장을 선정할 때 어느 한 비행장을 선정하기보다 공항까지의 거리, 비행교육원의 시설 등을 고려하여 선정한다.

특히 공항이 위치한 공역에 따라 C등급(class) 공역 내에 위치한 공항은 최소한 김포국제공항 이상의 규모를 갖춘 공항으로 전문 직업 조종사 훈련에 적합한 장소이다. 그러나 아마추어 또는 일반항공 사업을 목표로 하고 있는 사람은 D등급 공역 또는 이하의 공항 혹은 비관제공항을 이용하는 것이 초보자에게 유리하다. 영어에 자신이 있다면 어느 공항을 선택하든지 문제가 되지 않을 것이다. 전문 직업 조종사 교육이 아니라면 집중적으로 비행교육을 받을 필요가 없어 시간과 비용이 가용할 때를 선택해서 비행교육을 받으면 되는 장점이 있다.

다섯째, 비행교관으로서 또는 아르바이트로 비용을 충당할 수 있도록 계획하라. 일반대학에 진학한 경우라면 학교의 추천으로 또는 현지 교민의 도움으로 아르바이트를 할 수 있는 여건은 국내보다 수월하고 자연스럽다. 이들 국가에서 일반 대학생이라 할지라도 주말과 방학을 이용하여 졸업 때까지 상당한 비행경력을 쌓을 수 있는 장점이 있다. 일단 사업용 조종사로서 또는 교관 조종사로서 활약할 수만 있다면 비행경력을 쌓는데 소요되는 비용은 자신의 능력에 따라 크게 절약할 수 있다. ✈

교관과의 관계 ……✈

저자도 군비행교육기관을 거쳐 조종사로 임명되었고, 또 군비행교육기관의 교관 조종사 임무를 수행하였다. 엄격한 군비행교육 환경은 미국이라고 해서 방법의 차이는 있으나 예외는 아니다. 이는 특수한 상황 하에서 극한 임무를 수행할 수 있는 조종사를 양성하기 때문이다. 그러나 민간항공은 철저히 수요자 우선 원칙에 따라 양질의 서비스를 받을 수 있다.

첫 교관과 인연을 맺어 단독비행의 영광을 함께 했다면 영원히 잊지 못할 좋은 인연이 될 것이다. 어느 비행교육원에 찾아가든 그 교육원의 선임 교관 혹은 전문 상담교관이 임명되어 있고 적절한 교관을 선정해 줄 것이다.

대부분의 교관은 외국인에 대해서 친절하게 대해 주지만 그곳 사정에 익숙하지 못한 점을 이용하여 부당한 대우를 받았거나 금전적 손해를 받았다고 판단되면 즉시 해당 교육원의 책임자나 선임 교관에 이의를 제기하여 확인하는 것은 당신의 권리라는 것을 잊지 말아야 한다.

Part 61 계열은 홈 스터디 개념이 적용되어 항공지식은 스스로 학습해야 한다. 그러나 일부 어려운 부분에 대해서 교관에게 이론교육을 별도로 요청했을 때 이론교육 시간에 대한 비용을 지불해야 한다. 비행 후 브리핑(de-briefing)에 대한 비용도 요구하는 경우가 있음으로 자체 규정에 의한 것인지 아닌지를 잘 판단해 볼 필요가 있다. 대부분의 교관은 성심 성의껏 교육에 임하나 다소 불성실하거나 의견 대립이 계속될 때 교관을 교체하는 것도 신중히 검토할 수 있다. 이는 모든 것이 학생 위주이기 때문에 가능한 것이고, 교관의 자질에 문제가 있다고 판단되어 교육 진행에 차질이 있다면 선임 교관이나 교장 혹은 책임자에게 면담(interview)을 요청하여 교관 문제를 상의하는 것도 자신의 이익을 위한 권리임을 명심하라.

교관의 교체는 매우 신중하게 판단할 사안이다. 훈련생 자신에게도 중간에 교관이 바뀌면 교육의 연속성을 유지할 수 없을 뿐더러 교관마다 교수 방법이 다를 수 있어 교관 교체가 능사는 아니다. 일부 지역에서는 한국인 교관으로부터 교육을 받을 수도 있다. 물론 영어에 의한 언어적 문제를 해결할 수는 있지만 전문 직업 조종사를 희망하는 사람에게는 그리 권장해 줄 만한 사안은 아니다.

비록 처음에는 어려움을 느끼더라도 이를 극복할 수 있는 능력을 갖출 수 있도록 노력해야 할 것이다. 국내에서 활약하고자 하는 조종사라면 관제탑이 없는 공항을 선정하는 것도 고려해 볼만하다. 교관과 교육적 관계를 떠나서 인간적 관계를 잘 맺어 놓는 것도 당신에게는 매우 중요한 요소이다.

현지 교민이 아닌 이상에는 언제든지 귀국해야 한다. 귀국 후에도 현지 교관으로부터 새로운 소식과 정보를 얻을 수 있을 뿐만 아니라 차후에 다시 출국할 때도 필요한 사항을 미리 요청하여 준비함으로써 많은 도움을 받을 수 있기 때문에 가급적 많은 외국인 동료 및 교관들과 교류를 가질 것을 적극 권장한다. ✈

비행의 천국 ……✈

비행장이 있는 곳이면 어디에서든 비행훈련이 가능하다. 우리나라와 달리 미국이라는 거대한 대륙이라는 섬을 염두에 둘 때 지역별로 비행에 적합한 장소를 선택하는 것도 매우 중요한 요소이다. 아마추어 자원의 비행을 즐기기 위해서는 주로 해안을 끼고 있는 공항이라면 더욱 비행을 만끽할 수 있을 것이다. 미국 내에도 한국 교민 또는 2세들도 많이 활약하고 있으나, 아직은 미미한 수준이고 LA와 같은 지역은 한국인 유학생들이 비행교관으로 활약하는 경우도 있어 이들의 도움을 받기도 한다.

그러나 전문적으로 비행을 원하는 사람이라면 처음부터 미국인 교관과 비행훈련을 쌓는 것이 영어를 익숙케 하는 지름 길 임을 염두에 두어야 한다. 전문 조종사보다는 레저차원의 비행이나 도저히 영어에 자신이 없는 사람이라면 한국인 교관의 도움을 받는 것도 고려해 볼 수 있다.

비행과 기상은 매우 밀접한 관계가 있다. 예를 들어 북부 지역은 날씨가 매우 차갑고 기상 변화가 심하다. 특히 한국인이 많이 거주하는 뉴욕 지역의 기상은 우리나라와 매우 흡사하기 때문에 여름에는 비행하기가 좋은 조건을 갖추고 있으나 겨울에는 기상변화가 심하다. 남부 지역은 기온이 매우 온화한 특성이 있어 비행에 유리한 조건을 갖추고 있다. 남부 플로리다는 기온이 매우 높고 습기가 많을 뿐 아니라 여름철에는 하루에도 한두 차례씩 폭풍우가 몰려오는 경우가 빈번하여 매우 불리한 조건을 갖추고 있으나, 겨울철에는 매우 온화한 날씨의 특성과 시정이 매우 좋아 양호한 비행조건을

▲ 항공유학 중 미국 혹은 다른 국가의 동료들 혹은 교관과 우호적인 관계는 현재 비행훈련뿐만 아니라 차후 유용한 정보를 얻거나 비행을 위한 많은 도움을 얻을 수 있다.

갖추고 있다. 일반적으로 남서부 지역은 온화한 기상조건을 제공하기 때문에 많은 사람들이 선호하고 있다.

미국, 캐나다, 호주 등을 자주 왕래하는 사람이라면 어제든지 원하는 장소에서 해당 국가의 조종사 자격증명을 발급 받아 자유롭게 비행을 할 수 있다. 특히 미국이나 호주 등은 전문 조종사 과정을 이수하려는 사람뿐만 아니라 일반 레저차원의 비행이 잘 발달되어 있어 이를 잘 이용하면 당신이 임대한 비행기를 당신의 손으로 비행해 볼 수 있는 기회는 열려 있다.

해외여행 중 또는 해외 근무 중 주말을 이용하여 비행을 한다는 것은 비행이 일반화되지 않은 환경에서 생각하기 쉬운 것은 아닐 듯하다. 실제 비행에 대해서 어느 특정인만이 할 수 있다는 생각을 갖고 있는 사람이 많아 해외여행이나 해외근무 중 과연 비행을 할 수 있을까? 라는 의구심을 품게 될 것이다. 언어소통에 큰 문제가 없다면 비행하는 데도 문제가 없다고 보면 된다. 그 만큼 하늘을 날을 수 있는 자유가 보장되어 있다. 항공 레포츠의 일환으로 비행을 하려는 사람은 깊은 항공지식을 요구하지 않고 한번 취득해 놓으면 그 자격은 취소되지 않는다.

비행기는 자신의 능력에 따라 2인승 또는 4인승 비행기를 선정할 수 있다. 비용결제는 비행 종료시마다 현금 또는 신용카드를 이용하거나 일시불

▲ 비행기가 이착륙하기 위해서 잘 포장된 활주로를 필요로 하는 것은 아니다. 주변의 길게 뻗은 초지 표면을 고르게 다듬어 활주로로 활용하고 있다. 실제 사유 경비행기는 이 같은 초지에서 많이 운용되고 있다.

로 지불해 놓고 비행 종료시마다 결재해 나가는 방법이 있다. 대부분의 직장인이라면 지속적인 비행이 어렵기 때문에 비행 종료시마다 신용카드로 결재할 수 있는 방법이 안전하고 편리하다.

조종사 자격증명은 국제법에 따라 호환성이 있어 외국의 조종사 자격증을 소지한 사람은 국내의 조종사 자격증명도 받을 수 있다. 전문 직업 조종사들도 외국에서 조종사 자격증명을 취득한 후에 국내에서 소정의 구술시험과 항공법규 시험에 합격한다면 국내 조종사 자격증명으로 전환할 수 있다. ✈

항공안전 ……✈

"안전(safety)! 이 보다 더 중요한 것은 없다"

항공이 본격적인 대중화 단계에 들어서면서 항공기는 필연적으로 증가하고 있는 추세이다. 고속의 대형 항공기 개발과 함께 일반인도 쉽게 접근할 수 있는 소형 항공기들도 성능이 매우 향상되어 출시되고 있다. 이 같은 추세는 필연적으로 항공인구의 증가를 의미하고 지상 교통수단 못지않게 공중교통(air traffic)도 복잡해지고 있다.

공중교통이 복잡해지면서 항공안전에 대한 인식 또한 중요한 과제로 떠오르고 있다. 그 어느 것보다 안전에 대한 조종사 자신의 인식이 중요하다. 세계적 수준의 자동차 사고는 무엇보다도 운전자의 교통안전 의식이 낮은데 큰 원인이 있는 것으로 분석된 것과 같이 우리 국민은 규율과 질서보다는 자신의 편리성에 따라 행동하는 습관이 있다. 실제 한국 유학생이 관제탑의 지시를 무시하고 이륙중 공중충돌(mid-air collision)의 위험에 직면한 준사고 사례들이 보고되기도 했다.

항공기 사고는 치명적(critical)이다. 기술의 발달로 항공기 엔진의 고장에 의한 사고는 크게 감소하고 있는 추세이지만, 기상과 관련한 사고는 빈번하게 발생하고 있다. 조종사는 평소에 안전의 중요성을 항상 염두에 두고 비상절차(emergency procedure) 훈련에 임할 것을 강조한다. 항공기 사고에서 가장 치명적인 공중충돌, 비행중 화재(in flight fire), 비행중 조종계통의 고장 등은 매우 중대한 사고로 즉시 재난(distress)을 선언하고 구조를 요청해야 한다. 이외에도 무선통신두절, 항행중 길을 잃은 경우, 비행중 연료고갈 혹은 악기상에 조우하는 등 생각지도 못했던 위험에 직면할 수 있다.

조종훈련생이라면 잘못된 질차나 행동에 대해서 교관 조종사가 차분히 설명해 주고 시정해 주지만, 일단 조종사가 되었다면 비행안전에 대해서 조언을 받을 수 없기 때문에 스스로 대비하는 자세가 필요하다. 장거리비행이 계획되었다면 이러한 사실을 친구나 동료 또는 친인척에게 알리는 것도 만약의 상황에 대비하기 위한 방법의 하나이다. 공중에서 어떠한 형태의 항공기 이상을 발견했거나 엔진고장과 같은 심각한 상황에 직면했을 때 순간적으로 당황하지 않는 사람은 없겠지만, 이를 최소화하고 최우선적으로 항공기 조종(aircraft control)에 주력해야 한다. 엔진고장의 징후라면 활공자세를 취한 후 차후 조치에 들어간다.

당황한 상태에서는 항공기 자세 회복을 위한 조종량이 점차 증대하여 더욱 위험한 상황으로 유도될 수 있다. 순간적으로 숨이 가빠지면서 몸에 엄청난 힘이 들어가고 조종사가 공황 상태에 빠지게 되면 아무도 그 결과를 예측할 수 없는 위험에 처하게 된다. 비상상황에 직면한 조종사는 항공기를 안전하게 착륙시킬 수 있도록 모든 조치를 취해야 할 것이다. 항공기의 안전은 곧 자신과 승객의 안전을 의미하는 것이기 때문이다. 항공안전을 위해서 몇 가지 강조되는 사항들을 열거해 보았다. 이를 생활화하여 어떠한 위급 상황에서도 이를 받아들이고 즉각 대처할 수 있는 능력은 평소의 훈련으로 이루어질 수 있다.

첫째, 항공기 점검은 점검표(checklist)를 활용하라. 어느 항공기를 막론하고 점검표가 없는 기종은 없다. 구조가 간단한 경량 비행기라 할지라도 반드시 점검표를 활용하는 습관을 들여야 한다. 점검표는 합리적인 순서에 따라서 모든 사항들을 빠짐없이 점검할 수 있게 한다. 기억력이 좋다 하여 점검표 없이 점검이 반복되고 습관화 된다면 자만에 빠지고 소홀한 지상 점검은 치명적 사고로 이어질 수 있다.

둘째, 규정 준수를 습관화하라. 대부분의 사고 발생은 규정을 무시한 무리한 운항에서 발생하는 경우가 많다. 이 같은 규정 위반은 비행기량이 어느 정도 숙달되어 조종에 자신감이 붙어지는 시기에 규정을 위반하는 사례

▲ 경비행기가 경작지의 골을 따라서 비상착륙했다. 산악지형이라든지 도심을 통과할 때 제한된 시간에 비상착륙을 위한 적절한 장소를 찾기가 결코 쉽지 않다.

가 많은 것으로 조사되고 있다. 규정(regulation)을 무시한 비행이나 금지된 조작 또는 규정 이하의 고도로 비행은 삼가야 한다.

셋째, 비행계획은 사전에 철저한 연구가 필요하다. 국지 공역을 벗어나서 장거리비행을 계획할 때는 비행로, 순항고도, 비행시간, 가용연료, 대체공항, 착륙하게 될 공항의 활주로 길이, 시설, 연료보급 시설 등에 대한 충분한 비행 준비가 요구된다.

넷째, 철저한 기상 파악을 실시하라. 국내 기상조건과 달리 미대륙은 지역에 따라 기상변화가 매우 심하기 때문에 비행전 철저한 기상 자료를 획득하여 비행 여부를 결정하고(go or no go) 무리한 비행은 절대 삼가야 한다. 미국내 기상정보는 공항의 운항실(FBO)에 비치되어 있는 기상정보 컴퓨터망을 이용하면 조종사가 원하는 현재의 기상보고를 받아 볼 수 있고 또는 비행업무사무소(FSS)에서는 24시간 기상정보를 기상 요원으로부터 무료로 브리핑 받을 수 있다.

다섯째, 지방횡단비행을 계획할 때 비행계획서를 제출하라. 시계비행을 하는 조종사는 비행계획서 제출이 의무적은 아니나(*국가에 따라 다를 수 있음*) 장거리비행은 가능한 한 비행계획서를 제출할 것을 권고한다. 비행계획서를 제출하면 관제기관에서는 당신의 비행을 간접적으로 추적한다.

비행계획서에 명시된 도착예정시간을 30분 이상 초과하면 관제기관에서는 비행기의 이상이 있음을 의심하고 수색 및 구조(search and rescue)팀이 활동에 들어간다. 때문에 비행 종료시에는 반드시 무선이나 유선망을 통하여 인근 비행업무사무소(FSS)에 비행계획서를 종료(closed)시켜야 한다는 것을 잊으면 자신의 실수로 불필요한 수색 및 구조 활동이 개시되고 추적하여 조종사의 실수였다면 비난을 면치 못할 것이다. ✈

제3부

항공상식

"항공기는 상상의 창작물이다"

항공기란? ……✈

경제적 여유와 글로벌 경제성장에 따른 뚜렷한 변화 중의 하나가 항공기를 이용한 국제적으로 인적 물적 교류의 증가이다. 이제는 제법 다양한 종류의 항공기(aircraft)들을 주변에서 어렵지 않게 관찰할 수 있다. 매년 주기적으로 행해지는 에어쇼를 통해서 세계의 항공기들을 가까이에서 관찰할 수 있는 기회가 점점 많아지고 있다. 예비 항공인은 물론이고 항공기를 이용하거나 관심을 갖는 분들이 항공기란 무엇인지 생각해 보는 것도 흥미 있는 일이 아닐까?

항공기에 대해서 가장 보편적인 정의는 "공기의 힘을 이용하여 하늘을 날아다닐 수 있는 비행체"라고 한다. 여기에는 몇 가지 조건이 있다.

첫째, 공기(air)의 힘을 이용할 수 있다는 것은 공기가 존재하는 대기권으로 한정된다는 것을 의미하는 것으로 공기가 존재하지 않는 우주공간을 비행하는 비행체(vehicle)를 우주비행체로 분류하여 항공기와 구분한다.

둘째, 하늘을 날기 위해서는 대기에 존재하는 중력(gravity)을 극복할 수 있는 능력이 있어야 한다. 예를 들어 미사일, 총알 혹은 낙하산 등은 하늘을 날아가는 비행체이지 스스로 중력을 극복하고 날아갈 수 있는 능력이 없어 항공기의 범주에 포함되지 않는다.

셋째, 항공기는 물체를 운반할 수 있는 능력이 있어야 한다. 예를 들어 종이비행기, 연 혹은 작은 풍선(balloon) 등은 하늘에 떠 있거나 날수 있지만 물체를 운반할 수 있는 능력이 없어 항공기 범주에 포함되지 않는다.

위의 개념을 토대로 분류했을 때 비행기(airplane), 헬리콥터(helicopter), 자

▲ 인간이 날아보고자 했던 욕구는 새 날개 모형을 만들어 언덕해서 새처럼 날아보고자 시도했다.(1895년) 1903년 라이트 형제가 개발한 최초의 동력 비행기이다.

이로콥터(gyrocopter), 열기구(hot air balloon), 행글라이더, 글라이더(glider), 패러글라이더(paraglider), 동력 패러글라이더, 비행선, 무선조종 항공기 혹은 무인비행기(drone) 등은 명백한 항공기 범주(category)에 포함되지만 화살, 종이비행기, 풍선, 미사일(missile), 낙하산 등은 항공기 범주에서 포함되지 않는다.

항공기 범주에서 애매하게 볼 수 있는 사례가 지면효과비행체(ground effect vehicle; GEV)의 한 종류인 WIG(wing-in-ground-effect) 선이 항공기 범주에 포함되느냐 하는 것이다. 비록 낮은 고도의 일정 고도를 유지하면서 비행하는 비행체이기는 하지만 지면효과(ground effect)를 벗어나면 비행할 수 없다는 점에서 항공기의 범주에 포함되지 않고 선박(ship)으로 분류된다. 같은 맥락에서 호버크래프트(hovercraft) 역시 고압의 공기를 지면에 분사하여 부양력을 얻고 다른 추력장치를 이용해서 이동하기 때문에 항공기 범주에 포함되지 않는다.

항공기를 세분하면 고정날개 항공기, 회전날개 항공기, 활공기(글라이더) 그리고 공기보다 가벼운(lighter than air) 항공기로 구분된다. 고정날개 항공기의 대표는 비행기(airplane)이다. 비행기는 고정날개(fixed wing)를 갖고 있는 형태의 항공기로 일반적으로 잘 알려진 하늘을 나는 기계이다.

비행기는 착륙 장소에 따라 육상과 수상기로 구분하고, 수상기(seaplane)

▲ 항공기의 범주를 보여주고 있다. 고정날개 항공기, 회전날개 항공기, 글라이더, 비행선, 열기구, 오토자이로, 고정날개와 회전날개가 결합된 하이브리드 그리고 비행 자동차에 이르기까지 다양한 모델이 개발되고 있다. 이외에도 단거리 및 수직 이착륙 항공기들도 항공기의 한 범주로 분류된다.

는 수면 위에서 이착륙이 가능하도록 제조 혹은 개량된 비행기이다. 비행기의 엔진 수에 따라 무동력 항공기, 단발엔진 또는 다발엔진 그리고 엔진의

▲ WIG 선은 지면효과를 이용해서 수면 위의 일정 고도에서 비행하지만 그 이상 고도를 비행할 수 없다는 특성 때문에 선박으로 고려된다.

종류에 따라 왕복엔진, 제트엔진 또는 가스터빈엔진 항공기로 구분한다. 경항공기에 사용되는 왕복엔진은 자동차 엔진과 같은 원리로 작동된다. 제트엔진 또는 가스터빈엔진은 고온, 고압으로 압축된 공기로 터빈(turbine)을 회전시켜 동력을 얻는 방식으로 중대형 항공기 엔진에 주로 사용된다. 항공기는 수행하는 임무에 따라 민간 중대형 여객기 및 화물기, 전투 항공기와 수송기 및 훈련기 등으로 구분하여 개발된다. 예를 들어 전투기 날개에 글라이더 날개와 같이 긴 날개를 장착했다고 가정했을 때 양력발생 특성은 크게 향상되어 저속에서 우수하지만 고속 항공기에서는 긴 날개 자체가 속도에 버티지 못하고 부러져 버리거나 고속비행에 장애물로 작용한다.

회전날개(rotary wing) 항공기는 고정날개가 없고 동체 상부에 회전체(rotor blade)를 회전시켜 양력(lift)을 얻고 동시에 회전면을 경사지게 하여 추력(thrust)을 얻는 형태의 항공기이다. 회전날개 항공기의 대표는 헬리콥터이다. 이 항공기는 수직이착륙과 제자리비행(hovering)이 가능하다는 장점 때문에 비행기가 수행할 수 없는 특수한 임무를 전담하고 헬리콥터 고유의 활동 영역을 넓혀 가고 있다. 주변에서 자주 볼 수 있는 헬리콥터는 주로 군용기로 UH-1H, 500MD, UH-60(블랙호크) CH-47(치누크) 등이 있고 최근에서는 국산 KUH-1 수리온 헬리콥터가 점차 영역을 확대해 가고 있다. 민간 헬리콥터에는 산림청에서 운용하는 BELL-206, 러시아에서 도입한 Kamov Ka-32 동축(co-axis) 로터 헬리콥터가 있다. 소형 민간 헬리콥터로는 R-22, R-44가 도입되어 제한적으로 운용되고 있다. 주변에서 비행기보다 헬리콥터가 많이 등장하는 것은 지형적으로 크고 작은 산이 많아 일정 규모의 활주로를 필요치 않은 헬리콥터의 장점 때문이며, 아울러 비행기가 이착륙할 수 있는 활주로 시설이 따라 주지 못하기 때문이다. 산불진화 현장에는 어김없이 헬리콥터가 등장하여 위력을 발휘하고 있으며 부정기 항로(unscheduled airway)를 개척하여 한계를 드러낸 지상 교통망을 대신하고 있다. 이외에도 산림방제 및 농약살포 그리고 최근에는 관광산업의 일환으로 강릉과 울릉도를 해상비행으로 관광객을 실어 나르는 관광산업에도 투입되고 있다.

활공기 또는 글라이더는 동력이 필요하지 않은 유형의 항공기이다. 가장 원시적인 형태의 비행방식이고 동력 비행기가 개발되기 전에는 새 날개 모양의 날개를 제작하여 비행을 시도하였다. 활공기의 가장 기본 모델은 행글라이더(hang glider)이고 항공 동호인을 위해서 개발된 것이 행글라이더의 날개를 활용하여 하부에 동체와 엔진을 장착하여 추력을 얻도록 개발되었다. 글라이더는 자체의 동력이 없어 일정 고도까지 상승하기 위해서는 비행기에 견인되어 상승한 후 견인줄을 풀고 기류(current)를 이용하여 활공을 시작한다. 글라이더의 활공률(glide ratio)은 20:1 또는 그 이상의 활공률을 갖는다. 예를 들어 20:1의 활공률이란 고도 1,000피트일 때 수평거리 20,000피트를 활공할 수 있다. 활공률을 높이기 위해서는 동체의 무게와 크기에 비해서 날개의 길이가 길어야 한다.

불을 지피는 과정에서 연기가 발생하고 연기는 하늘 높이 솟아오른다. 여기서 공기가 가열되면서 상승한다는 대기의 원리를 알 수 있다. 대형 풍선에 공기보다 가벼운 헬륨 가스(helium gas)를 주입하여 기체(airframe)를 부양하도록 고안된 항공기의 형태는 비행선(airship)과 열기구가 있다. 국내에

▲ 미래 항공기 동력원 찾기 위한 다각적인 연구가 진행되고 있다. 태양열 동력은 그 중 하나이다.

서 비행선은 아직 일반화되지 못했지만 일부 업체에서 광고용으로 도입을 추진하고 있고 장시간 공중에 체류할 수 있다는 장점 때문에 중계방송용으로 자주 활용될 것으로 기대된다. 비행선은 거대한 풍선에 헬륨 가스를 주입하여 부양시키고 풍선 하부에 엔진을 갖춘 곤돌라(gondola)를 매달아 추진력을 얻을 수 있으며, 방향 조종장치까지 갖추어 최대 시속 약 40노트의 속도로 비행할 수 있다. 거대한 풍선은 바람의 영향을 크게 받기 때문에 기상의 제한을 많이 받는다.

열기구는 동력 비행기가 등장할 때까지 하늘을 나는 유일한 기구였으며 동력 비행기가 발명되면서 열기구는 스포츠 항공기로 자리 잡았다. 열기구는 공기를 가열하면 가벼워지고 가벼워진 공기는 상승하게 되는 기본원리를 이용한 기구로 기류를 이용하여 비행한다. 열기구는 공기를 넣을 수 있는 공기주머니(envelope), 인원이 탑승할 수 있는 곤돌라 그리고 공기를 가열시킬 수 있는 버너로 구성된다. 항공역사를 통해서 항공인의 상상이 실제의 모델로 개발된 사례들이 적지 않다. 실용화 되어 세상에 등장한 기종들 외에도 기발한 상상 속의 항공기들이 기술의 발달과 함께 실용화되고 있고 이것이 우리가 지향하고 있는 미래형 항공기일 것이다. ✈

날개의 가로세로비 ……✈

글라이더의 날개는 폭(wing span)이 짧고 길이가 매우 길지만 F-16 전투기의 날개는 폭이 넓지만 길이가 짧거나 잘린 모양으로 설계되어 있다. 이와 같이 날개 폭 대비 날개길이의 비율을 가로세로비(aspect ratio)라 한다. 가로세로비가 크다는 것은 날개의 길이가 길고 폭이 가느다란 유형이고 반대로 가로세로비가 작다는 것은 날개길이가 짧고 뭉툭하다.

이 같은 가로세로비는 항공기의 임무 유형과 공기역학적 설계에 따라 결정된다. 예를 들어 U-2기와 같은 고공 정찰기라든지 글라이더 날개는 매우 길고 가늘게 설계되어 있는 반면 경비행기는 중간 정도 그리고 전투기는 매우 짧게 설계된다.

비행기가 공기 속을 비행하면서 공기역학적 평형 상태가 되고 외부의 영향을 받지 않는다고 가정한다면 공기 속의 항공기는 마치 보이지 않는 어떤 틀 속에 갇혀 있는 것과 같이 수평직선비행을 하게 될 것이다. 만약 무한 길이의 날개가 공기 속에 놓여 있다고 가정했을 때 날개로 인하여 발생할 수 있는 유도항력(induced drag)은 거의 “0”이 된다는 점만 고려했을 때 날개의 성능은 최대가 될 것이다.

그러나 이것은 실현 불가능한 가정에 불과한 것으로 어느 날개에서나 양력이 발생하면 이에 따른 항력(drag)이 발생하고 이 항력을 최소화하기 위해서 날개길이를 가능한 한 길게 그리고 가늘게 설계함으로써 양력발생으로 인한 항력이 최소가 될 수 있도록 설계하는 것이다. 글라이더가 이에 상응하도록 설계된 날개이다.

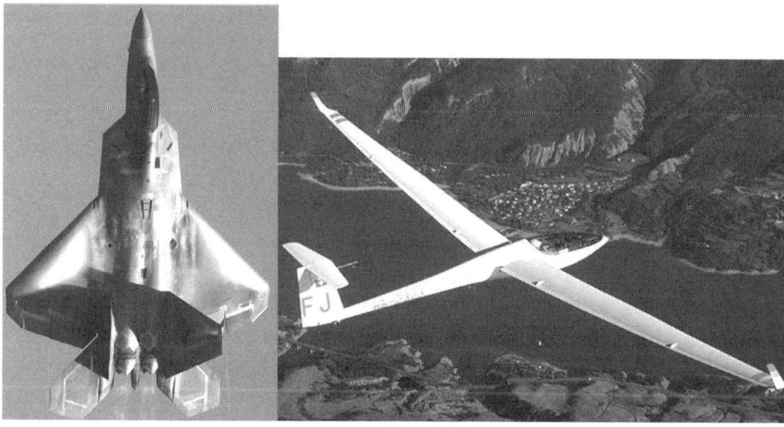

▲ 전투기 날개의 가로세로비는 작다. 기동성과 고속 성능은 매우 우수하지만 저속 및 활공 성능은 지극히 불량하다. 글라이더 날개는 가로세로비가 크다. 이것은 날개가 가늘고 길게 설계되었다는 것을 의미하는 것으로 고속 성능과 기동성은 현저히 떨어지지만 활공 성능은 매우 우수하다.

그러면 모든 비행기의 날개를 가늘고 길게 제작하는 것이 유리한데 왜 그렇지 못한가?

첫째, 이론적으로는 길고 가느다란 날개가 유도항력을 적게 발생하지만 긴 날개를 지지하는 데 필요한 구조적 무게의 증가와 긴 날개로 인한 공기역학적 굽힘(bend) 현상이 발생한다.

둘째, 공기에 길게 노출된 전면면적(front area), 모양 혹은 공기의 마찰 등으로 인하여 유해항력(parasite drag)이 매우 커질 수 있다.

셋째, 도움날개 등이 날개끝 쪽에 위치하면서 날개길이가 길수록 가로조종을 위한 동일한 양의 도움날개 움직임에 비해 롤링(rolling) 작용이 작게 나타날 뿐만 아니라 가로조종(lateral control)을 위한 높은 관성력은 기동성을 현저히 떨어뜨린다.

넷째, 가늘고 긴 날개는 실용성 면에서 매우 불리하다. 긴 날개는 지상취급에 문제가 있을 뿐만 아니라 착륙장치 및 연료탱크를 위한 공간 활용이 불가능하고 날개에 다른 고양력장치(high lift devices) 혹은 기타 장비를 장

▲ 날개의 날개평면 중 타원형 날개평면이 최저의 유도항력을 발생하는 이상적인 날개평면이다.

착하는 데도 상당한 문제점이 있을 수 있다. 글라이더 혹은 정찰기의 가로세로비는 대략 AR=25 정도인 반면 훈련용 경비행기 등의 가로세로비는 AR=6~8 그리고 전투기 등의 가로세로비는 대략 AR=2~3 정도로 매우 낮다. ✈

▲ 날개끝 와류를 제거하기 위한 미래형 항공기의 상상도이다.

에어포일 ……✈

항공기의 에어포일(airfoil)은 날개의 양력을 발생시키는 구조물로 100년의 항공기 역사를 대변해 주는 주요 구조물이다. 에어포일은 날개의 한 면을 잘랐을 때 나타나는 단면(section) 모양이기 때문에 실제 항공기에서 에어포일의 실체적 존재는 없다. 다만 에어포일 모양을 갖춘 물체들의 특성을 연구하기 위한 것으로 에어포일은 명백하게 1차원적 요소이다.

에어포일이 비행기의 날개에만 적용되는 것은 아니다. 날개는 명백한 양력발생과 관련이 있지만 공기흐름 방향을 유도해 주거나 아니면 양력발생이 아닌 안정성(stability)을 위한 장치로 사용된 구성품들에서도 에어포일이 적용되고 있음을 알 수 있고 헬리콥터, 각종 안정판 및 공기유도 표면들, 엔진 팬, 터보제트 엔진 공기유도 판 등에 주로 에어포일이 사용되고 있다. 또한 선박이라든지 잠수함(submarine) 등의 구조에서도 물의 흐름을 이용하거나 유도하기 위한 각종 수중 장치들에서 사용되었을 때 이를 하이드로포일(hydrofoil; *수중익선*)이라 한다.

이 같은 점들을 고려한다면 단순한 비행기 날개만을 위한 에어포일이라고 통일된 용어를 사용함으로써 불필요한 혼란을 방지하고 글로벌 시대에 영어가 강조되는 환경에서 원어를 그대로 사용하는 것도 별 무리가 없을 것이라 판단되어 외래어 표기법에 따라 "에어포일"로 사용하였다.

에어포일이 발달해 온 과정을 관찰해 보면 이것이 곧 항공기의 발달사의 한 축이라는 것을 알 수 있다. 인간이 하늘을 날고자 했을 때 가장 먼저 모방했던 것은 새의 날개이고 아무리 인간이 하늘을 나는 비행체를 잘 만들어

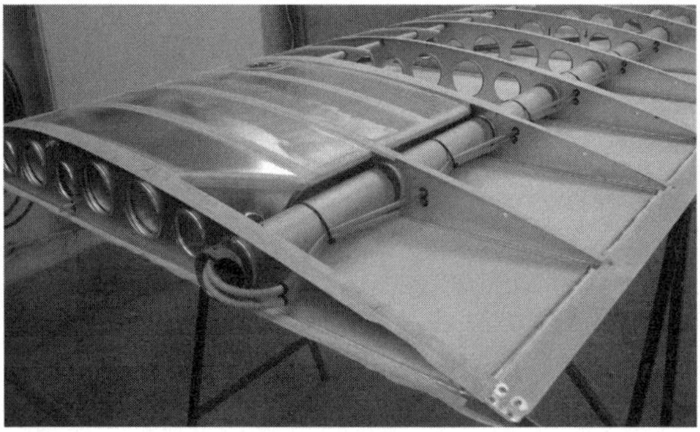

▲ 전형적인 아음속 비행기 날개의 에어포일

도 새와 같이 자유롭게 날아다닐 수는 없을 것이다. 초창기 비행기 날개의 단면을 관찰했을 때 새 날개의 단면과 매우 유사한 점을 발견할 수 있다. 이들 날개의 단면은 전체적으로 두께가 얇으면서도 새 날개의 앞부분과 같이 굽어져 있는 것을 볼 수 있다. 그러나 비록 새 날개의 단면은 모방했을지라도 새의 날개 짓에 의한 힘을 얻는 것과 엔진이라는 동력장치를 이용해서 비행하는 인간 비행체와 같을 수는 없다.

명백한 것은 평평한 판자를 이용한 것보다는 새 날개 모양의 에어포일이 더 양력발생에 유리하다는 사실이 입증되면서 양력을 향상시키기 위한 에어포일은 100년의 오랜 세월 동안 수많은 시행착오(try and error)를 거치면서 오늘날의 에어포일로 정착되었다.

전형적인 에어포일이라면 앞쪽은 둥글고 뒤쪽은 뾰쪽하고 아랫면은 평평하고 윗면은 둥그런 모양이다. 단순한 에어포일 단면이라 할지라도 두께, 최대 두께점, 둥근 앞면의 반지름, 전체적인 길이 등 많은 요소들에 따라 에어포일 단면의 공기역학적 특성들은 모두 다르게 나타난다. 일단 일반적인 경우를 가정하고 이 에어포일 단면이 현대 항공기 비행에 가장 적합하다고 할 수는 없다. 왜냐하면 현대 전투기들은 대부분 초음속(supersonic) 비행이 일반화되어 있는 반면 시속 100km 미만의 경항공기들도 공존하고 있기 때문이다.

▲ 초음속 전투기의 에어포일은 아음속 비행기 날개 에어포일과 다르게 설계되어야 한다. 전체적으로 다이아몬드 모양임을 알 수 있다.

항공기의 속도가 초음속에 가까운 천음속(transonic) 비행영역을 비행하면서 전형적인 아음속 에어포일 단면보다는 윗면이 더욱 평평하고 아랫면의 끝부분에서 위로 굽어진 모양의 새로운 에어포일 단면이 양력발생에 더 유리하다는 사실이 새롭게 입증되었다. 이 같은 종류의 에어포일을 초임계 에어포일(supercritical airfoil)이라 한다.

항공기의 속도는 더욱 빨라져 음속으로 비행하는 항공기에서는 아음속 혹은 천음속 초임계 에어포일은 속도로 인한 강한 충격파(shock wave)에 견딜 수 없다는 것이 입증되어 기존의 에어포일과는 전혀 다른 에어포일이 개발되었다. 초음속 항공기의 날개는 마치 다이아몬드 모양으로 되어 있는 것을 알 수 있다. 이 같은 모양의 에어포일이 음속(speed of sound)을 돌파하는 순간 발생할 수 있는 강력한 충격파에 효과적으로 견디고 동시에 양력을 발생할 수 있는 것으로 입증되면서 초음속 에어포일이 정착되

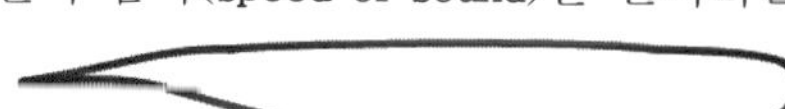

supercritical airfoil

▲ 초임계 에어포일

▲ 전투기는 고속비행에 특화되었기 때문에 착륙속도가 매우 높다. 이를 처리하기 위해서 착륙자세를 높게 하여 항력을 증가시키거나 일부를 앞전 플랩을 전개시켜 마치 바가지 형상으로 항력을 증가시킨다.

게 되었다.

그러나 이 같은 초음속 에어포일은 필연적으로 착륙을 위한 저속비행에서는 극히 높은 유도항력이 발생되기 때문에 이들 항공기의 착륙속도가 매우 빠른 단점을 갖고 있다. 실제 초음속 항공기가 완전히 정착되기 전 초음속 비행에만 초점을 둔 항공기의 착륙속도가 너무 빨라 많은 착륙사고의 원인이 되기도 하였다. 때문에 이들 항공기들은 필연적으로 착륙 또는 저속비행에서 최대양력계수를 높이기 위한 고양력장치가 필수적이지만 본질적으로 착륙속도가 빠르다. 항공기를 가까이에서 관찰할 수 있는 기회가 있을 때 이 같은 점들을 참고하여 비교하여 본다면 이론으로 학습한 내용들이 어떻게 실현되고 있는지를 확인할 수 있을 것이다. ✈

제트엔진과 가스터빈엔진 ……✈

현대 고성능 항공기의 동력장치(powerplant)는 대부분 제트엔진과 터빈의 원리가 결합된 가스터빈엔진(gas turbine engine) 또는 제트엔진이라 한다. 제트엔진(jet engine)의 원리를 설명하는 데 가장 적절한 도구가 풍선이다. 풍선을 놓았을 때 주둥이로 바람이 빠져 나가면서 풍선이 빠르게 날아가는 것을 관찰할 수 있다. 그러나 매우 짧은 순간 비행으로 그치고 만다. 이를 지속할 수 있는 방법은 없을까?

만약 풍선 주둥이의 앞쪽에 펌프를 달아 지속적으로 공기를 공급해 줄 수 있다면 풍선은 더 오랫동안 그리고 더 멀리 날아갈 수 있을 것이다. 이것이 터보제트엔진(turbojet engine)의 기본원리이다.

공기를 가열하면 상승한다. 만약 굴뚝(chimney)에 회전날개를 달아 놓으면 연기가 상승하면서 회전날개(터빈)를 돌리게 될 것이다. 이것이 터빈엔진(turbine engine)의 원리이다. 제트엔진은 위의 두 사례를 정교하게 조합시킨 결과이다. 제트엔진의 연소실(combustion chamber)에서 공기를 가열하여 발생한 고온고압의 배기가스를 후방으로 배출하면서 가스의 이동경로에 터빈을 설치하여 회전시키고 터빈축(turbine shaft)의 전방에 압축기 팬을 달아 놓는다면 공기는 압축기 팬의 회전으로 지속적으로 엔진 내부로 끌어 들임으로써 흡입-압축-연소-배기와 같은 일련의 연속적인 순환 과정이 형성된다. 따라서 가스터빈엔진이라고도 할 수 있고 제트엔진이라고도 할 수 있지만 공기를 강제로 엔진에 밀어 넣는 특성 때문에 터보제트엔진(turbo jet engine)이라고도 한다. 그러나 초기 터보제트엔진은 연료 효율성이 지극

▲ 전형적인 고바이패스비 터보팬 엔진의 구조를 관찰할 수 있다. 전방에 팬이 있고 저압 및 고압 압축기 그리고 연소실과 고압 및 저압 터빈이 배열되어 있다. 전방에 있는 거대한 팬을 통과한 공기는 핵심엔진으로 그리고 엔진 외측으로 흐르도록 설계되어 있다.

히 불량하고 높은 열에 견딜 수 있는 재료의 한계 때문에 이를 개량하기 위한 연구 결과 현대 대부분의 제트엔진은 터보팬 (제트)엔진을 사용하고 있다. 터보팬 엔진(turbofan engine)이란 터보제트엔진과 유사하지만 흡입구에 압축기 외의 또 하나의 팬(fan)을 장착하여 흡입되는 공기의 일부는 핵심엔진(core engine)의 외측 경로를 따라서 배기구로 흐르도록 유도하고 나머지는 엔진 속으로 유입하도록 설계되어 있다. 제트엔진의 주요 단점이 고열에 견딜 수 있는 재료의 개발이지만 아울러 냉각 시스템(cooling system) 역시 중요한 성능 향상의 요소이다. 따라서 엔진 외부로 흐르는 공기는 엔진 냉각에 기여하면서 배기구에서 합류하여 추력을 발생한다. 이와 같이 공기를 우회(bypass)시키는 방식이기 때문에 터보팬 엔진을 바이패스 엔진(bypass engine)이라고도 한다. 바이패스 원리는 용어가 의미하는 것과 같이 핵심엔진을 통과하지 않고 추력을 발생할 수 있도록 고안된 엔진이다. 물론 바이

▲ B-777 터보팬 엔진의 대략적인 크기를 가늠할 수 있다. 이들 고바이패스비 엔진의 직경은 통상 2미터가 넘는다. 팬이 클수록 더 큰 추력을 얻을 수 있지만 팬의 직경이 무한정 커질 수 없기 때문에 적절한 비율이 선택되어야 한다. 팬의 직경은 2.8미터에서부터 크게는 3미터를 초과하는 것도 있다.

패스 공기를 생산하는 것은 당연히 핵심엔진이다. 핵심엔진은 터보제트 엔진과 동일한 의미이다. 초창기 터보팬의 바이패스비는 매우 낮았다.

저바이패스비(low bypass ratio) 값을 갖는 엔진은 바이패스하는 공기량이 많지 않기 때문에 팬의 직경이 그리 크지 않다. 그러나 바이패스비가 클수록 바이패스 덕트(duct)로 통과시킬 수 있는 공기량이 많기 때문에 팬의 직경 역시 그에 비례하여 커진다. 초기 바이패스 비율이 높지 않았지만 현대의 대형 항공기의 터보팬 엔진은 바이패스비(bypass ratio)가 5:1 이상의 고바이패스비(high bypass ratio) 엔진을 사용하고 있다.

B-787에 탑재된 General Electric GEnx 엔진의 바이패스비는 9.5:1 그리고 Rolls-Royce Trent 1000 엔진의 바이패스비는 11:1이다. A-380 항공기에 탑재된 Rolls-Royce Trent 900 엔진의 바이패스비는 8.7:1이다. 여기서 알 수 있듯이 대부분의 고성능 운송용 항공기에 탑재된 터보팬 엔진의 바이패스비는 10:1을 육박할 정도로 높다는 것을 알 수 있다. 예를 들어 가정용 선풍기 엔진으로 공장에서 사용하는 대형 선풍기를 돌릴 수 있다면 엄청난 성능 향상을 기대할 수 있는 것과 같은 원리이다.

그러나 전투기 엔진은 공기역학적 설계가 동시에 고려되어야 하기 때문에 바이패스비가 매우 낮다. 예를 들어 F-16, F-15 전투기 엔진의 바이패스비는 0.36:1 정도이다. 전투기 엔진에 사용되는 바이패스 공기의 또 다른 장점은 재연소기(after burner)에 신선한 공기를 공급하여 연소효율을 높일 수 있는 점이다. 전투기가 높은 기동성과 음속을 돌파하기 위해서는 재연소기가 필수적이다. 재연소기는 엔진의 후방 연장부에 설치되어 엔진을 통과한 배기가스에 다시 한 번 연료를 분사하여 최종적으로 배기가스의 압력을 높여 더 높은 추력을 얻는 방식이지만 연료 효율이 지극히 불량하다. 그러나 터보팬에서 제공되는 신선한 공기에는 더 많은 산소가 함유되어 있어 재연소 효율을 높여줄 수 있는 장점이 있다.

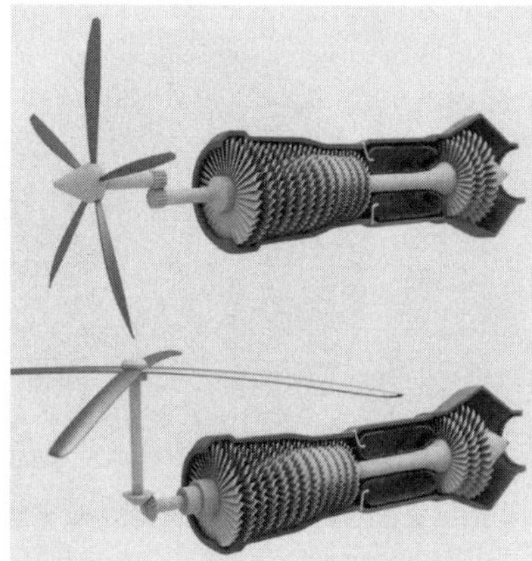

▲ 터보프롭 엔진과 터보축 엔진

터보제트엔진의 또 다른 변형이 터보프롭엔진(turboprop)이다. 터보제트엔진은 배기구를 통해서 고속 배기가스를 배출하는 그 반동(reaction)으로 추력을 얻는 방식이지만 터보프롭은 터빈의 회전력으로 프로펠러를 회전시킬 수 있도록 설계된 엔진이다. 따라서 터보프롭은 프로펠러에서 약 85%의 추력을 얻고 배기가스에 의해서 약 15% 정도의 추력을 얻는다.

터보제트엔진이 헬리콥터에 적합하게 변형된 유형이 터보축 엔진이다. 터보축 엔진(turboshaft engine)의 기본은 터보제트엔진과 동일하지만 터빈에서 발생한 회전력을 헬리콥터 회전축을 돌릴 수 있도록 설계된 방식이다. 터보축 엔진의 모든 출력은 회전축으로 전환되기 때문에 배기가스에 의한 추력은 거의 없다.

램제트(ramjet) 엔진은 가장 간단한 구조의 제트엔진의 한 종류이다. 흡입구 앞이 뾰쪽한 스파이크(spike) 구조물을 설치하여 공기가 유입되면서 자연적으로 압축(compress)되도록 유도하고, 이 압축공기에 연료를 분사하여 추력을 얻는 원리이다. 이 엔진은 터보제트엔진의 압축기(compressor)라든지 터빈(turbine) 구성품이 없는 구조이다. 그러나 이 속도에 도달하기까지

▲ SR-71 고공 정찰기는 터보제트와 램제트 엔진의 조합으로 된 터보램제트 엔진을 탑재하고 있다.

최소한 약 640km/h 속도가 필요한 이유 때문에 로켓으로 발사하거나 또는 다른 비행체에서 분리시켜 자유낙하하면서 발진 속도에 도달할 수 있다. SR-71 고공 정찰기는 터보램제트엔진을 탑재하여 Mach 3의 속도까지 비행할 수 있었다.

미래형 항공기 동력장치의 필수요건은 소형 경량의 고출력을 생산할 수 있어야 한다. 예전에 인기를 끌었던 만화 영화의 주인공 "태권-V" 그리고 최근 영화에 등장한 "트랜스포머"를 기동시킬 수 있는 소형 제트엔진은 미래 항공기 엔진 개발을 위한 훌륭한 모델이 될 것이다. 동력장치의 소형화는 항공기 엔진뿐만 아니라 첨단 소재의 새로운 이론을 더욱 가속화하는 계기가 될 것이다. 결론적으로 반도체와 LCD 그리고 디지털 컴퓨터와 전자통신 기술력이 결합된 복합소재의 개발은 미래 항공기 개발에 선구적 역할을 할 수 있을 것이다. ✈

전투기 엔진 공기흡입구의 비밀 ……✈

민간 운송용 항공기의 제트엔진은 원형 혹은 약간 타원형으로 설계되어 있다. 항공기의 비행경로와 수평이 되었을 때 공기의 유실 없이 최대한 많은 양의 공기를 유입할 수 있도록 해 준다. 공기흡입구(air inlet)의 테두리와 전방 팬 사이에 있는 공간의 직경이 약간 확장되도록 설계되어 있다. 이것은 유입되는 공기의 속도를 낮추면서 압력을 증가시키기 위한 설계이다.

민간 항공기와 달리 초음속을 넘나드는 전투기의 공기흡입구는 초음속에서 발생하는 충격파(shock waves)를 최소화하고 적외선 레이더의 추적을 피할 수 있도록 설계되어야 한다.

초음속 전투기의 흡입구는 기술적으로 반드시 갖추어야 할 조건이 있다. 전투기가 비록 초음속으로 비행하고 있을지라도 압축기에 흡입되는 공기흐름의 속도는 반드시 아음속(subsonic)이어야 한다. 만약 초음속 공기흐름이 그대로 압축기에 유입될 때 압축기는 충격파의 영향을 받아 공기흐름은 심각하게 흩여져 압축기는 정상적인 기능을 하지 못하기 때문이다.

F-16, F-22, F/A-81 전투기의 전면에서 본 공기흡입구는 일반 항공기의 개념과 확실히 다르다는 것을 알 수 있다. 초음속 영역에서는 항공기의 어느 부분에서든지 공기흐름을 변화시키는 물체에 부딪치면서 충격파가 발생한다. 충격파에는 수직충격파(normal shock wave)와 원뿔 혹은 경사충격파의 형태가 있다. 수직충격파는 공기흐름 방향과 수직으로 형성되면서 이를 통과하는 후속 공기흐름 속도를 아음속으로 감속시키는 경향이 있고, 경사(2차원) 혹은 원뿔(3차원) 충격파는 초음속의 속도를 낮추는 특성을 갖는

다. 러시아제 혹은 북한에서 보유하고 있는 Mig-21은 공기흡입구 그리고 SR-71의 공기흡입구는 독특한 모양의 뾰쪽한 원뿔체(spike)가 돌출되어 있는 것을 볼 수 있다. 이들 뾰쪽한 부분과 흡입구의 원통 테두리에 경사충격파가 형성되면서 일차적으로 초음속 속도를 낮추고 다음 원통 내부를 통과하면서 수직충격파를 발생시켜 압축기에 유입되는 최종 공기흐름의 속도는 아음속으로 감소시킬 수 있도록 설계되어 있다.

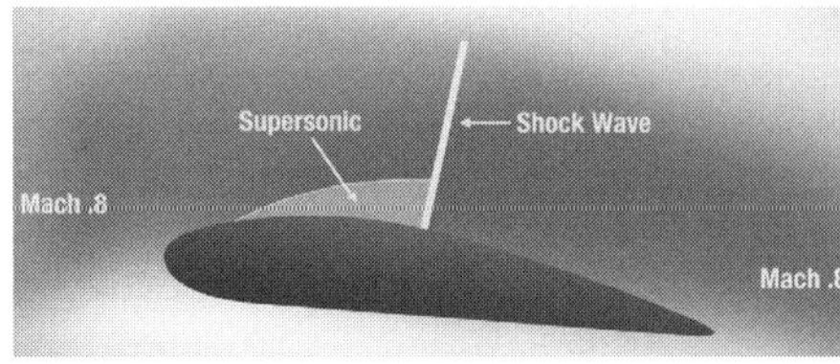

▲ 수직충격파가 발생하고 초음속 흐름이 충격파를 지나면서 아음속으로 감소된다.

F-16 전투기는 공중전을 위한 기동성(maneuverability)이 우수한 기종으로 공기흡입구는 상어아가리 모양이지만 윗부분 테두리는 아랫부분 테두리보다 더 앞쪽으로 돌출되어 있는 것을 볼 수 있다. 이것은 윗부분 테두리와 아랫부분 테두리(inlet lip)에서 경사충격파를 형성하여 일차 초음속을 감속시킨 후 내부에서 수직충격파를 발생시켜 최종적으로 아음속으로 감속한다.

F-15의 공기흡입구는 독특한 직사각형으로 설계되어 있고 이를 흡입구 램프(inlet ramp)라 한다. 공기흡입구 상부 내부에 2개의 수평 램프가 장착되어 있다. 속도가 초음속에 도달함에 따라 램프의 각도가 기울면서 경

▲ F-16 전투기의 공기흡입구는 고정되어 있지만 MIG-21은 속도에 따라 스파이크가 전후로 이동하면서 공기량을 조절한다.

사충격파(oblique shock wave)의 발생을 유도한다. 일차 경사충격파는 초음속의 속도를 낮추고 이차 경사충격파에서 더욱 낮춘 후 최종적으로 수직충격파 발생을 유도시켜 후속 공기흐름은 압축기에 도달하기 전에 아음속까지 감속시키는 원리가 적용되었다.

▲ F-15 전투기의 공기흡입구 설계

F-22와 F-35는 F-15와 달리 가변(variable) 공기흡입구를 사용하지 않고 구조적으로 기하적적 설계가 적용되었다. F-22는 마름모꼴 공기흡입구이고 F-35는 공기흡입구와 동체의 혼합체로 제작되었다. F-35의 공기흡입구의 동체가 불룩한 모양은 초음속 공기흐름을 아음속으로 낮추기 위한 설계이다. ✈

◀ F-22의 공기흡입구는 마름모꼴로 설계되어 공기의 유출을 최소화하고 초음속에서 공기흡입구로 유입되는 공기속도를 아음속으로 낮춘다.

◀ F-35의 공기흡입구는 동체의 불룩한 부분과 테두리의 기하학적 설계로 충격파의 속도를 조절할 수 있도록 설계되어 있다.

활주로 ······✈

비행기가 이륙 및 착륙하기 위해서는 반드시 일정거리의 활주로를 필요로 한다. 비행기가 이륙할 때 이륙 속도를 얻을 때까지 이륙활주(takeoff roll)할 수 있는 충분한 공간과 착륙할 때 활주로에 안전하게 착지 후 정지할 때까지 충분한 착륙활주(landing roll) 거리가 필요하기 때문이다.

비행기의 이착륙을 위한 제반 시설들을 갖추고 있는 곳을 공항 혹은 비행장(airfield)이라 한다. 비행기 이착륙에 필요한 기본 시설들은 활주로, 유도로(taxiway), 관제탑(control tower), 계류장(apron), 터미널 등이 있다. 활주로는 비행기 이착륙을 위한 기본시설이고 항공기의 총중량에 견딜 수 있도록 건설된다.

활주로의 길이 역시 운용되는 항공기 기종의 이착륙 성능에 따라 결정된다. 활주로의 양 끝을 보면 커다란 숫자가 새겨져 있다. 이는 활주로의 자북 방위각을 지시한다. 예를 들어 "RWY 6"이라는 것은 자북(magnetic north)을 기준으로 측정한 활주로 방위각이 060°라는 것을 지시하고 표기할 때는 일자리 숫자는 반올림하고 생략한다. 반대방향은 240°가 될 것이고 "RWY 24"와 같이 표기된다.

간혹 비행기에 대한 뉴스를 전할 때 기자의 보도 내용 중에 "비행기가 24번 활주로를 이용하여 이륙..."이라고 전할 때가 있다. 이를 정확하게 모르는 사람은 마치 24번째 활주로를 의미하는 것으로 착각할 수 있고 실제 많은 사람들이 그렇게 이해하고 있다. 활주로의 표면 역시 운용되는 기종에 따라 상이하고 경비행기나 경량 비행기는 흙으로 다져진 표면이나 고르게

▲ 활주로는 항공기의 이착륙을 위해서 지정된 공간이다. 따라서 활주로 연장선을 따라서 장애물로부터 철저히 보호되어야 한다. 바람방향에 따라 이착륙 방향이 결정된다. 활주로에는 노면표지(markings)와 함께 주변에 각종 표지판(signs)이 설치되어 있다. 조종사는 활주로 표지와 표지판에 대해서 확실하게 숙지하고 있어야 충돌사고를 방지할 수 있다. 예들 들어 노란색 갈매기가 그려진 구역은 비상시를 제외하고 진입해서는 안 된다. 긴 백색 화살표가 그려진 구역은 착륙을 제외하고 운용할 수 있는 구역이라는 것을 조종사는 확실하게 알아야 한다.

다져진 초지(soft field)에서 운용되기도 한다.

활주로 끝단에 여러 개의 막대선은 활주로의 시작 지점을 알리는 시단(threshold)이다. 실제 사용되는 활주로는 시단부터이다. 활주로를 연결해 주는 이동경로를 유도로라 하고 이륙이나 착륙을 위한 활주로로 지상이동(taxiing)시 활용된다. 활주로의 방향은 주로 바람의 영향을 고려하여 건설되고 규모가 큰 공항은 여러 개의 활주로가 있다. 공항에 따라 다수의 활주로가 평행하게 또는 교차되도록 건설된다.

공항이 복잡할수록 조종사와 관제사의 교신이 더욱 정확하게 이루어져야

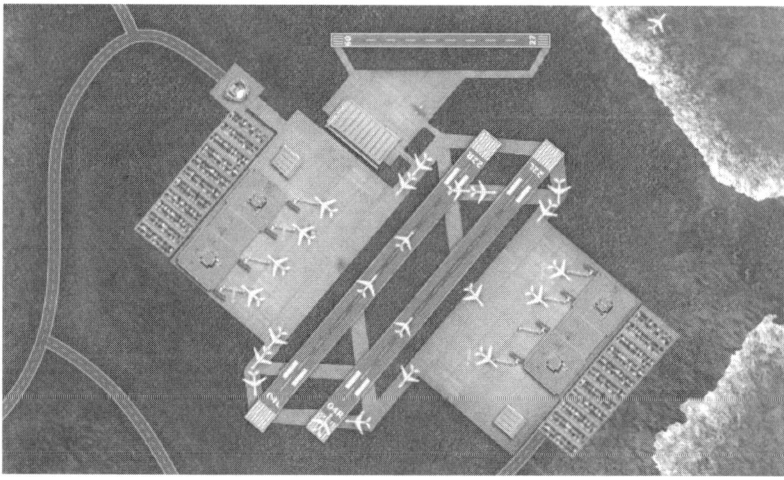

▲ 대형 항공기의 이착륙을 위한 2개의 활주로가 나란히 건설되어 있고 약간 떨어진 장소에 중소형 항공기의 운용을 위한 또 하나의 작은 활주로가 건설되어 있는 이상적인 모델이다. 고속 중대형 항공기와 저속 소형 항공기를 확실하게 분리할 수 있을 뿐만 아니라 작은 활주로는 지방공항을 잇는 중소형 항공기가 동시에 운용될 수 있다.

하기 때문에 초임 조종사에게는 심적 부담이 클 수 있다. 또한 이들 공항에서는 지상활주만을 전담하는 지상관제사(ground controller)가 별도로 임명되어 있다. ✈

공역과 항로 ……✈

도로망이 아무리 잘 발달되었다 할지라도 차량이 증가하면 체증이 발생하기 마련이며 이를 효율적으로 관리하고 소통을 원활히 하기 위해서 교통법규가 제정되듯이 항공기의 증가는 무한으로만 여겨졌던 하늘도 점점 복잡해지는 양상을 띠고 있다. 넓은 하늘을 효과적으로 관리하는 것을 공역관리(airspace management)라 한다. 따라서 효율적인 공역관리를 위해서 운용고도와 지역에 따라서 명칭이 부여되고 운용 조건들이 규정되어 있다.

인천국제공항과 같이 항공교통(air traffic)이 매우 복잡한 공역에 햇병아리 조종사가 끼어들면 대형 항공기의 운항이 지연될 뿐만 아니라 각종 사고의 원인이 될 수 있어 해당 공역에 진입할 수 있는 최저 자격기준을 제한하기도 한다.

항공교통이 매우 활발해지면서 효과적인 항공교통의 관리가 요구된다. 공역은 고도와 공항에 따라 관제공역과 비관제공역으로 구분된다. 관제공역(controlled airspace)이란 지상의 항공 교통시설과 교신(contact)을 유지하면서 공역을 활용하는 공역으로 반드시 규정된 규칙에 따라야 한다. 만약 이 규칙에 따르지 않으면 상응하는 제재를 받을 수 있다. 반면 비관제공역(uncontrolled airspace)은 단어의 의미대로 지상관제시설의 통제가 이루어지지 않는 공역으로 이 공역에서의 운용은 전적으로 조종사 자신이 책임진다. 이외에도 군용 항공기의 훈련 공역을 확보하기 위해서 군작전구역(military operations area; MOA)이 지정된다. 국토가 좁은 우리나라는 많은 공역이 군작전구역으로 지정되어 있다. 또한 국가의 중요시설을 보호하기 위해서 금

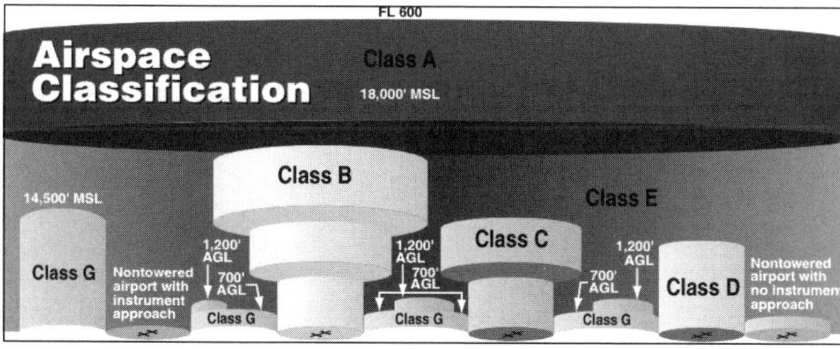

▲ 하늘이 모든 항공기에 무제한으로 허용되는 것은 아니다. 이 같은 근본 요인은 항공기의 절대적 증가에 있고 항공기 성능에 따른 범주가 크게 다르기 때문에 공역의 효율적 관리가 필수적이다. 예를 들어 초음속 항공기와 경량항공기가 공동으로 공역을 사용할 수 없기 때문이다. 통상 공역은 위의 그림과 같이 A, B, C, D, E등급 공역(관제공역)과 G등급 공역으로 분리된다. 여기서 G등급 공역이 비관제 공역이다.(공역 분류는 국가에 따라 다를 수 있음)

지구역과 제한구역(prohibited area and restricted area) 등이 지정된다.

어린 시절 높은 하늘을 날아가는 비행기를 보며 하늘에는 길이 있느니 없느니 하면서 언쟁을 했던 기억이 있다. 무한 공간에 무슨 길이 있겠느냐 하겠지만 길을 일정한 폭과 방향을 갖고 있는 경로(path)라고 한다면 하늘에는 비행기가 일정한 고도와 폭(altitude and width) 그리고 방향(direction)을 갖은 길, 즉 항로(route or airway)가 설정되어 있다. 항로의 설정은 전파(radio wave)의 특성을 활용한 길이라 할 수 있다. 정기적으로 특정 노선을 비행하는 여객기는 물론이고 순항항로를 이용하려는 조종사는 비행계획 수립시 원하는 비행고도, 순항항로(enroute)를 선정하여 관제사의 인가를 받고 레이더의 조력(radar vector)을 받아 순항항로에 진입한 후 자체 항법장비(own navigation equipment)를 이용하여 항로를 이용한다. 특정 지역의 무선 송신소(radio station)에서 송출하는 전파를 따라 직항로(direct route)가 개설되어 있다. 개설된 항로의 이용은 반드시 관제사와 긴밀한 협조 하에 이루어진다.

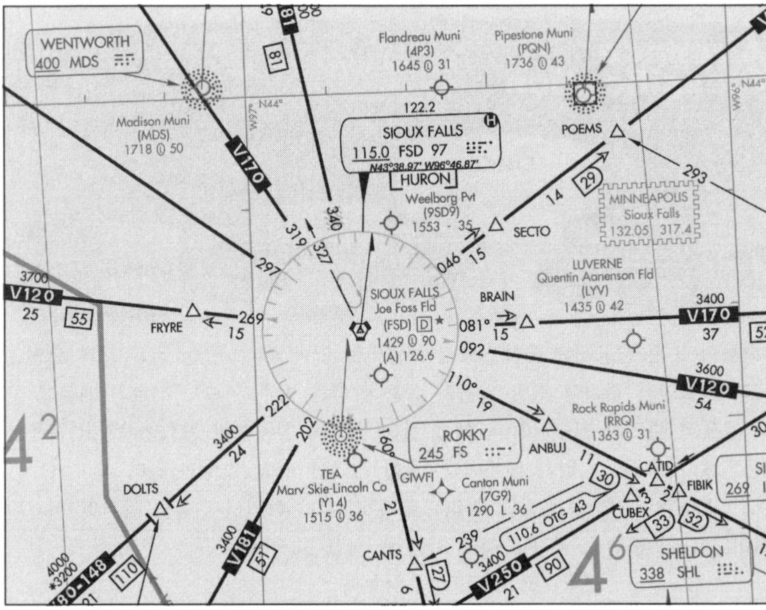

▲ IFR 비행에 사용되는 항로도이다. 이 항로는 고도, 폭, 그리고 방향이 지정되어 있는 엄연한 하늘의 길이다. 복잡해 보이지만 "항공도 범례집"과 항공지식을 함께 한다면 그리 어려운 것도 아니다.

그러나 시계비행을 하는 조종사는 비행로를 임의로 선정하여 비행할 수 있어 저고도에서 시계비행하는 조종사는 일정한 비행로를 따라 비행한다고 볼 수 없다. 항공기의 수가 증가하면서 항공교통도 복잡해져 가고 있는 추세이고, 상호간의 공중충돌을 방지하기 위해서 계기비행(IFR) 또는 시계비행(VFR) 방식에 따라 그리고 비행방향에 따라 고도를 분리하고 있다. 예를 들어 지표면으로부터 고도 3,000피트(AGL) 이상에서 시계

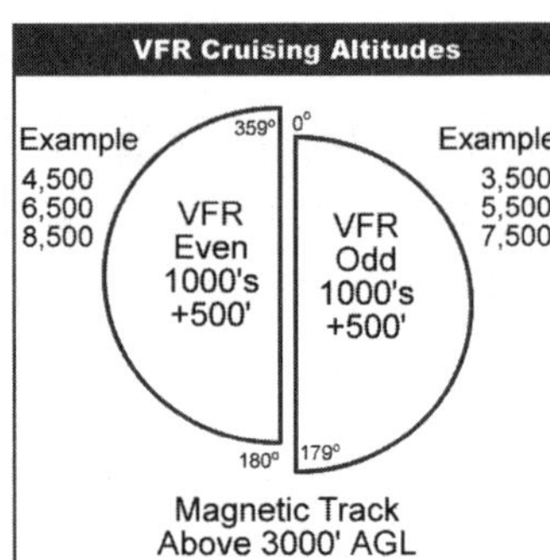

▲ VFR 반구규칙

▲ KADIZ(방공식별구역)는 60여년 만에 이어도 상공까지 확대되었다.

비행하는 항공기의 자북항적(magnetic track) 기수방위가 0~179°까지는 홀수 천 단위에 500피트를 더해 준 고도(3,500, 5,500..)로 비행하고 180~359°에서 비행하는 항공기는 짝수(even) 천 단위에 500피트를 더한 고도(4,500, 6,500..)로 비행해야 한다. 계기비행 항공기는 기수방위 0~179°까지는 홀수(odd) 천 단위 고도(3,000, 5,000..)로 비행해야 하고 기수방위180~359°에서 비행하는 항공기는 짝수 천 단위 고도(4,000, 6,000..)로 비행해야 하는 반구규칙(hemispherical rules)을 지켜야 한다. 비행방향에 따라 고도를 분리함으로써 공중에서 발생할 수 있는 사고를 미연에 방지하는데 기여한다. ✈

비행금지구역과 섬광등 ……✈

몇 해 전 백악관(white house) 정원에 경비행기가 추락하는 사고가 발생하여 대통령 경호에 대한 상당한 논란이 일어났던 적이 있다. 비행기가 일단 공중에 뜨면 어디든지 비행할 수 있다. 그러나 한 국가의 대통령이 집무하는 지역에 아무 제한 없이 비행하게 방치한다면 불순한 목적을 갖고 접근시는 통제가 매우 어려울 수 있다.

특히 북한과 지리적으로 매우 가까운 위치에 있으면서 군사적 대치 상황에서의 통제는 더욱 엄격할 수밖에 없다. 따라서 대통령 집무실이나 국가적으로 매우 중요한 위치에 있는 장소는 반드시 비행금지구역(prohibited area)으로 지정되어 비행이 금지된다. 수년 전에도 민간 항공기가 청와대 주변의 비행금지구역으로 잘못 진입하여 주변 방공포의 사격을 받기도 했다.

어느 경우든 비행금지구역은 무제한 고도(unlimited altitude)로 비행이 금지되고 이 지역으로 접근하거나 무단 침범시는 그 지역을 보호하고 있는 방공화기(air defense artillery)의 사격을 받을 수 있다. 따라서 조종사라면 이 같은 규정을 철저히 준수해야 할 의무가 있다. 비행금지구역에 준하는 제한구역(restricted area)이 설정되고, 이 지역은 공중화력, 포병화력, 또는 유도미사일(guided missile) 등의 사격이 진행되는 지역으로 이 지역을 비행시는 반드시 해당 기관의 승인 하에 비행해야 한다. 비행금지구역에 대해서는 각종 항공도(aeronautical chart)에 해당 지역이 표기되어 있기 때문에 해당 지역 근처를 비행하는 조종사는 반드시 항법 절차에 대한 철저한 검토가 요구된다.

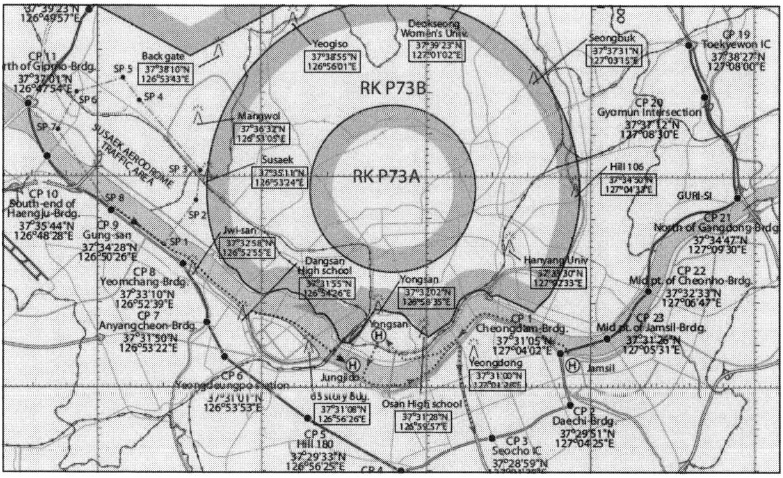

▲ 모든 국가에서는 국가안보 차원에서 항공기의 접근을 금지하고 있는 구역이 설정되어 있다. 조종사는 이들 공역을 회피해서 운항해야 하고 부주의로 침범했을 때 경고음 때로는 경고사격까지 받을 수 있다.

비행기에는 해당 비행금지구역을 보호하기 위한 무선채널이 설정되어 있으며, 인근 지역을 비행하는 조종사는 반드시 보호채널(guard channel)에 동조하여 청취하면서 비행해야 한다. 무의식적으로 비행금지구역으로 접근하면 레이더에서 이를 식별하고 보호채널에서 현재 어느 위치에서 어느 방향으로 비행하는 항공기는 비행금지구역을 침범할 가능성이 있음으로 즉시 비행 방향을 전환할 것을 경고한다. 이 같은 경고를 무시하고 계속 침범시는 불법 항공기로 간주되어 추적을 받는다. 비행금지구역은 레이더에서 철저히 보호하고 있으며, 인근 지역으로 우회 비행하는 항공기를 위해서 시계비행로를 설정해 놓았다. 시계비행로는 공중에서 식별이 양호한 지형을 선정하여 조종사가 쉽게 식별할 수 있도록 하였다.

야간 비행하는 조종사를 위해서 시계비행로의 경계를 따라서 강한 백색의 섬광등(strobe lights)을 설치해 놓음으로써 공중에서 주변의 불빛과 대조하여 식별이 용이하도록 하였다. 올림픽 도로를 이용하여 주행중 국회 의사

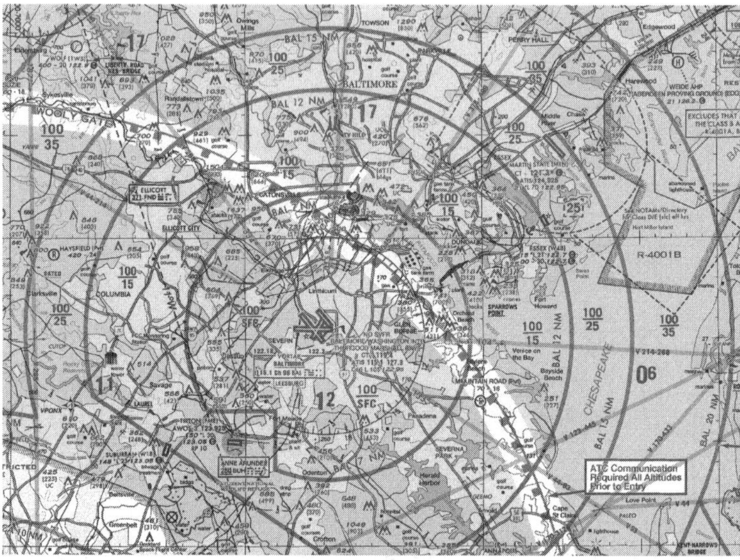

▲ 전형적인 VFR 항공도이다. 항공도는 경량항공기 조종사에서부터 운송용 조종사까지 완전하게 익숙해 있어야 한다. 일반 지형도에 항공기 운항에 적절한 정보와 범례들로 구성되어 있다.

당 주변이나 한강로 선상에 강한 백색 불빛이 번쩍거리는 것이 시계비행로(visual flight route)의 위치를 나타내는 백색 섬광등이다. 인근 지역을 비행하는 조종사는 비행금지구역을 침범하지 않도록 세심한 주의가 요구된다. ✈

트랜스폰더 ·······✈

레이더(radar)는 지상에서 전파를 발사하여 공중의 목표물(target)에 부딪힌 전파가 지상에 되돌아오는 반사파(echo)를 이용하여 목표까지의 거리와 고도 그리고 방위각(altitude and bearing)을 산출한다. 이 형태의 레이더를 1차 레이더(primary radar)라 한다. 1차 감시 레이더는 군사적 목적뿐만 아니라 민간항공에서도 없어서는 안 될 필수 장비이다. 민간항공의 증가와 더불어 레이더가 민간 항공기를 관제하는 시스템에 적용했을 때 다수의 항공기가 레이더 스코프에 나타나면 그 중 어느 항공기가 관제사와 교신을 원하는지 판단이 매우 곤란하다.

이 같은 1차 감시 레이더의 제한을 극복하고 도움을 원하는 비행기를 신속하게 판단할 수 있도록 고안된 형태의 레이더를 2차 감시레이더 시스템(secondary surveillance radar; SSR)이라 한다. SSR은 항공기에서 송출하는 일정 형태의 전기적 신호를 받아 레이더 스코프에 항공기 호출번호와 기수방위가 자동적으로 나타난다. 이 중에서 특정 항공기의 위치를 식별하고자 할 때 관제사는 조종사와 교신하여 항공기에 장착되어 있는 식별기(identifier)에 특정 숫자를 지시하고 식별 버튼을 작동시킬 것을 요청한다.

...Cessna ... squawk one two three four and ident...
(*세스나... 식별코드 1234를 장입하고 식별버튼을 누르시오...*)

조종사는 관제사의 지시를 받아 트랜스폰더 코드(transponder code)를 맞

▲ 트랜스폰더는 발신기-응답기의 합성어로 무선 주파수의 질문에 반응할 수 있도록 설계된 전자기기이다. 트랜스폰더를 장착한 항공기는 항공관제 레이더에 항공기의 고도, 방위를 식별할 수 있음으로 공중충돌을 조기에 방지하는 데 매우 효과적이다. VFR 비행을 위한 트랜스폰더 코드는 1200이다.

추고 식별버튼을 누르면 레이더 스코프에 강한 불빛이 번쩍거린다. 관제사는 레이더 스코프에 나타난 여러 대의 항공기 중 번쩍이는 불빛을 확인하여 도움을 요청하는 항공기를 쉽게 식별하고 조종사가 원하는 도움을 받을 수 있다. 이 같은 트랜스폰더 코드는 비상상황(emergency situation)에 처한 항공기, 혹은 무선통신두절(radio communication failure) 항공기 그리고 피랍(hijacking) 항공기를 위한 코드가 지정되어 있다. 조종사는 이들 특별 코드가 무의적으로 맞추어지지 않도록 각별히 주의해야 한다. ✈

안개는 왜 위험한가? ……✈

별 빛 조차도 없는 캄캄한 밤에 비행기는 문제없이 이착륙을 실시한다. 그런데 주간임에도 불구하고 안개(fog)가 짙게 낀 시간에는 비행이 금지되는 이유는 무엇인가? 대부분 1,000피트 이하의 낮은 고도에서 발생하는 안개는 주로 지면복사 현상에 의해서 발생하고 태양열에 의해서 증발될 때까지 지속된다.

이 같은 복사안개(radiation fog)는 초저녁에 형성되기 시작하여 새벽녘에 가장 짙은 안개로 발생하는 경향이 있다. 이른 아침 출근할 때 특히 강변 지역을 운행하는 운전자의 시야를 가로막는 것이 복사안개의 한 종류이다. 안개 지역을 운행해 본 경험이 있는 사람은 모두 느껴 본 사실이지만 전조등을 켜도 불빛이 직진하지 못한다는 것을 알 수 있다.

안개는 시야를 매우 제한하기 때문에 이로 인한 추돌 사고가 빈번하게 발생할 수 있다. 얼마 전 외신을 타고 200여 대의 자동차가 추돌하는 사고가 발생했는데 사고의 원인은 바로 안개로 인한 시계 불량이다. 빛은 직진과 반사되는 특성을 갖고 있다. 대기 현상으로 발생한 안개는 수증기의 형태로 공중에 떠 있기 때문에 빛이 안개를 투과하지 못하고 반사(reflected)되어 사방으로 퍼지기 때문에 운전자 또는 조종사의 시야를 제한한다. 안개가 짙게 낀 날에는 단 몇 미터 전방도 식별할 수 없을 정도가 되어 조종사의 정확한 판단력과 순발력이 요구되는 이착륙에 상당한 지장을 초래하여 대체공항으로 회항하게 된다.

이착륙시 안개가 항공기 운항에 지장을 초래한다면 공중에서는 어떨까?

▲ 안개는 미세한 물방울로 이루어져 있고 빛을 반사 및 산란시켜 아무리 강한 불빛을 비추어도 멀리 직진하지 못한다. 주간이라 할지라도 짙은 안개가 끼었을 때 항공기 운항에 지장을 초래할 수 있다.

항공기 이착륙에 지장을 초래할 정도의 매우 짙은 안개 지역에서 이착륙이 아닌 공중에서의 비행도 지장을 받는가 하는 의문이 생길 수 있으나, 공중에서 안개나 구름은 순항비행하는 데 지장을 초래하지 않는다. 맑은 지역에서의 비행방법과 안개나 구름 속에서의 비행방법이 다르다. 조종사가 지표면을 확인할 수 있는 상태에서 비행하는 방법을 시계비행(VFR)이라 한다면 안개나 구름으로 인하여 외부의 물체를 육안으로 식별할 수 없는 상태에서의 비행방식을 계기비행(IFR)이라 한다. 경항공기 조종사가 안개나 낮은 구름 지역을 회피하기 위해서 항로를 수정하거나 고도를 높여 통과해야 한다. 그러나 계기비행에 숙달되어 있다면 항로 변경이나 고도의 변화 없이 안개나 구름을 뚫고 비행할 수 있다. ✈

비행착각 ······✈

신체의 감각기관 중 시각이 중요한 기능을 담당하면서 만약 눈이 외부의 시각 참조물(visual references)을 확인하는데 제한을 받게 되면 신체의 감각기관은 다양한 형태의 착각(illusions)을 일으킨다.

"시계가 제한된 상황에서 신체의 감각기관은 똑바로 서 있으나 계기가 경사를 지시한다면 어느 것을 믿으시겠습니까?"

정상적인 사람이라면 자신의 감각(senses)을 믿는 것이 당연할 것이다. 그러나 공중에서 항공기에 몸을 싣고 있을 때는 다르다. 신체의 평형은 귓속에 있는 3개의 반원관의 상호작용에 의해서 몸의 균형을 유지하고 있다. 정상정인 생활 중 이 감각기관은 스스로의 상태를 판단할 수 있도록 작용하나 일정 시간 동안 지속된 운동에는 감각기관이 그 운동 상태에 안정되고 갑자기 원래의 상태로 돌아왔을 때 감각기관이 미쳐 따라 주지 못하기 때문에 착각이 발생할 수 있다.

조종사에게 비행착각은 매우 치명적이다. 이 같은 착각은 조종사로 하여금 당황하게 만들고 당황한 조종사의 조종은 매우 거칠어지고 조종량도 커질 뿐 아니라 더욱 위험한 것은 반대의 조작을 한다는 것이다. 왜냐하면 계기의 지시와 신체의 감각기관 지시가 일치하지 않기 때문이다. 따라서 전문직업 조종사에게 지속적으로 계기비행훈련을 받아야 하는 이유가 여기에 있다. 공간정위상실(spiral disorientation)은 주로 항공기 조종사 혹은 수상 다이버들이 경험할 수 있는 공간에서 자신의 신체 위치를 정확하게 결정할 수 없는 현상이다. 특히 시계(field of view)가 차단된 구름 속이라든지 해상

▲ 비행착각이 위험한 것은 조종간을 잡고 있는 조종사는 자신의 감각이 맞는다고 생각하여 위험을 벗어나기 위한 필사적의 힘으로 항공기를 조종하여 순식간에 위험에 빠뜨려 회복이 불가능한 치명적 상황을 스스로 유발하기 때문이다. 비행착각이 모든 조종사에게 발생할 수 있음을 인지하고 이를 사전에 예방할 수 있도록 훈련되어야 한다.

비행 또는 야간비행 중 비행착각이 발생했을 때 치명적이다.

시계비행 조종사는 계기비행이 요구되는 상황에서 비행을 금할 것을 강력히 권장하는 이유이다. 실제 시계비행 혹은 계기비행을 명확하게 결정하기 애매한 기상상태에서 상당수의 시계비행 조종사들은 부여 받은 임무를 수행하기 위한 비행을 결정하고 있는 것으로 알려져 있다. 이것은 치명적 사고가 발생하기 전에는 조종사의 정확한 결심 사항이 밝혀지기 어렵기 때문이지만 사고는 규정을 위반한 비행에서 더욱 가능성이 높아진다는 것은 그 동안 많은 사고사례가 입증해 주고 있다.

얼마 전 공군의 전투기와 육군 헬리콥터의 사고원인이 비행착각에 의한 것으로 공식 발표 되었다. 항공기의 사고가 발생할 때마다 빠지지 않고 거론되는 원인 중 하나가 비행착각에 의한 사고발생의 가능성이다.

일반적으로 착각 현상이 마치 조종사에게만 발생하는 현상들 중 하나로 알려져 있지만 실제 착각 현상은 모든 사람들에게 발생한다. 다만, 그 정도가 약하고 직립보행의 조건에서는 거의 드물게 발생할 뿐이다.

[사례1] 일반적으로 경험해 볼 수 있는 착각 현상은 코끼리 코잡이 놀이와 같이 수회를 회전한 후 일어섰을 때 땅이 움직이는 현상을 느낄 수 있다. 그러나 땅이 움직이는 것이 아니고 두뇌에서 평형과 방향감각을 주도하는 기관에서 착각을 일으키는 것이다.

[사례2] 물이 빠르게 흐르고 있는 강을 건널 때 결코 흐르는 물을 보지 말 것을 강조한다. 보통 사람이라면 물의 깊이를 확인하기 위해서 흐르는 물을 보게 될 것이고 여기서 치명적인 시각적 착각을 일으킬 수 있는 조건이 형성된다. 다시 말해서 눈의 초점(focus)이 깊이를 확인하기 위해서 바닥을 내려 보았지만 순간적으로 초점이 흐르는 물로 제한되면서 물이 흐르는 것이 아니라 자신이 움직이는 듯한 착각을 일으키게 된다. 순간 몸을 바로 잡기 위한 행동은 실제 몸의 중심을 잃으면서 물의 흐름에 의한 것이 아니라 스스로 쓰러지는 현상은 전형적인 착각의 한 사례이다.

[사례3] 어느 위치에서든지 똑바른 자세로 서있다고 가정해 보자. 이 상태에서 몸은 정확하게 좌우전후 무게중심이 중력중심과 정확하게 균형을 이루고 있다. 몸을 옆으로 기울였을 때 몸이 기울어졌음을 즉각 인지할 수 있다. 몸이 기울어 있다는 것은 눈으로 다른 사물과 비교했을 때 인지할 수 있다. 또 다른 방법은 몸이 어느 한쪽으로 기울면서 무게중심의 균형이 기울면서 기운 쪽의 발바닥(*조종실에 앉아 있는 조종사에게는 엉덩이 감각*)이 더 무게가 실리면서 기울어졌다는 것을 인지하게 될 것이다. 이것은 신체의 감각기관에 의한 인지이다.

이번에는 눈을 감은 상태에서 동일한 실험을 했다면 몸을 기울였을 때 시각은 인지할 수 없지만 몸의 무게중심이 중력 중심을 벗어나면서 발바닥 감각(엉덩이 감각)으로 기울었음을 감지하게 된다. 여기서 중요한 사실은 몸의 무게중심과 중력 중심과의 관계이다. 만약 시각 기능을 제한하고 무게중심과 중력 중심의 위치를 임의로 왜곡시켰을 때 인간의 감각기관은 왜곡된 방향을 정자세로 인지하게 될 것이다. 무게중심과 중력방향을 변화시킬 수 있는 요인은 원심력(centrifugal force)이다. 비행 중인 항공기는 기동에 따라 3차원 공간적 원심력이 작용한다.

앞의 사례에서 두 발이 땅에 닿아 있는 상태이지만 항공기는 공중에 떠 있는 상태이기 때문에 정속(unaccelerated) 수평비행시를 제외한 증감속, 상승 및 강하, 선회기동은 이 같은 3차원 공간적 원심력 발생으로 인해서 무게중심과 중력 중심의 심각한 왜곡 현상을 일으키게 된다. 비행착각의 위험성은 다음과 같다.

첫째, 비행착각이 치명적인 이유는 비행착각에 빠진 조종사는 판단력이 마비되어 역조작을 한다. 예를 들어 제자리에 서있는 상태에서 몇 바퀴를 회전한 후 정지하면 비록 회전을 정지하고 서있을 지라도 계속 회전하고 있는 듯한 감각을 느끼게 된다. 만약 이를 의식하지 않은 상태라고 가정했다면 당신은 어떤 행동을 할 것으로 예측할 수 있는가? 더 이상의 회전을 중지시키기 위해서 반대방향으로 행동을 취하게 될 것이다. 이것이 착각현상으로 인한 반대의 행위를 하는 것으로 매우 치명적이다.

둘째, 순간적으로 비행착각의 위험성을 인지했을 때 조종간을 잡고 있는 조종사는 위험을 벗어나기 위한 거친 조작을 하거나 초인적인 힘으로 조종간을 흔들었을 때 조종장치의 기계적 반응이 따라가지 못하는 심각한 조종지연 혹은 진자효과가 발생된다.

셋째, 복합적 사고요인의 결합으로 심각한 비행착각을 인지하지 못할 수도 있고 적절한 회복 타이밍의 상실은 치명적 사고로 이어진다. 대부분의 비행착각이 시계가 제한되거나 아니면 빠른 움직임으로 인한 시각적 착시현상이 착각으로 이어지면서 수초 내에 모든 것이 종료된다는 점은 회복 시기의 중요성을 말해준다. 항공기 유형에 따라 속도와 기동의 형태가 다를 수 있기 때문에 비행착각의 발생 유형도 다르게 나타날 수 있다.

전투기는 안정성보다는 높은 기동성(maneuverability)을 위주로 설계되어 항공기 고유의 안정성(stability)이 떨어진다. 예를 들어 돌풍(gust)이라든지 인위적 조종에 의해서 자세가 기울어졌을 때 항공기 자체의 운동으로 안정성을 회복할 수 있는 능력이 부족하기 때문에 조종사가 이를 수정해 주어야 한다.

또 롤링 기동(rolling maneuver)을 한다고 했을 때 공중에서는 지상과 달리 신체의 어느 부분도 고정되어 있지 않고 공중에 떠 있는 상태여서 롤링을 하고 정지를 했지만 계속 같은 방향으로 롤링하는 것 같은 착각에 빠지게 되고 이를 중지시키기 위한 조종사는 롤링 반대방향으로 다시 롤링을 하게 된다.

지상에서 착각은 다른 고정물체와 비교함으로써 쉽게 회복되지만 공중에서는 고정물체가 거의 없어 더욱 회복이 어렵고 착각에서 벗어나기 위한 또 다른 기동은 급조작으로 스스로 위험에 빠지게 된다. 같은 맥락에서 급상승 중에 급격한 수평비행으로의 전환은 마치 뒤로 넘어가는 듯한 착각에 빠지기 쉽고 이 착각에 빠진 조종사는 이를 벗어나기 위해서 급격히 조종간을 앞으로 밀게 될 것이나 이미 수평비행 혹은 강하 중인 항공기는 더욱 급강하 상태에 놓이게 된다. 물론 이 같은 비행착각은 전투기동을 주로 수행하는 전투기 혹은 곡예비행 조종사들에게 흔히 발생할 수 있는 현상들이기 때문에 이를 극복하기 위한 고강도의 훈련이 요구된다.

현대의 전투기는 초음속 비행을 수행하면서 다양한 조종실 업무를 수행한다. 높은 아음속 또는 초음속 비행 상태에서 3차원 공간적 원심력이 작용하는 상태에서 지상 근접과 조종성에 집중, 표적탐지 및 추적, 지상시설과 교신, 혹은 적 레이더 회피를 위한 기동 등 조종사가 어느 한 업무에 집중되어 있을 때 비행착각에 빠진 것 자체를 인지하지 못할 수도 있다.

최신형 전투기에는 조종사의 비행착각에 대비해서 항공기가 자동으로 수평비행 혹은 정적 안정성을 회복할 수 있는 장치가 되어 있지만 전투기동이 고도가 충분히 확보되지 않았거나 다른 복합적 요인이 함께 작용했을 때는 아무리 첨단 항공기라 할지라도 사고 개연성이 높아질 수 있다.

때문에 전투기들의 높은 공기하중(air load)에 견딜 수 있는 구조적 성능은 계속 발전하고 있다. 아울러 이들 항공기에 대항할 수 있는 지상화력이

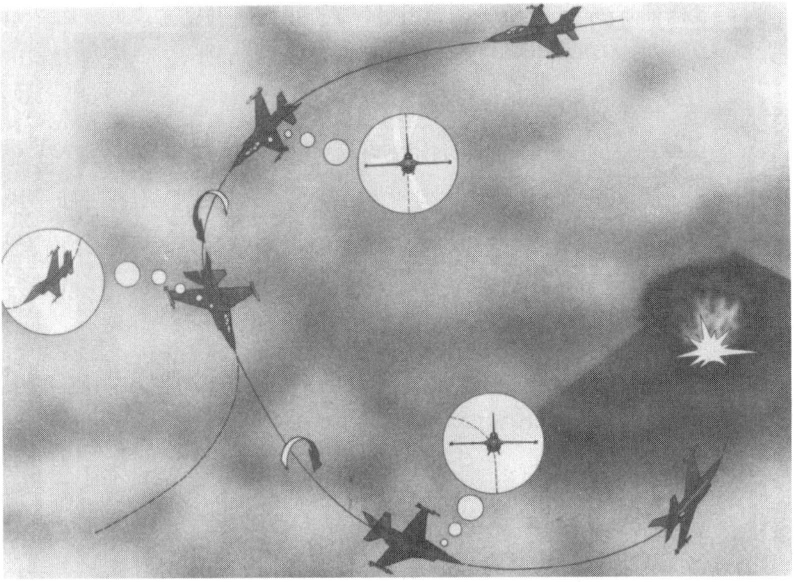

▲ 전투기 조종사의 비행착각은 빠른 기동과 조화된 롤링 그리고 피칭은 조종사의 심각한 비행착각을 일으키는 원인이다.

나 상대방 항공기의 전력 역시 계속해서 발전하고 있는 추세에서 결국은 인간 조종사 능력의 한계점에 거의 도달했다는 공통된 결론에 도달하게 되면서 인간 두뇌를 가진 무인항공기(unmanned aerial vehicle; UAV)의 개발에 눈을 돌리고 있는 것은 결코 우연이 아닐 것이다.

일반적으로 상업용 항공기는 기동성보다는 안정성을 최우선으로 설계되고 자동조종장치(autopilot) 및 급격한 자세의 변화를 경고해 주는 다양한 첨단 장치들을 갖추고 있어 조종사가 비행착각에 빠질 가능성을 최소화하고 있지만 완전히 배제할 수는 없다.

저속으로 비행하는 일반항공의 비행기들은 급기동을 금지하고 있고 시정이 양호한 상태에서 비행하기 때문에 비교적 비행착각에 빠질 가능성은 높지 않다. 그러나 야간비행이라든지 특히 착지단계에서 자세변경(flare) 조작 중 지면을 보는 순간 조종성을 상실할 수 있는 착각에 빠질 위험이 있다.

헬리콥터는 저속으로 비행하기 때문에 비행착각이 발생하지 않을까 하는데 그렇지 않다. 차량을 운전해 본 사람은 누구나 초보운전 과정이 있을 것이다. 초보 운전자는 공통적으로 약간의 두려움이 있어 운전할 때 시야를 차량 앞쪽에 초점을 두는 경향(tunnel vision)이 있다. 이는 매우 위험한 행동으로 시선을 멀리 보라는 조언을 받았던 경험이 있을 것이다. 만약 눈의 초점을 차량 엔진 덮개 앞의 도로를 주시했을 때 순간적으로 시각적 착각을 일으킬 수 있다. 다시 말해서 차량이 움직이는 것이 아니라 도로가 움직이는 듯한 착각에 빠질 수 있다.

헬리콥터의 야간 제자리비행(night hovering) 이동 중 시계가 매우 제한되어 이동 중 지면을 보았을 때 예상보다 빠르게 이동하고 있는 착각을 일으킬 수 있다. 눈이나 혹은 먼지가 일어날 수 있는 착륙장에 착륙 중 주회전날개(main rotor blade)의 하강풍(downwash)으로 눈보라 혹은 먼지 속에서 순간적으로 자세를 상실할 수 있는 착각에 빠질 수 있다.

헬리콥터는 저속저공으로 비행하기 때문에 하얀 눈으로 덮인 지형이라든지 장거리 해상비행은 이 같은 비행착각에 쉽게 빠질 수 있다. 헬리콥터는 본질적으로 가로 및 세로축이 짧아 비행기에 비해서 피칭 및 롤링에 취약할 수밖에 없는 구조적 단점을 갖고 있다는 점에 항상 주의해야 한다.

결론적으로 항공기 사고는 치명적이고 때로는 국가적 항공안전신인도의 척도이기도 하다. 이에 민간 항공회사들은 회사의 사활을 걸 정도로 외국의 항공안전 전문가들을 영입하여 항공안전의 중요성을 강조하고 특히 항공기를 직접 조종하는 조종사들이 최적의 조건에서 비행할 수 있도록 지속적인 교육과 감독 그리고 복지 등을 높여 항공안전을 향상시켜 나가고 있다. 군이라는 특수성을 감안한다 해도 그 어느 것도 항공안전보다 우선시 될 수는 없다. 필요하다면 민간 항공안전 전문가를 초빙하거나 외국군의 항공안전 전문가의 진단을 받아 또 다른 비전투 사고(noncombat loss)로 인한 비극이 계속되지 않도록 보다 적극적이고 지속적인 노력이 필요하다. ✈

시계비행과 계기비행 ……✈

항공기 성능(performance)이 제한되었던 초기에는 특별한 비행방식 없이 조종사가 눈으로 지형을 확인하면서 비행하였다. 그러다보니 구름이 낮게 형성되었거나 안개 등으로 시계(field of view)가 매우 불량할 때는 비행할 수 없다.

시계비행(visual flight rule; VFR)이란 조종사가 외부의 참조물을 볼 수 있는 기상상황 하에서 비행하는 절차이다. 만약 조종사가 외부의 시각 참조물을 눈으로 확인할 수 없을 때 눈은 다양한 형태의 착각을 일으키기 때문에 매우 위험한 상황에 처할 수 있다. 따라서 시계비행 조종사는 제한된 시정과 구름 높이 이상의 기상상태에서만 비행이 가능하기 때문에 많은 제한을 받는다.

계기비행(instrument flight rule; IFR)은 무선의 발달과 함께 전파의 특성을 이용한 항법이 개발되고 항공기 성능 역시 증대되면서 기상현상으로 인한 비행 제한을 최소화하고 있다. 무선 송신소에서 송출한 전파를 수신하여 목적지 공항까지 안전하게 비행할 수 있다. 지상에서 항공기의 항법에 도움을 줄 수 있도록 전파를 발사하고 항로를 유도해 주는 제반 시설을 항법보조시설(navigational aids; NAVAID)이라 한다. 민간항공에서 항공기의 항로를 유도해 주는 항법보조시설에는 VOR과 NDB 송신소가 있으며 일반 상업용 방송국에서 송출하는 전파를 이용하기도 한다. 이들 시설의 근본적인 차이는 전파의 특성이다. 예를 들어 VOR 시설은 주파수 변조(frequency modulation; FM) 방식인 초단파(VHF)를 활용하고 NDB 또는 일반 상업용 방

▲ 구름 속에서 시계비행은 불가능하다. 특히 고도가 낮아지고 있다면 주변의 장애물과 충돌 가능성이 높아져 무리하게 접근을 시도했을 때 매우 위험한 상황이 전개될 수 있다. 저고도에 짙은 안개 또는 구름 속에서 활주로 및 활주로 접근등화시설을 볼 수 없는 상황에서 계기비행으로 접근하고 있다. 계기접근이라 할지라도 항공기의 성능과 활주로에 설치되어 있는 계기접근시설에 따라 최저로 강하할 수 있는 고도가 결정된다. 최신 항공기와 최고의 계기접근시설을 갖춘 국제공항에서는 활주로 표면까지 항공기를 유도해 준다.

송국에서 송출하는 전파는 진폭 변조(amplitude modulation; AM) 방식을 활용한다.

일반적으로 항법 및 무선통신에는 VHF가 주로 활용된다. VHF는 가시선(line of sight)의 영향을 받으나 매우 신뢰할 수 있는 전파를 수신할 수 있으며, 기상현상으로 인해서 발생할 수 있는 정전기(static electricity)의 영향을 받지 않기 때문에 신뢰할 수 있는 항법 신호를 수신할 수 있다. 가시선이란 송신소와 시선거리에 위치해야 한다는 것을 의미하고 산이나 건물 등에 가려져 있을 때 전파는 반사(reflection)되기 때문에 전파가 차단된다. 반면에 NDB나 방송국에서 송출하는 AM 전파는 파장으로 확산되기 때문에 통달거리(range)가 매우 크나 기상현상에 의한 정전기의 영향을 받기 때문에 VHF 신호에 비해서 신뢰성이 떨어진다. 어느 종류의 항법보조시설을 사용할 것인가는 해당지역의 항법시설과 항공기에 장착되어 있는 항법용 계기

▲ 이 항공기는 오른쪽에 2개의 VOR 계기와 1개의 ADF 계기를 갖추고 있다.

에 달려 있다.

비행의 기본은 시계비행이다. 시계비행으로 지상 참고점과 비행기 자세를 익히고 시계비행에 의한 비행자세(flight attitude)를 익힌 후 한 차원 높은 계기비행 훈련에 들어갈 수 있다. 처음부터 계기비행을 훈련할 수 없으며, 시계비행과 계기비행은 상당한 차이가 있고 별도의 계기비행 지식과 계기비행 훈련 및 한정(rating)을 받아야 계기비행이 가능하다. ✈

비행 중 시계비행에서 계기비행으로 전환 ……✈

기본적으로 계기비행규칙은 관제기관(control facility)의 도움을 받아 이륙에서부터 착륙까지 관제기관과 함께 하기 때문에 어느 면에서나 항공안전에 유리하다. 계기비행규칙(IFR)을 쉽게 설명하면 출발 공항에서부터 목적지 공항까지의 항로와 고도를 예약(reservation)하는 것이다. 따라서 조종사는 사전에 비행계획서를 관제기관에 제출하여야 하고, 이를 접수받은 관제기관에서는 조종사가 원하는 시간, 속도, 항로와 고도가 다른 항공기와 겹치지 않는 한 조종사가 요청한 대로 비행계획을 승인한다.

계기비행규칙에 따라 비행하겠다고 승인을 받은 조종사는 계획된 시간에 이륙해야 하고 순항고도까지 상승한 다음 계획된 속도로 지정된 항로를 유지해서 목적지까지 비행해야 한다. 지상 관제기관에서는 중간 중간 항공기로부터 위치보고(position report)를 받아 항공기의 위치를 확인하고 만약 주변에 다른 항공기가 접근하고 있다면 교통경고(traffic alert)를 제공하여 회피기동을 할 수 있도록 유도한다.

계기비행이라고 해서 반드시 구름이 낀 상태에서의 비행을 의미하는 것은 아니다. 실제 A등급 공역에서는 VFR 비행이 승인되지 않고 의무적으로 IFR 비행만 승인된다. 그러나 일반인들에게 약간 오해의 소지가 있는 점에 대해서 설명한다. 계기비행을 정확하게 표현하자면 계기비행규칙(IFR)이지만 통상 자세계기비행(attitude instrument flying)과 혼동할 수 있다. 자세계기비행이란 구름 혹은 안개로 시정이 불량한 상황에서 계기만을 보면서 비행하는 비행기술이다. 자세계기비행은 시계비행 조종사의 평가과정에도 일부 포함되어 있다. 이것은 시계비행 조종사가 부주의하게 또는 불가피하게 구름을 뚫고 상승 및 강하 또는 접근해야 할 때 최소한의 생존을 위한 기술이다. 따라서 단순히 시계비행 혹은 계기비행이라고 하지만 때로는 명확하게 구분할 필요가 있다.

▲ 전형적인 자세계

계기비행(IFR)을 위해서는 항공기가 계기비행을 위한 필수 계기들을 갖추어야 하고 조종사 역시 계기비행 한정을 받아야 한다. 계기비행 한정은 총비행시간 125시간(*국가마다 다를 수 있음*) 이상이 되어야 응시할 수 있는 자격이 있고, 학과시험과 실기평가에 합격한 후 해당 자격증명에 추가된다. 계기비행(IFR)이 되어야 비로소 완전한 조종사가 될 수 있다고 할 수 있다. 비록 수천 시간의 비행경력을 갖고 있는 사업용 조종사(commercial pilot)라 할지라도 계기비행(IFR) 등급을 갖추지 못했다면 비행은 일몰 전에 종료해야 하고, 시정(visibility)이 좋지 않으면 비행할 수 없다.

이와 같이 계기비행(IFR)이 항공안전에 기여하는 측면이 높지만 이를 유지하는 데도 엄격한 규정에 따라야 한다. 다시 말해서 한 번 계기비행(IFR) 한정(rating)을 취득했다고 해서 끝이 아니다. 계기비행을 하기 위해서는 최소한 이전 6개월 이내에 6회 이상의 계기접근(instrument approach)과 체공(holding) 및 항로 진입과 트래킹(tracking) 비행을 수행한 경력(current experience)이 있어야 한다. 만약 이 조건을 충족하지 못했다면 계기비행을 할 수 없다. 계기비행과 관련한 또 다른 오해는 시계비행을 하던 중 기상이 악화되어 계기비행으로 전환하는 절차이다. 일반인의 생각에 시계비행으로 비행 중 기상이 악화되면 즉시 계기비행으로 전환해서 비행하면 되지 않는가? 라고 단순하게 생각할 수 있지만 시계비행에서 계기비행으로 전환할 때 반드시 거쳐야 하는 과정이 항공기의 식별 절차이다.

▲ 헬리콥터의 계기비행 역시 일반 비행기의 계기비행과 동일하다.

계기비행 항공기를 관제하는 것은 레이더 시설이다. 따라서 레이더 관제사의 스크린에서 먼저 식별된 후에 계기비행을 승인할 수 있다. 레이더에서 확실하게 식별되기 전까지 조종사는 시계비행 상태를 유지해야 할 책임이 있다.

만약 레이더 관제사가 항공기를 식별하기 위해서 고도 상승을 지시했을 때 항공기가 구름 속으로 들어갈 수 있다면 조종사는 이 지시를 받아들여서는 안 된다. 이때는 간단한 이유와 함께 시계비행을 유지할 수 있어야 한다. 레이더 스크린에서는 다수의 항공기 항적(tracks)들이 나타나고 있다. 여기서 어느 항공기가 레이더 조력을 원하는지를 식별해야 한다. 레이더 관제사는 계기비행을 원하는 조종사에게 트랜스폰더 코드(transponder code)를 부여할 것이고, 코드를 맞춘 조종사가 식별버튼을 누르면 레이더 스코프에 항공기의 식별코드와 함께 항적이 나타난다. 그래도 확실하지 않다면 레이더 관제사는 항공기 조종사에게 식별을 위해서 "...turn right heading 000..."와 같은 선회기동을 지시하고 이 절차를 통해서 완전히 식별되었을 때 레이더 관제사는

" radar contact IFR approved... say your destination(or intention)..."

와 같은 교신이 이루어졌을 때 비로소 계기비행(IFR)으로 전환되었다고 할 수 있다. 만약 시계비행 중 안개라든지 구름으로 인하여 시계가 완전히 차단된 상황이라면 생존을 위해서 앞에서 언급한 자세계기비행으로 전환해야

▲ 레이더의 지원을 받지 못하는 도심지역에서 자세계기비행은 매우 위험하다.

하지만 엄밀히 말해서 계기비행규칙(IFR)에 따른 비행이 아니라는 것을 알아야 하고, 이것은 명확하게 시계비행을 위한 최저 기상치 규칙을 어겼지만 생존을 위한 필수 비행기술이다.

이와 같이 계기비행(IFR) 외의 자세계기비행은 생존을 위한 최소한의 비행기술이지만 매우 위험하다는 것을 인식해야 한다. 이 같은 상황은 결코 정상적인 기상상태가 아니라고 보기 때문에 주변의 장애물과 충돌할 수 있는 위험을 안고 있다. 시계비행의 경우 평지에서 비행할 때 주변의 가장 높은 장애물로부터 1,000피트 이상의 고도를 유지해서 비행해야 한다. 하물며 주변에 어떠한 장애물이 있는 지 육안으로 확인할 수 없는 상태에서 자세계기비행을 하고 있다면 조종사의 불안감은 극에 달할 수 있다. ✈

비행과 시뮬레이터 ……✈

컴퓨터의 발달은 비행훈련에도 매우 유용하게 활용되어 컴퓨터 제어 시뮬레이터가 등장하고 있다. 시뮬레이터는 움직임이 있는 것과 움직임이 없는 형태로 구분되고 일반 개인용 컴퓨터로도 비행절차를 익히는데 큰 도움이 된다. 비행훈련에서도 어느 시기에 무엇을 어떻게 해야 된다는 절차를 익히는 것은 훈련 진도를 매우 유용하게 활용할 수 있다.

그러나 컴퓨터 시뮬레이터(simulator)는 실제 감각을 익히는 것과는 거리가 멀기 때문에 시뮬레이터를 완전히 조종할 수 있다고 해서 비행기 조종을 잘 할 수 있다는 것은 잘못된 판단이다. 실제 항공기를 조종해 볼 수 없는 상황에서 처음부터 시뮬레이터로 비행훈련을 실시하는 경우도 있으나 이는 신중히 검토해야 한다. 앞서 언급한대로 모든 비행의 기초는 시계비행이다.

따라서 조종실 관리와 장비들을 익숙하게 하는 데는 도움이 될 수 있으나, 비행훈련 경험이 없는 사람이 처음부터 계기만을 의존하는 훈련을 하면 비행감각을 발달시키기보다 계기에 의존하는 성향을 나타내 실제 훈련에서 비행감각을 발달시키는데 방해가 될 수 있기 때문이다.

시뮬레이터는 계기비행 절차를 훈련하는 목적으로 개발된 교보재이지 결코 시계비행훈련을 위한 교보재가 아님을 명심해야 한다. 항공전자와 디지털 컴퓨터의 발달로 실제 항공기와 유사한 동작을 하는 시계비행용 시뮬레이터도 개발되어 있지만 이는 워낙 고가의 장비여서 일부 항공사에서만 운용되고 있다. 따라서 시뮬레이터와 실비행의 차이를 잘 이해하고 이를 바탕으로 훈련한다면 절차를 익히는데 큰 도움이 될 것이다. ✈

▲ 컴퓨터 기술이 발달하면서 실제 비행환경에 매우 유사하게 재현할 수 있다. 컴퓨터 시뮬레이터는 조종감각을 느낄 수는 없지만 비행절차를 익히는 데 매우 유용하다. 비행 시뮬레이터는 조종실이 전자비행계기장치(EFIS)로 전환되면서 더욱 그 가용성과 활용성이 증가할 것으로 보인다.

▲ 동적 시뮬레이터는 조종실 조종입력에 따라 실제 비행하는 것과 유사한 감각을 느낄 수 있다.

전방향무선표지(VOR) ……✈

무선 송신소에서 송출하는 전파는 360° 방향으로 고르게 확산된다. 각 지역에서 송출하는 주파수가 나르고 항법차트에 해당 송신소의 주파수가 명시되어 있어 그 송신소(radio station)를 찾아가려는 조종사는 항법 장비에 해당 송신소의 주파수를 입력한 후 지시침을 따라가면 된다. 일반적으로 VOR이나 NDB 송신소는 공항과 함께 위치하고 고유의 주파수(frequency)와 식별 모스부호(Mose code)를 송출한다. 항공기가 수신 범위 내에 위치해 있다면 항법 계기의 지시침이 움직이기 시작하고 해당 송신소에서 송출하는 식별부호를 반드시 확인해야 한다.

국내의 VOR 및 NDB 송신소는 손에 꼽을 정도이기 때문에 혼동할 우려가 적으나 미국의 경우는 수백 개의 송신소가 설치되어 있고 때로는 매우 근접하게 위치해 있어 확실하게 모스부호를 확인하지 않으면 엉뚱한 공항으로 비행할 수 있다. 일단 원하는 송신소를 식별한 후 조종사는 자신의 항공기가 어디에 위치해 있는지를 판단하는 것이 항법(navigation)의 기본이다. 이는 선분석 지식을 요구하나 원리만 간단히 설명한다.

송신소 위치는 고정되어 있고 360° 방향으로 전파를 송출한다. 해당 송신소에 주파수를 동조했다면 그 항공기는 송신소 주변 어딘가에 위치해 있을 것이다. 항법 계기는 송신소에 동조한 주파수에 일치했을 때 계기의 지시침이 중앙이 될 수 있는 센서를 갖추고 있다. 예를 들어 현재 항공기가 송신소에서 송출하는 전파의 270° 선상에 있다고 했을 때 조종사가 항법 계기(OBS)를 270°로 맞추면 계기상의 지시침(CDI)이 중앙을 지시한다. 이

▲ 조종사는 VOR 주파수를 맞추고 VOR 지시침(CDI)이 중앙이 되도록 조종하면 항공기는 원하는 전파선을 따라 송신소에 도달한다. 이것은 마치 등대의 운용 원리를 응용한 것이다.

때 항공기는 270° 선상에 있음을 알 수 있다. 조종사는 자신이 송신소에서 송출하는 270° 선상에 있음을 확인했고 계속해서 그 방향으로 비행하고자 할 때는 항법계기(CDI)가 중앙을 지시하도록 하고 항공기 기수를 270° 방향으로 일치시켜 비행하면 목적지 공항에 도착한다.

비행중 항공기가 270° 선상에서 벗어나면 계기의 지시침(CDI)도 좌측 혹은 우측으로 약간 벗어나기 시작한다. 이를 감지한 조종사는 계기 지시침이 벗어난 반대방향으로 조종간을 적용하여 계속해서 계기 지시침이 중앙을 유지하도록 하여 비행하면 송신소에 도달할 수 있다. VOR 송신소는 공항에 설치하여 공항까지 유도하는 시설로 활용되거나 항로의 중간에 위치하여 항로를 유도하는 시설로도 활용된다. ✈

계기착륙시설(ILS) ……✈

비행기를 이용하여 여행중 목적지에 거의 도착했음을 알리는 방송과 함께 목적지 공항의 기상상태를 알려주는 방송을 들을 수 있을 것이다. 간혹 목적지 공항의 기상상태가 구름으로 덮여 있고 시정(visibility)이 매우 불량하다는 기상의 방송에 다소 긴장도 하겠지만 비행에 관심이 있는 사람이라면 두껍게 덮여 있는 구름을 어떻게 뚫고 착륙할 수 있을까하고 한번쯤 호기심을 가져보았을 것이다.

항법장비의 발달과 함께 항공기 자동조종장치(autopilot)의 개발은 조종사의 업무량(workload)을 감소시켰지만, 일부 고성능 항공기와 첨단 항공기 유도시설을 갖춘 공항에서는 항공기를 착지해서 착륙활주(landing roll)하는 단계까지 자동으로 유도하고 있다.

대부분의 공항에는 계기접근을 위한 경로가 설정되어 있고, 접근관제사(approach controller)는 활주로의 ILS 시설로 항공기를 유도하여 ILS 접근경로까지 유도해 준다. 항공기를 ILS 경로까지 진입한 후부터 항공기에 있는 ILS 계기가 정상으로 작동하기 시작하고 이때부터 조종사는 스스로 규정된 활공경로(glide path)를 유지하여 접근해야 한다.

기장은 조종석 앞에 있는 계기를 보면서 항공기 조종에 열중하는 동안 부기장은 지정된 결심높이(decision height; DH)에 도달할 때까지 활주로, 접근등화시설(ALS)이나 또는 활주로 시설을 육안으로 관찰할 수 있도록 보조해 준다. 시정이 불량한 상태에서 계기접근 중 가장 낮은 고도까지 강하할 수 있는 고도를 최저강하고도(MDA) 또는 결심높이라고 한다. 결심높이에 도달

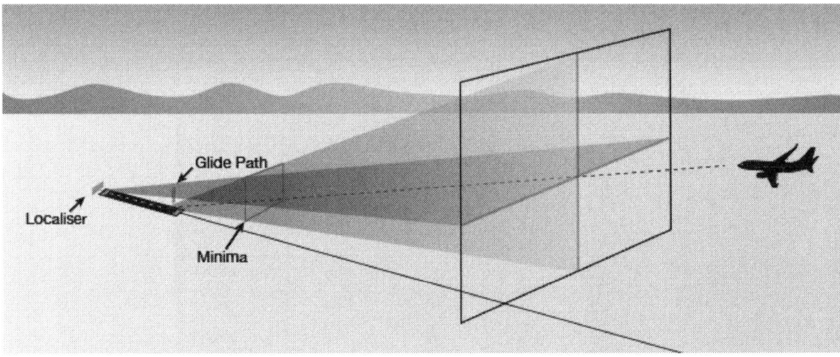

▲ ILS는 활주로 중앙선 연장선을 따라 좌우상하 방위경로와 활공경로를 형상한다. 항공기 속도에 따라 접근범주가 결정되고 최고의 장비와 시설을 갖춘 항공기는 시정과 결심높이의 제한 없이 착지대까지 유도해 준다.

하기 전에 활주로 시설을 확인했다면 계속 접근착륙이 수행되겠지만 활주로나 접근등화시설 또는 주변 시설을 확인하지 못하면 조종사는 즉시 실패접근절차(missed approach procedure)를 실행해야 한다.

실패접근이란 최종착륙 단계에서 조종사가 활주로 시설을 볼 수 없을 정도로 시정이 불량한 상태 하에서 착륙 시도가 불가능하다고 판단하여 착륙을 포기하고 다시 이륙하는 절차이다. 따라서 계기에 의한 접근은 규정된 최저강하고도 이상에서 조종사가 활주로를 확인할 수 있을 때까지이며 만약 규정된 최저강하고도(결심고도)에서 활주로를 확인하지 못했을 경우에는 즉시 실패접근절차를 실행해야 한다. 접근 중인 항공기가 갑자기 복행하는 것을 느끼고 불안해 할 필요는 없다. 조종사가 기량이 부족해서가 아니라 승객의 안전을 우선한 조종사의 판단이기 때문이다.

공항에 설치되어 있는 항법보조시설은 항공기와 공항시설에 따라 규정된 최저강하고도(minimum decent altitude; MDA) 또는 결심고도까지 강하할 수 있도록 유도해 주는 역할을 한다. 이 같은 시설을 계기접근시설(ILS)이라 하고 일반 항법계기와 달리 통달거리(10 NM)가 제한되고 매우 민감하게 작동한다. ILS 전파 발신기(transmitter)는 활주로 중앙선을 중심으로 좌우

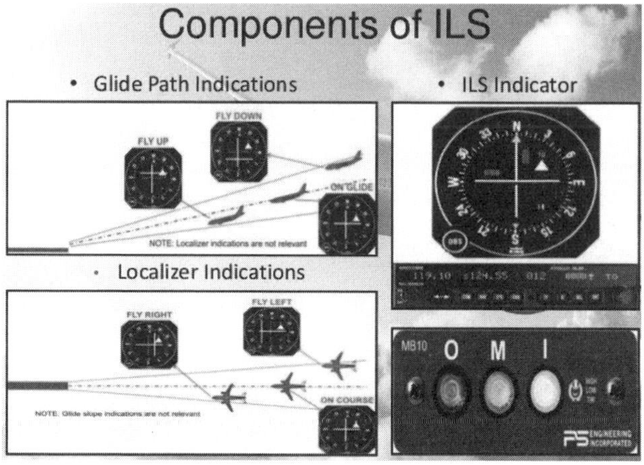

▲ 로컬라이저는 접근코스(방위각), 활공경사지시기는 활공경로를 그리고 마커비컨이 중간 중간 거리를 지시한다.

의 정상 접근 폭을 형성한다. 접근 중인 비행기의 상하 접근 폭을 지시해 주는 활공경사지시기(glide slope indicator)는 활주로 착지점으로부터 통상 3°의 각도로 항공기가 접근할 수 있는 활공경로를 형성한다.

항공기에는 좌우 폭과 상하 폭을 지시해 줄 수 있는 계기가 있고 두 지시침이 중심 위치에 있을 때 비행기는 좌우상하 중심 선상에서 활공경로를 따라 접근하고 있는 것이다. 계기접근을 수행하는 조종사는 반드시 유효한 계기접근차트에 의해서 접근이 수행되어야 한다. 지상 레이더에서도 지속적으로 항공기의 위치를 추적하고 있으며 관제사 역시 동일한 접근차트를 활용하여 정상적으로 접근하고 있는지를 확인한다. ✈

터치다운의 긴장된 순간 ……✈

"터치다운!"

미식축구에서 사용하는 용어만은 아니다. 착륙 접근중인 비행기가 활주로에 착지(touchdown)하는 것도 터치다운이라 하고 비행의 최종 단계이기도하다. 최종적으로 착륙인가(landing clearance)를 받은 조종사는 최저 속도로 감소하고 일정한 활공각을 유지하여 활주로에 접근한다. 접근중인 비행기는 속도가 감소되었기 때문에 지속적으로 고도가 떨어지고 자세는 수평보다 기수가 약간 숙여진(nose down) 자세가 된다.

만약 비행기가 이 자세로 활주로에 착지 된다면 앞바퀴가 먼저 활주로에 닿는 착륙 사고를 유발할 수 있다. 여기서 조종사의 순간적인 판단력이 요구되는 시기이다. 활주로 상의 착지대(touchdown zone)에 거의 접근했다고 판단한 조종사는 조종간을 약간 후방으로 당겨 앞으로 숙여졌던 비행기의 자세를 수평보다 약간 높은 자세로 변경해 주어야 한다. 이를 자세변경 혹은 플레어(falre) 조작이라 한다.

이때 비행기는 착지대(touchdown zone) 직전방에 위치해 있고 자세가 변경된 비행기는 상승하려는 힘을 얻게 되지만, 착지대에 정확하게 착지시키기 위해서는 상승력을 방지하고 지속적인 침하(sink)가 되어야 한다. 이를 위해서 조종사는 상승하려는 만큼의 힘을 추가적인 동력 감소로 상쇄시키고 비행기가 계속 침하할 수 있도록 하는 고도의 판단력이 요구된다. 비행기의 자세는 기수가 수평보다 약간 들려 있는 상태이기 때문에 조종사는 활주로의 끝단만 보일 뿐 직전방은 볼 수 없는 자세에서, 비행기는 계속 침하

▲ 수십 톤에서 수백 톤의 항공기를 조종사가 아무리 유연하게 착지 조작을 했다하더라도 무게와 속도로 인하여 착지 순간 활주로 표면과 바퀴의 마찰로 연기가 발생하고 있다.

하여 어느 순간 바퀴가 활주로에 닿았다는 감각을 느끼게 될 것이다.

비행기는 안전하게 착지점에 착지하였고 비행이 종료되는 순간이다. 때로는 바퀴가 활주로에 착지되는 순간 약간의 충격을 느낄 수 있을 정도라면 침하량이 정상보다 큰 상태였다는 것을 미루어 짐작할 수 있다.

이 자세에서 조종사는 어떻게 비행기를 활주로에 유연하게 착지시킬 수 있을까? 비행기가 활주로에 착지하는 순간까지 규정된 속도를 상실해서는 안 된다. 경비행기의 착륙속도는 대략 40~50노트이고 운송용 비행기는 최저 130노트 혹은 그 이상이 될 수 있다. 160노트면 시속 약 230킬로미터 정도가 된다. 이 속도를 유지하면서 정확하게 착지점에 착지시킬 수 있는 기술을 상상해 보라. 이들 운송용 조종사에게 실수는 곧 착륙 사고(landing accidents)로 이어지기 때문에 순간의 실수도 허용되지 않는다.

"햇병아리 조종사들은 어떨까?"

앞이 잘 보이지 않으니 활주로 중심으로부터 좌측이나 우측으로 벗어나거나 너무 높은 고도에서 자세변경을 시도하다보니 착지대를 훨씬 초

▲ 경비행기의 플레어 자세는 기수가 약간 들리도록 조작 하여 뒷바퀴가 먼저 활주로에 착지해야 한다.

과하는 경우, 동력 조절을 실패하여 비행기가 상승과 강하를 연속적으로 반복하는 돌고래 현상(porpoising), 활주로에 착지 후 다시 떠오르는 실수(ballooning), 고도를 제대로 판단하지 못하고 앞바퀴가 먼저 활주로에 부딪치는 실수...

때로는 착지하는 순간 바퀴가 좀 심하게 활주로에 착지하는 경우가 있을 수 있다. 물론 조종사의 기량 부족일수도 있지만 때로는 좀 더 확실한 착지를 위해서 연착륙(soft landing)보다 좀 더 강하게 착지시킴으로써 바퀴와 활주로 표면 사이의 마찰력을 증가시키기 위한 방법이기도 하다. 항공기가 공항에 도착했을 때 활주로 상태 혹은 기상상태는 착륙을 불가능하게 할 수 있기 때문에 이 같은 착지 기술은 활주로가 짧거나 측풍(crosswind)이 불고 있는 상황에서 확실하게 착지시키는데 유용하게 사용된다. 이를 견착륙(firm landing)이라 하지만 구조적 충격을 줄 수 있을 정도의 경착륙(hard landing)과는 다르다. 그러나 당신이 탑승한 항공기의 조종사는 수천 시간의 비행경력을 갖춘 베테랑 조종사이니 조종사를 신뢰하고 편안한 마음으로 착륙 순간을 느껴보길 바란다. ✈

항공기 자동화 ……✈

항공기는 21세기 글로벌 시대를 가능하게 한 운송수단이면서 이제는 항공기 없이는 세계경제를 논할 수 없을 정도로 우리 곁에 가까이 와 있다. 얼마 전 국내 항공사의 착륙 중 사고가 발생했을 때 항공기의 자동착륙장치 혹은 시설에 관한 내용이 큰 주목을 끌었다. 이즈음에서 항공기의 자동화 장치에 대해서 알아보자.

자동화는 일상의 소소한 장치 및 도구까지 깊숙이 자리 잡고 있을 뿐만 아니라 점점 더 그 범위는 확대되어 가고 있는 추세이다. 예를 들어 얼마 전까지만 해도 자동차의 기어 변속장치(transmission)는 수동으로 조작해야 했다. 그러나 자동변속장치(automatic)의 개발로 운전이 한결 쉬워졌다. 이에 더불어 일부 자동차에는 순항속도(cruise) 기능을 갖추고 있어 운전자는 원하는 속도를 지정해 두면 가속 페달을 조작할 필요가 없게 되었다. 이 같은 자동화는 더욱 발달하여 운전자 없이도 자율적으로 판단하여 운행할 수 있는 자동차(autonomous car or self-driving car)가 머지않아 상용화될 것으로 본다.

최근 출시된 민간 로대형 항공기의 자동화는 어느 정도의 수준일까? 하고 관심을 갖는 사람이 많다. 예를 들어 인천국제공항에서 미국 로스엘젤리스 국제공항까지 10시간 이상의 비행에서 최고의 기량을 갖추고 있는 조종사가 항공기를 이륙시킨 후 목적지 공항까지 비행하여 최종적으로 착륙시킬 것이라고 믿고 있지만 현대 최신 공항시설과 항공기에 조종사가 직접적인 조종행위는 이상적인(*실제 이상적인 상황은 드물지만*) 비행조건 하에서 10

▲ A-380 조종실은 일반 사무실 환경과 같이 설계되었다. 재래식 아날로그 계기들은 사라졌다. 전통적인 조종간의 위치에 컴퓨터 자판이 놓여 있다. 조종간은 조종 스틱 방식으로 측면에 배열되어 있고 조종사의 직접적인 조종행위는 점차 줄어들고 있다.

분 내외라고 보면 된다.

여기서 10분 내외의 시간은 단지 게이트(gate)에서 이륙 활주로로 이동하여(*통상 텍시봇에 의한 토잉*) 이륙하는 구간 그리고 착륙한 후 활주로를 벗어나 게이트로 이동하는 구간 정도만 실제 조종사가 조종행위(control input)를 실행하고 있는 정도이다. 이마저도 최첨단 시설을 갖춘 공항에서는 게이트에서 유도로를 따라 이륙 활주로로 이동하는 구간마저도 자동화 시스템을 갖출 것으로 예상한다면 아마도 머지않아 항공기는 출발 공항의 게이트에서 목적지 공항의 게이트까지 자율(autonomous) 운항하게 될 날도 머지않다는 것을 예상할 수 있다. 자동화의 최종 목표는 게이트-게이트(gate to gate)이다.

최신 민간 운송용 항공기의 대표적인 기종으로는 보잉에서 출시한 B-787과 에어버스에서 출시한 A-380 항공기가 있다. 이들 항공기의 조종실 구조를 보면 약간 다른 점을 발견할 수 있다. 이것은 회사의 자동화 철학과

▲ B-787 조종실 역시 대형 화면으로 바뀌었지만 조종간은 재래식 방식을 채택함으로써 조종사의 간섭 여지를 더 남겨둔 자동화 철학이 적용되었다.

(automation philosophy) 관련 있다. A-380은 기존의 조종실 개념을 완전히 바꾸어 놓았다. 전통적으로 조종간은 조종석 중앙에 배열되어 왔지만 일부 최신 기종에는 조종실 측면에 배열하였다. 이 같은 설계의 배경에는 미래 항공기의 조종실 공간은 아마도 사무실 운용자(office operator)와 동일한 환경에서 승무하게 될 것이라는 개념이 자리 잡고 있어 조종사의 개입(intervention)을 더욱 감소시키는 방향으로 기술 개발이 진행되고 있다는 것을 엿볼 수 있다. 이와 달리 보잉사에서는 아직까지 전통적인 개념을 더욱 중시하고 있는 설계 개념이 적용되었다고 볼 수 있다.

항공기 안전은 사고율 제로를 향한 현재의 기술 발달 추세를 고려한다면 미래 항공기 조종실은 대형 화면에 각종 제어 컴퓨터로 구성되어 있는 제어판 앞에서 조종하는 영화 속의 운용자(operator)를 상상하는 것도 허황된 생각은 아닐 듯싶다.

항공기 자동화는 이미 1920년부터 시작되어 초기에서는 동체의 좌우운동(롤링; rolling)을 제어하는 장치로부터 시작해서 기수의 들림과 숙여짐(피칭; pitching) 이어서 기수의 좌우운동(yawing; 요잉)을 제어할 수 있는 기술이 개발되어 현대 항공기는 공간에서 3-축을 제어할 수 있는 장치를 갖추고 있어 조종사는 손을 놓고 시스템을 모니터(monitor)하는 역할로 전환되고 있다. 이것이 자동조종장치(autopilot)라고 한다면 항공기의 필요한 추력을 자동으로 조종해 줄 수 있는 오토스로틀(auto throttle)은 이륙, 상승, 순항비행, 강하 등 각 구간에 따른 성능 그리고 바람상태를 고려하여 최적의 동력 출력을 자동으로 산출하여 적용하기 때문에 인간 조종사에 비해서 연료 효율을 크게 절약할 수 있게 되었다.

위성항법(GNSS), 무선항법(radio navigation) 그리고 관성항법 등이 결합되어 항공기는 원하는 항로를 따라 자율적으로 비행할 수 있게 되었다. 최종적으로 비행관리장치(FMS)는 게이트의 출발에서부터 이륙, 초기 상승, 순항비행, 접근의 시작과 착지 그리고 도착 게이트까지 조종사가 원하는 속도, 고도 그리고 항로를 프로그램화하는 것이다. 항공전자 시스템은 자동조종장치, 오토스로틀, 풍향풍속과 같은 대기자료, 위성항법시스템 등이 모두 연동되어 항공기는 조종사의 도움 없이 스스로 운항할 수 있다.

문제점은 없는가? 현재의 기술 발달 추세로 본다면 항공기는 인간 조종사의 간섭을 더욱 배제하는 방향으로 진행되고 있다. 이것은 과학자들의 도전을 멈추게 하지 않는 한 계속될 것이다. “만약 조종사가 없는 항공기에 탑승하겠는가?”라는 질문에 당신의 생각은 어떠한가?

얼마 전 국내 항공사의 샌프란시스코 공항에 착륙 중 방파제에 충돌하는 사고가 발생했다. 당시 기종은 매우 안전한 기종 중 하나로 알려진 B-777 항공기이다. 사고조사의 결과는 조종사 과실(pilot errors)이다. 이 항공기 역시 자동화시스템이 잘 갖추어져 있지만 사고를 피할 수 없었던 것은 자동화 시스템에 과도하게 의존하고 있었다는 것이 중론이다.

이제 항공기의 자동화 시스템은 소형 항공기까지 확대되고 있는 추세에서 자동화 수준은 점차 높아지고 있지만 많은 항공 전문가들은 조종사의 수동 조종기량을 향상시킬 것을 강조하고 있다. 실제 항공업계에서는 자동화에 따른 조종사 기량의 퇴화를 심각한 문제로 인식하고 있다. 아무리 자동화 시스템을 잘 갖추고 안전을 위해서 2중 3중 안전장치를 갖추고 있을 지

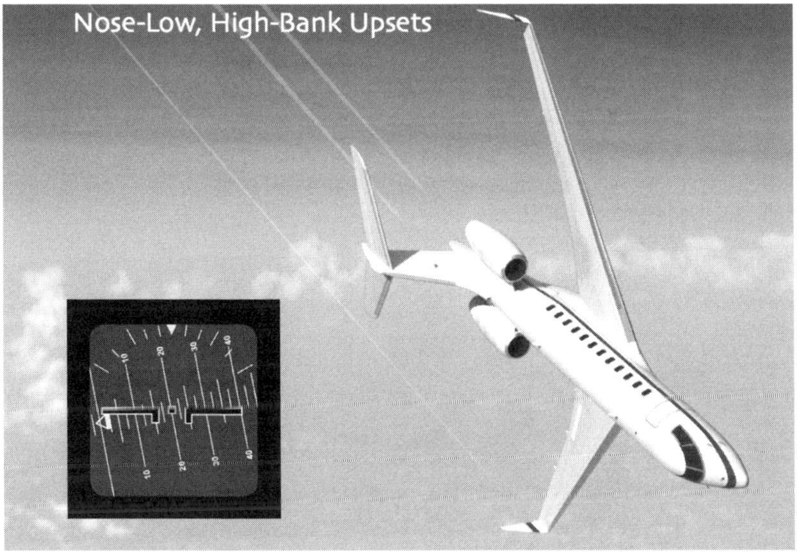

▲ 자동화에 따른 비정상상황에 대처하기 위한 시뮬레이터 훈련의 한 장면이다.

라도 사고는 계속해서 발생하고 있어 조종사의 기량 유지가 절대적으로 필요하다. 최근 FAA에서는 운송용 조종사의 실속회복훈련을 강화할 것을 권장하고 있고 국내에서도 2016년 5월 국토교통부 주관으로 국제민간항공기구와 공동으로 업셉방지와 회복훈련(UPRT)을 위한 워크숍을 개최하기도 하였다. 이 워크숍은 지난해 인도네시아 자바해에 추락해 162명의 희생자를 낸 에어아시아 여객기 사고(2015.12) 등 최근 글로벌 항공사고의 분석에서 나타날 수 있는 조종사의 비행 중 조종능력 상실을 예방하기 위한 취지로 마련됐다. 이것은 실제 조종간을 조작해 볼 수 있는 기회가 점차 줄어들어 예리한 판단력과 수족의 기량이 떨어지고 있다는 반증이기도 하다. 항공기 자동화와 인간의 능력 한계에 대한 논쟁은 피할 수 없을 것이다. ✈

기 장 ……✈

일반적으로 2~6인승의 단발 경항공기를 운항하는 데는 조종사 한사람으로 족하다. 그러나 대부분의 사업용 항공기는 기장과 부기장으로 구분되어 조종실 업무를 분담하고 있다. 기장을 캡틴(captain) 또는 PIC라고 하는데 이 단어의 의미는 해당 항공기의 최고 책임자(pilot in commander) 임을 나타낸다.

어느 경우든 그 항공기에 탑승한 사람은 절대적으로 기장의 지시에 따라야 할 의무가 있다. 이는 처음부터 끝까지 비행안전을 책임지고 있는 사람이 기장이기 때문이다. 기장은 비행전 승객에게 비행안전과 안전벨트 착용 요령에 대해서 반드시 브리핑을 실시할 책임이 있다.

항공기 규모의 크고 작음을 떠나 최종적으로 항공기의 운항 여부를 결정하는 사람은 기장이고 안전에 조금이라도 이상이 있다고 판단되면 기장은 비행을 취소해야 한다. 일단 결심한 비행에 대해서 기장은 최종적인 책임을 갖는다.

기장의 업무를 도와서 조종실 업무를 분담하는 조종사를 부기장(FO; first officer) 또는 SIC(second in command)라 한다. 부기장은 기장의 지시에 따라 조종실 업무를 수행한다. 일반적으로 비행훈련원을 수료하거나 초임 조종사는 해당 기종에 대한 부기장의 임무를 수년간 수행하여 해당 기종에 익숙해지면 별도의 기장 교육과 평가를 거쳐 기장 임무를 수행한다. 경비행기는 조종사 혼자서도 얼마든지 임무를 수행할 수 있기 때문에 조종사 자신이 기장 또는 PIC가 된다.

▲ 기장은 항공기 운항의 직접적이고 최종 책임을 진다. 왼쪽 좌석이 기장석이다. 오른쪽은 부기장으로 기장의 지시를 받아 기장의 업무를 돕는다. 기장과 부기장 모두 조종간을 놓은 상태로 자동조종모드에서 비행하고 있는 것으로 보인다.

모든 조종사는 자신이 다루게 될 항공기에 관한 지식과 규정에 따른 충분한 비행기량을 갖추었을 때 항공기 운용의 최종 책임을 갖는다. 어느 항공기를 막론하고 비행을 결심할 때 다양한 요소들에 직면하게 된다. 예를 들어 기상이 애매한 조건에서 "go, no-go"의 결심에 따라 때로는 치명적 사고로 이어질 수 있다는 점에서 기장의 결심(decision)은 매우 중요하다. 이와 같이 중요한 시기에 현명한 결심을 내리기 위해서는 항공기 내외부의 가용한 모든 자원(sources)들을 활용할 수 있도록 훈련되어야 한다.

항공기 관제 ……✈

어느 공항(airports)을 막론하고 항공기의 이착륙을 유도해 줄 수 있는 관제시설이 있다. 관제탑(control tower)은 공항의 중심부에 우뚝 솟아 있기 때문에 주변에서 접근하는 항공기 혹은 활주로 및 유도로에서 움직이는 항공기를 쉽게 관찰할 수 있다. 관제탑에서는 사방으로 접근하는 항공기를 육안으로 식별하기 위해서 통상 유리벽으로 둘러 쌓여있고, 항공기와 교신할 수 있는 무선통신 장비와 일부는 레이더 시설을 갖추고 있다.

관제탑이 운용되는 공항에 운항하고 있는 모든 항공기 조종사는 비상상황의 경우를 제외하고 항공교통의 원활한 소통과 항공안전을 위해서 관제사의 지시에 따라야 한다. 일반적으로 공항에 있는 관제탑에서 항공기의 모든 과정을 유도하고 있는 것으로 알고 있으나 여러 관제기관에서 분담하여 업무를 수행하고 있다. 관제탑에서는 오직 사용 활주로(active runway)에서 이동하는 모든 항공기를 유도 및 관제하고 있다.

그러나 국제공항(international airport)과 같이 규모가 큰 공항에는 관제탑 관제사가 모든 항공기를 유도 및 관제하기가 어렵기 때문에 계류장 또는 유도로(apron and taxiway)에 있는 항공기를 유도 및 관제하는 지상관제사(ground controller)가 별도로 임명되어 있다. 지상관제사는 계류장이나 유도로에서 이동하는 모든 차량 및 항공기를 관장하고 항공기가 사용 활주로에 진입하기 직전까지 유도하여 관제탑 관제사에게 인계한다. 관제탑 관제사는 사용 활주로에 진입 및 이탈 그리고 이착륙 항공기를 관장한다.

이륙하고자 하는 항공기 조종사는 반드시 관제탑으로부터 이륙 인가(허가)를 얻어야 하고, 관제탑으로부터 이륙해도 좋다는 인가를 받은 항공기는 이륙하여 원하는 출발방향으로 향한다. 관제탑에서는 통상 공항으로부터 약 5마일까지 유도한 후 자체항법으로 항행하든지 아니면 계기비행의 경우라면 출발관제사에게 항공기를 인계한다.

▲ 관제탑은 육안으로 활주로 진입과 이탈 그리고 이착륙에 대한 모든 항공기의 움직임을 인가하고 통제한다. 출발 및 접근관제사는 육안 대신 레이더 화면을 통해서 항공기를 관제한다.

관제탑으로부터 출발관제소(departure control)와 교신하라는 지시를 받은 조종사는 주파수를 변경하여 출발관제사와 교신을 시도하고 항공기의 고도와 위치 등에 대한 레이더상의 정보를 확인한다. 출발관제사는 조종사가 원하는 항로에 진입할 수 있도록 항공기의 방향과 고도를 유도하여 순항항로에 진입할 수 있도록 유도해 준다.

항공기가 정상적으로 순항항로에 진입했다고 판단한 출발관제사는 항공기를 다시 항로교통관제소(air route traffic control center; ARTCC)에 인계한다. 출발관제사로부터 항로교통관제사와 교신을 시도하라는 지시를 받은 조종사는 주파수를 변경하여 항로교통관제사와 교신을 시도하고 항공기의 위치와 고도 등에 대한 레이더상의 위치를 확인한다.

항로교통관제사는 당신이 순항항로를 비행하는 동안 당신의 위치를 추적한다. 항공기가 목적지 공항 상공에 거의 도착했을 때 항로교통관제사는 접

◀ 국제공항의 관제탑은 외국인에게 첫 이미지를 심어줄 수 있는 관문 역할을 할 수 있도록 관제 기능뿐만 아니라 미술적 감각이 조화되어 건설되는 추세이다.

근관제소(approach control)와 교신할 것을 지시하고 이때부터 고도 강하에 들어가기 시작한다. 접근 관제사는 당신을 인계 받아 착륙 공항과 착륙 방법 등에 대한 정보를 요청하고 착륙 방법에 대한 인가를 한다.

접근 관제사는 항공기를 유도하여 착륙 활주로와 정렬되도록 유도한다. 접근 중에 활주로 시설을 육안으로 보았을(in sight) 때 보고할 것을 지시하고 그 시기부터 최종적으로 관제탑 관제사와 교신할 것을 지시한다. 활주로 시설을 육안으로 확인한 조종사는 관제탑에 이를 보고하고 최종 착륙인가(landing clearance)를 받아 착륙한다.

시계비행을 계획한 조종사는 관제탑의 인가를 받아 이륙한 후 관제탑의 관장 지역을 벗어날 쯤에 관제탑으로부터 당신이 원하는 비행로를 선정하고 주파수를 변경해도 좋다는 지시를 받게 된다. 이후부터 조종사가 원하는 곳에 주파수를 변경하여 활용할 수 있다. 관제탑이 없는 공항이라고 해서 무선통신절차(radio communication procedure)가 없는 것은 아니다. 관제탑이 없거나 관제탑이 시간제(part-time)로 운용되는 지역에서도 반드시 교신 절차를 지켜야 한다.

이들 지역에서 무선통신은 맹목송신(blind transmission)을 수행해야 한다. 활주로를 이륙시 현재 항공기의 위치, 호출부호(call sign), 이륙 활주로 등을 특별히 듣는 사람 없이 송신한다. 이륙해서도 장주권에서 선회할 때마다 그리고 이탈할 때도 이탈 방향을 맹목송신한다. 이 지역에서 운항하는 다른 항공기 조종사 역시 이 같은 맹목송신을 하고 있기 때문에 현재 어느 항공기가 어디에서 어떠한 절차를 수행하고 있는지에 대한 최소한의 정보를 제공함으로써 항공안전에 기여할 수 있다.

관제탑과 교신에서 주의해야 할 사항은 관제사는 오직 당신의 항공기만을 관제하고 있지 않다는 사실이다. 레이더 관제사의 담당 구역에는 다수의 항공기들이 비행하고 있어 매 순간 당신의 위치를 추적하고 있다고 생각해서는 안 된다. 따라서 조종사는 위치에 대한 의심 혹은 비행과 관련된 의문이 있다면 즉시 관제사와 교신하여 조언(advisory)을 받을 수 있어야 한다. ✈

비행과 청각장애 그리고 잠수병 ……✈

항공기에 탑승해 본 사람은 고도가 높아짐에 따라 귀가 뻥 뚫리는 듯한 감각을 느끼고, 반대로 착륙하기 위해서 고도가 낮아질 때는 귀가 점점 막히는 듯하여 객실 방송조차도 작은 소리로 들리는 청각장애(ear block; *귀 막힘*) 현상을 느끼게 된다. 이 같은 현상은 비행기에 탑승한 모든 사람이 공통적으로 느끼는 생리적 현상으로 고도 증감에 따른 기압변화 때문이다.

비행기가 상승할 때 객실의 기압(cabin pressure)이 감소하고 이때 청각기관의 내부에 있는 공기가 팽창하여 지상에서 평형을 이루고 있던 기압이 귀 내부의 유스타키오관(eustachian tube)을 밀고 나와 부비관으로 새어들어 감으로써 객실기압과 평형을 이룬다. 상승 중에는 신체의 감각기관이 스스로 객실기압과 평형을 이루어 정상적인 사람이라면 귀가 뻥 뚫리는 듯한 기분을 느끼게 되는 것이 정상이다.

강하(descent) 중에는 상승할 때와 반대의 현상이 발생한다. 고도가 낮아짐에 따라 기압이 증가하고 귀 내부의 공기도 자동으로 수축되어야 평형을 이룰 수 있지만 청각기관 스스로 평형을 유지하지 못하는 데서 귀 막힘 현상이 발생한다. 청각장애 현상이 심하지 않을 때는 자연히 해소되거나 간단한 방법으로 해소시킬 수 있다. 귀 막힘 증상을 느끼면 침을 삼키거나 하품을 하여 기도를 열어 목구멍 내의 근육을 팽창시킴으로써 해소할 수 있다. 이 같은 방법으로도 해소되지 않을 때는 입을 다물고 한 손으로 코를 막은 후 콧속으로 공기를 불어넣어 인위적으로 평형을 만들어 주면 귀가 뚫리는 듯한 시원함을 느끼게 될 것이다. 이 방법으로도 청각장애가 해소되지 않는 경우는 즉시 의사의 진찰을 받아야 한다.

레저 인구가 증가하면서 바다에서 다이빙을 즐기는 다이버들의 활동이 많아 졌다. 운송수단의 발달로 지역과 시간에 대한 구분이 없어지면서 비행과 다이빙을 동시에 즐기는 동호인들이 증가하고 있어 이에 대한 주의도 꼭 숙지해야 할 요소이다. 제주도에는 스킨이든 감압이든 다이빙을 즐길 수 있는 충분한 여건을 갖추고 있으며 곧 바로 서울로 상경하기 위해서 비행기를 이용하게 될 수 있는 경우를 얼마든지 가정해 볼 수 있다.

"이때 인체에 미치는 영향은 무엇인가?"

바다 속으로 들어가면 인체는 물의 압력을 받는다. 반대로 고도가 높아질수록 기압이 낮아지기 때문에 인체에는 반대의 영향을 받는다. 물속으로 깊이 들어갈 경우 체내의 혈액 속으로 질소(nitrogen)와 같은 가스를 흡수하는 것으로 알려져 있다.

다이빙(diving)을 즐긴 후 지상에 나왔을 때 몸의 압력은 다시 정상으로 돌아와 체내의 가스를 제거하지만 지정된 시간 이내에 다시 압력이 낮아지는 고고도에 노출되었을 때 혈액(blood) 속의 가스가 거품 형태로 발생되어 어깨, 팔 등의 관절계통에 심한 통증과 절임 증상을 유발할 수 있다. 다이빙을 즐긴 후 조종사와 승객 모두 감압병(decompression sickness)으로 인한 비행안전에 대해서 인식을 해야 한다. 고도 8,000피트까지는 비감압 다이빙의 경우는 12시간 그리고 감압 다이빙의 경우는 24시간 후 그리고 고도 8,000피트 이상은 다이빙의 종류에 관계없이 24시간 후에 비행할 것을 권장하고 있다. ✈

더위 먹은 항공기 ……✈

기온(temperature)이 높으면 공기는 더 많은 양의 습기(humidity)를 함유할 수 있기 때문에 습도가 높아지고 사람들은 짜증을 내기 시작한다. 이러한 날씨에 사람들은 더위 먹지 않도록 시원한 곳을 찾아 피서를 떠난다. 한여름 밤 뉴스에 "더위 먹은 항공기"라는 자막이 나타나고 카메라는 뜨거운 열기를 뿜어내는 활주로를 비추고 있었다. 한편에서는 활주로의 온도를 조금이나마 낮추어보려는 노력으로 소방차를 동원하여 열심히 물을 뿌려 보지만 자연의 섭리를 이기기에는 너무 역부족이다.

기온이 높으면 습도 역시 증가하고 사람들은 숨이 막힐 정도라고 한다. 인간이 이 같은 공기의 영향을 받는 만큼 항공기 운항에도 영향을 미친다. 공기는 가열하면 가벼워지고 단위 체적당 공기밀도(density of air)는 감소한다. 이 같은 현상은 항공기 엔진에 유입되는 공기의 양이 상대적으로 감소하여 정상적인 조건에서보다 동력의 감소를 초래할 수 있다.

비행기와 헬리콥터와 같은 모든 항공기가 이륙하기 위해서는 공기밀도에 따라 영향을 받는다. 따라서 무덥고 습도가 높은 날은 정상적인 날씨 조건에 비해서 공기밀도가 매우 낮기 때문에 비행기의 날개를 지지할 수 있는 힘이 부족하게 된다. 결국 엔진으로부터 더 많은 동력을 요구하고 비행기는 정상적인 이륙속도보다 더 빠르게 이륙활주를 해야 이륙할 수 있다.

공기밀도는 고도와 함께 감소한다. 공기밀도가 감소함에 따라 밀도고도(density altitude)는 증가한다. 높은 기온과 높은 습도의 효과가 가중되어 고밀도고도(high density altitude) 상태의 증가를 초래한다. 고밀도고도

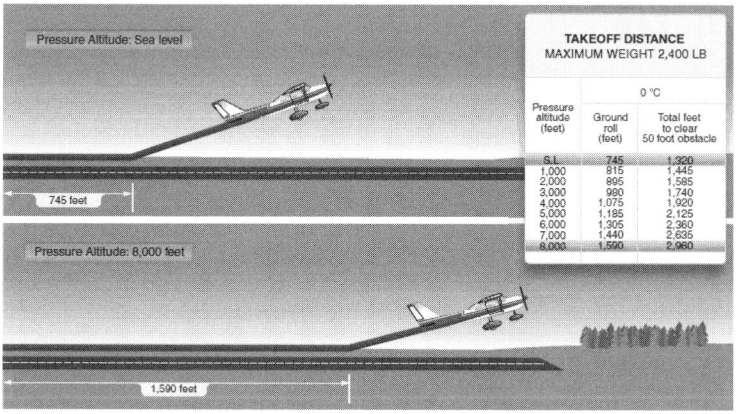

▲ 높은 기온과 습도는 이륙거리와 상승률에 영향을 줄 수 있다.

는 모든 항공기 성능 변수를 감소시킨다. 조종사에게 이는 정상 마력과 출력이 감소되고 프로펠러 효율의 감소와(전반적인 운용 변수) 항공기를 유지하는 데 필요한 높은 진대기속도가 요구된다는 것을 의미한다. 또는 이는 필수 이착륙거리의 증가와 상승률의 감소를 의미한다. 예를 들어 일반 소형비행기가 해수면 표준대기상태에서 이륙거리가 1,000피트라고 한다면 운용고도 5,000피트에서는 약 2,000피트의 이륙거리가 필요할 수 있다.

활주로의 길이를 늘릴 수는 없다. 기상 조건을 어찌할 방법이 없다면 항공기의 무게를 줄이는 방법밖에 없을 것이다. 때로는 수백 파운드에서 수천 파운드의 무게를 줄이기 위해서 유상화물(payload)을 내려야 한다. 항공사로서는 수입의 감소를 초래하겠지만 항공안전을 최우선으로 다루는 항공기 운항의 특성상 이를 감수하지 않으면 어찌하겠는가? ✈

마의 11분 ······✈

비행기의 최종접근경로(final approach path) 선상에서 또는 이들 비행기를 가까이 볼 수 있는 위치에서 이륙을 위해 활주로를 빠르게 이동하는 거대한 동체를 가진 비행기를 보라. 아니면 항공 여행중 이륙중인 비행기에 탑승하고 있다고 가정해 보자.

어느 형태의 비행기든 이륙하기 전에 최대동력(maximum power)을 사용한다. 이들 비행기 옆에 있다면 고막이 찢어지는 듯한 항공기 소음에 놀라게 된다. 최대 중량을 적재한 비행기가 제한된 활주로에서 이륙속도를 얻기 위해서 동력을 최대로 사용하고 있기 때문이다.

활주로에서 부양(lift-off)하여 지면으로부터 매우 낮은 고도에서 동력을 최대한으로 사용하고 있기 때문에 비행기가 정상적인 고도를 취하기까지는 매우 위험한 상태에 놓여 있고, 실제로 조종사뿐만 아니라 지상에 있는 관제사들까지도 안전고도(safe altitude)에 도달할 때까지 아마도 비행기에 탑승하고 있는 당신까지도 숨을 죽이고 긴장하는 시간이 될 것이다. 안전고도에 도달할 때까지 대략적으로 3분 정도가 소요된다.

목적지 상공에 도착한 비행기의 조종실은 착륙 조작에 들어가기에 바쁘다. 지상에서 보았을 때 아무리 넓고 긴 활주로라 할지라도 수십 마일 밖의 수천 피트 상공에서 보았을 때 활주로는 마치 손가락만한 크기로 나란히 정렬되어 있다. 조종사는 비행기를 이 작은 활주로에 정렬시키기 위해서 여러 차례 선회하는 것을 느낄 수 있을 것이다. 물론 조종사는 레이더의 조력과 계기를 활용하고 있다. 이즈음에 도달해서 비행기는 속도를 감소해야 한다.

▲ 조종사에게 이륙과 착륙은 가장 긴장된 순간이다. 실제 많은 항공기 사고가 이 과정에서 발생하고 있다. 최대 적재량을 탑재한 상태에서 이륙은 가용한 최대 동력을 적용하여 이륙을 시도하지만 전체 비행과정에서 실제 이 최대 동력이 사용되는 비율은 극히 낮다. 그렇다고 이를 무시할 수 없기 때문에 적절한 절충이 요구된다.

그렇다고 비행기가 고도를 유지할 수 없을 정도로 감속해서도 안 된다.

일반적으로 비행기가 활주로까지 약 3°의 활공각(glide angle)으로 접근한다. 정상적인 날개의 힘만으로 비행기를 지탱하기에는 부족하기 때문에 플랩(flaps)을 내리기 시작한다. 비행기의 날개 부근에 탑승하고 있는 사람은 이상한 기계음이 들리면서 날개의 안쪽 부근에서 큰 패널이 빠져 나오고 있는 것을 관찰할 수 있다. 이것이 공중에서 비행기 날개의 양력을 보조할 수 있는 고양력장치(high lift devices)이다.

이제 비행기는 더 이상 감속할 수 없는 속도에 도달해 있고 활주로에 점점 다가오고 있다. 동력을 최소한으로 감소하고 있으니 엔진 소음보다는 공기에 스치는 소리가 더 크게 들린다. 승무원들은 승객들의 좌석을 정위치(upright)에 놓았는지 그리고 안전벨트를 다시 한 번 확인하고 비행기가 곧 착륙하게 될 것이라는 방송을 한 후 자신들도 좌석에 앉아 안전벨트를 착용한다. 객실은 어느 누구하나 기침소리도 없는 긴장의 정적이 흐른다.

▲ 항공기의 속도영역이 클수록 최저 속도와 최대 속도의 차이는 커진다. 착륙은 속도가 낮을수록 안전하지만 낮출 수 있는 범위는 한계가 있어 플랩을 사용하여 최대한 착륙속도를 낮춘다. 또한 동력 역시 최저 속도를 유지할 수 있을 정도로 낮추어 접근한다. 착륙장치도 완전히 내려져 있고 고도는 지상에 점차 가까워지고 있다. 조종사로서는 가장 불리한 상황이다.

한 동안 긴장은 계속되고 어느 순간 바퀴가 활주로에 닿는 감각을 느끼면서 모두는 가늘게 안도의 숨을 내쉬는 순간까지 긴장의 연속이다. 그 시간은 대략 8분 정도이지만 길게 느껴질 것이다. ✈

▲ 이륙 중 조종사 실수에 의한 사고

항공기 이착륙 방향 ……✈

인간은 하늘을 자유롭게 나는 새를 보면서 새처럼 날아보고자 했던 조인의 꿈을 실현하였듯이 새들이 날아다니는 모습에서 많은 것을 학습하게 된다. 가끔 야외에 나가 새들이 나무에 앉거나 날아가는 모습을 주의 깊게 관찰해 보면 나무에 앉을 때 바람이 불어오는 방향으로 나무에 앉는 모습을 관찰할 수 있다. 날아가는 속도에서 바람에 밀려가지 않고 나무에 앉기 위해서 착지하는 순간 몸의 자세를 수직으로 만들면서 동시에 날개를 활짝 펴 공기의 저항을 최대로 활용하여 정지상태가 되면서 나무에 사뿐히 내려 앉는다.

고정날개 비행기는 물론이고 회전날개 항공기 또는 레저용 소형 항공기 모두 바람방향에 따라 항공기의 이착륙(takeoff and landing) 방향이 결정된다. 공항의 활주로 방향을 결정하는 요소 중 하나가 바람방향이다. 특정 지역에서 연중 불어오는 바람의 방향을 측정하여 가장 우세한 바람방향으로 활주로 방향이 결정된다.

활주로 방향이 "RWY 27과 RWY 09"라고 가정하자. 바람이 270° 방향에서 불어온다고 했을 때 항공기 이륙 및 착륙은 RWY 27을 활용하게 된다. 그러나 오후에는 바람방향이 바뀌어 90° 방향에서 불어오고 있다면 항공기의 이착륙 방향도 RWY 09로 변경된다.

"왜, 이 같이 이착륙 방향이 변경되는가?" 앞서 새의 경우를 들어 설명했듯이 항공기도 바람의 영향을 충분히 활용하기 위해서 이다. 예를 들어 이륙속도가 60노트인 비행기가 바람이 불고 있지 않은 상태에서는 비행기의 이륙속도가 60노트에 도달해야 비행기는 부양할 수 있다. 그러나 활주로에 맞바람(headwind)이 10노트(knots) 불고 있다고 가정했을 때 비행기는 50노트만 가속하여도 10노트의 맞바람 영향을 받아 부양할 수 있는 부가적으로 힘을 얻을 수 있다. 반대로 활주로에 뒷바람(tailwind)이 10노트 불고 있다면 비행기의 이륙속도가 60노트에 도달했을 때 비행기의 실제 속도는 50노트에 불과하기 때문에 비행기는 정상적으로 부양할 수 있는 힘을 얻기에 부족한 결과를 초래할 수 있다. 그 상태에서 이륙 조작을 했을 경우 부양력이 부족하여 비행기는 정상적으로 부양하지 못하고 다시 활주로에 침하하는 불안전한 현상을 초래하거나 정상적인 이륙속도에 도달하기 위한 무리한 이륙활주는 정상적인 활주거리보다 더 긴 활주거리를 요구한다.

▲ 착지 순간 날개를 활짝 펴 속도를 줄이고 있다.

▲ 항공기 이륙과 착륙은 특별한 상황이 존재하지 않는 한 항상 맞바람을 받으면서 수행된다.

착륙시 비행기의 속도를 최대한 낮출 수 있다면 비행기를 조종하기가 더욱 수월하다. 이를 위해서 비행기 날개를 보조할 수 있는 앞전 플랩(leading edge flap)과 뒷전 플랩(trailing edge flaps)을 사용하여 최대로 속도를 낮추지만, 이와 더불어 바람의 영향 역시 무시할 수 없는 중요한 요인으로 작용한다. 바람을 안고 착륙을 시도할 때 바람의 속도만큼 비행기의 속도를 감속할 수 있지만, 반대로 바람을 등지고 착륙을 시도할 때 바람의 속도만큼 비행기의 속도가 증가해야 하기 때문에 착륙속도가 빨라지고 속도가 빨라진 만큼 착륙거리가 증가하게 된다. 이 같은 상황에서 활주로가 짧은 곳에서는 안전한 착륙에 지장을 초래할 수 있다. 따라서 모든 항공기의 이착륙은 반드시 맞바람의 상태에서 수행된다. ✈

▲ 착륙속도를 낮추기 위한 앞전과 뒷전 플랩

수직이착륙 항공기 ······✈

비행기와 활주로는 불가분의 관계에 있다. 너무도 당연한 이 개념을 깨뜨린 것이 수직이착륙(vertical takeoff and landing) 항공기이다. 수직이착륙 항공기가 현실에 등장하기 전에 이미 공상과학의 세계에서는 그 진가를 발휘하고 있었다. 결국 공상과학의 세계가 현실로 등장했다는 것인가? 얼마든지 가능성이 있는 사실이다.

고속 전투기는 속도와 무장 능력이 증대한 만큼 더 긴 활주로 시설을 필요로 한다. 공항시설이 클수록 적에게 노출될 가능성이 크고, 적의 포병, 미사일, 공군의 주요 공격목표로 선정된다. 제 아무리 유능한 조종사와 최첨단의 전투기라 할지라도 활주로 없이 이륙이 가능한가?

이러한 필요성은 수직이착륙 항공기의 개발을 성공하는 계기가 되었다. 현재까지 개발된 수직이착륙 항공기는 두 가지 종류가 있다. 프로펠러 비행기가 이륙시에는 프로펠러를 수직으로 세운 뒤 마치 헬리콥터와 같은 기능으로 비행기를 부양시킨 후 프로펠러의 각도를 서서히 전방으로 기울여 앞으로 전진하는 힘을 발생시켜 비행기를 전진시키고, 일정 고도와 속도에 도달해서는 프로펠러를 완전히 전진 방향 위치로 놓아 완전한 비행기의 형태로 비행하게 되는 것이다. 이것은 프로펠러 비행기에 헬리콥터의 기능을 응용한 형태라고 볼 수 있다. 또 다른 종류는 만화에서나 볼 수 있는 비행접시(flying saucer)의 개념을 응용하여 비행기 동체의 하단에 비행기의 엔진에서 발생하는 고속 고압의 제트분사(jet blast)의 힘으로 동체를 부양시킨 후 비행기를 전진시킨다.

▲ 수직비행 모드와 전진비행 모드로 비행하는 전형적인 수직이착륙 항공기, Bell Boeing V-22 Osprey.

이들 수직이착륙 비행기는 공간의 제한을 최소화시킬 수 있어 군용 항공기의 기지(base)를 은폐시킬 수 있을 뿐만 아니라 거대한 항공모함이 아니더라도 헬리콥터가 착륙할 수 있는 공간에 탑재하여 상선에 투입된다면 이동하는 항공기지로서 운용될 수 있다. 민간항공에서도 수직이착륙 항공기의 개발에 박차를 가하고 있다. 얼마 전 미국에서는 제트엔진을 장착하여 수직이착륙이 가능한 소형 비행기를 개발하여 시험비행까지 마친 적이 있다. 아직은 제트엔진에서 발생하는 엄청난 소음 문제, 항공기 부양에 따르는 부가적인 엔진 동력의 필요성, 제트분사로 인한 지면의 침식과 먼지 발

▲ 항공기가 수직으로 이륙 및 착륙하기 위한 기본원리는 제트엔진의 분사 방향을 자유롭게 전환할 수 있어야 한다. 제자리비행을 위해서 기체 중간에 2개의 하향 배기가스를 분출할 수 있도록 설계되어 있고, 전진비행하면서 배기구를 수평으로 전환하도록 설계되어 있다.

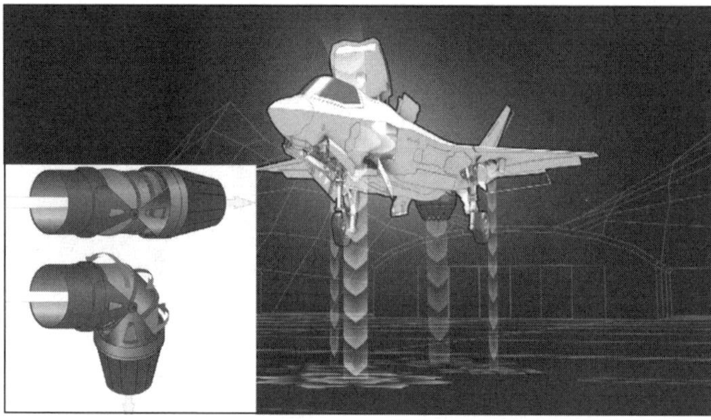

▲ 추력 방향을 바꾸거나 자유롭게 조절할 수 있다면 뛰어난 기동성은 갖추게 될 것이다. F-35의 경우는 터보팬 엔진에서 생산된 배기가스를 하향 4-방향으로 분산 배출하여 균형을 잡고 있다.

생, 조종성, 기동성, 안정성 등에 대한 연구가 진행되고 있지만 머지않아 공중에서 자유자재로 이동할 수 있는 꿈의 항공기가 탄생할 수 있을 것으로 보고 있다. ✈

▲ F-35의 배기구와 전방 팬 그리고 양쪽 날개 하부에 공기를 배출하여 균형을 유지한다.

객실에서 무선기기 사용 제한 ……✈

현대인에게 휴대폰(mobile phone or cellular phone)은 필수품이 된 것처럼 전파의 발달은 인간생활을 어디까지 변화시킬 수 있는지 가늠하기조차 어려울 정도로 빠르게 변하고 있다. 기존의 통신 방식은 전선을 이용한 유선통신(wire communication)이지만 무선통신은 군이나 특정 기관 등에서만 활용되는 것으로 인식되어 왔던 것이 불과 몇 년 전이었으나 지금의 상황은 가히 무선통신(radio communication) 시대라 할 만큼 보편화되었다.

항공기에서 무선통신 장비는 필수적으로 요구되는 장비 중의 하나이다. 관제사와 교신을 위한 무선통신 장비와 지상의 항법보조시설 등은 모두 무선 전파를 수신하여 활용한다. 민간항공에서는 주로 초단파(VHF)를 사용하여 무선통신과 항법장비(navigation equipment)를 활용하는 반면 군항공기는 주로 극초단파(UHF)를 사용한다.

항공기 여행 중에 승무원은 객실(cabin)에서 무선통신 장비의 사용을 제한하고 있다. 이 같은 이유는 무엇인가? 무선통신에서 주파수만 동조한다면 무한대의 사용자가 활용할 수 있고 다른 주파수의 간섭을 받을 수도 있다. 휴대폰을 사용하다보면 우연히 다른 사람의 통화 내용을 들을 수 있는 경우를 경험해 보았을 것이다. 이처럼 전파의 간섭(interference)은 언제든지 발생할 수 있는 개연성을 갖고 있다. 항공기의 계기는 지상의 전파를 수신하여 이를 조종사가 볼 수 있는 계기의 지시침으로 지시되기 때문에 부정확한 전파 또는 간섭에 의한 영향은 지시침을 부정확하게 지시하는 원인이 된다.

▲ 항공기에는 지상 관제시설과 교신하기 위한 통신장비, 항법을 위한 전자장치 외에도 수많은 전자장치들을 갖추고 있다. 이들 전자장치는 전파방해 혹은 간섭 받을 수 있는 가능성 때문에 계기접근단계에서 최대한 자제를 요청하는 것은 결국 모두의 항공안전을 위한 길이다.

구름이나 안개로 시계가 제한된 상황에서 계기비행으로 착륙 접근중 조종사는 오직 계기(instruments)의 지시에 의존하고, 긴장감이 감도는 가운데 당신은 친구, 친척 또는 연인에게 당신의 도착을 알리려고 무의식적으로 사용한 휴대용 전화의 사용으로 계기의 지시에 영향을 미친다고 상상해 보라!

휴대용 전화가 대중화되면서 공공장소, 회의실, 강의실, 연주회 등 시간과 장소를 가리지 않고 울려대는 휴대용 전화의 사용에 대한 기본 예의에 많은 문제점으로 지적되고 있는 현실에서 항공기라고 예외일 수는 없을 것이다. 이 같이 무의식적으로 습관화된 작은 실수가 엄청난 결과를 초래할 수 있다는 사실을 알고도 이를 사용하겠는가? 정보통신의 발달로 현대인은 한 순간도 이들 장비를 손에 놓지 않으려는 심리적 예속 상태에 빠진 사람들도 적지 않다. 이 같은 환경에서 무조건 무선통신 장비의 사용을 제한하기보다 항공기의 전자장비가 주변의 전자파에 영향을 받지 않도록 철저하게 보호될 수 있도록 설계된다면 항공기 운항 중이라도 얼마든지 필요한 휴대전화 혹은 인터넷을 활용할 수 있지 않을까! 실제 각 국의 항공업계에서

▲ 위성항법이 발달하면서 항공기-위성, 항공기-항공기, 위성-지상 관제시설, 항공기-지상 관제시설, 항공기-감시관제기관 등 수많은 무선통신이 이루어지고 있다. 특히 위성의 출력은 상대적으로 약하기 때문에 간섭에도 취약할 수 있다.

는 항공기 전자장비가 외부의 영향을 받지 않도록 설계하여 승객들이 더욱 편리하게 여행할 수 있는 환경을 조성하고 있다. ✈

수상이착륙 항공기 ……✈

"물위에 떠 있는 비행기를 보신 적이 있습니까?"

지상의 활주로에서만 이착륙이 가능한 것으로 알고 있으나 넓은 호수 위에서 또는 파도가 잔잔한 바다 위해서 힘차게 물보라를 일으키며 이륙하는 비행기의 모습은 마치 한 마리 오리가 비상하는 것과 같이 유연하게 하늘로 날아오른다.

비행기의 이착륙 장치와 함께 물위에 뜰 수 있도록 2개의 플로트(float)를 장착한 비행기의 형태가 있는가 하면 비행기의 밑바닥을 보트의 밑바닥과 같은 모양으로 설계되어 물위에 뜰 수 있도록 고안된 형태가 있다. 수상 비행기라고 해서 오직 물 위에서만 운용할 수 있는 것이 아니라 지상에서 착륙할 수 있는 바퀴가 장착되어 있어 수상과 육지 모두에서 운용할 수 있도록 되어 있다.

일단 공중에 이륙한 비행기는 어느 비행기와 다를 바가 없지만 외부에 장착된 플로트는 공기의 저항을 크게 받을 수 있어 운용에 제한을 받을 수 있다. 이들 수상 이착륙 비행기(seaplane)가 물위에서 이동할 때 조향을 위해서 물속에 잠기는 플로트의 뒤끝에 보트의 조타(steering) 장치와 같은 방향타가 설치되어 있다.

비행기의 이동은 프로펠러의 추력을 이용하고 방향 전환이 필요할 때는 방향타로 전환할 수 있다. 수상 이착륙 비행기는 호수 또는 담수호가 있는 지역에서 별도의 활주로를 건설하기보다 수상 이착륙 경로를 선정하여 레저용으로 많이 활용되고 있다.

▲ 수상기가 승객을 실어 나르는 운송용 항공기로 때로는 항공 레저의 일환으로 수상기는 매력적이다. 위의 비행기는 바닥이 배의 밑바닥과 같이 되어 있고, 아래 비행기는 플로트를 장착하고 있다.

우리나라와 같이 삼면이 바다이고 연근해를 중심으로 크고 작은 많은 섬들이 있어 수상기 운용에 적당한 조건을 갖추고 있다. 내륙에서도 큰 강이라든지 호수 등도 수상기 운항에 좋은 여건을 제공하고 있다. 다만 수상 운항 중 기름 유출로 인한 피해 등으로 인한 환경 문제와 소음으로 인한 피해를 방지할 수 있는 대책만 수립된다면 국내에서도 수상기 운항을 위한 최적의 장소가 적지 않다. ✈

▲ 가스터빈엔진을 탑재한 대형 수상기

새와의 전쟁 ……✈

"새와의 전쟁!"

하늘을 자유롭게 나는 새들을 보면서 인간도 새와 같이 날아보고자 하는 꿈을 실현하였건만 새와의 전쟁이라니 이게 무슨 말인가? 어느 공항을 막론하고 새들로 인한 피해 사고가 빈번히 보고되고 있다. 항공기의 이착륙 장소로 활용되는 공항은 주변에 큰 장애물이 없고 활주로를 중심으로 넓은 공간을 형성하고 있다. 활주로 외곽 지역에 다른 건축물이 들어설 수 없고 이들 공간은 잔디나 잡초가 무성하게 자라 있어 풍부한 먹이와 서식지를 제공한다. 특히 도심 주변에 살고 있는 토착 새들에게 이들 공간은 아주 좋은 서식지를 제공하고 있다.

고속으로 회전하는 프로펠러에 부딪치는 사고도 있지만 더 심각한 것은 터보제트엔진을 장착한 고속의 전투기 또는 성인의 키 만한 터보팬 엔진을 장착한 대형 여객기의 엔진 속으로 빨려 들어가는 사고이다.

전투기와 같은 터보제트(turbojet) 엔진은 전방에 공기를 흡입하는 커다란 공기흡입구(air inlet)가 있고, 터보팬(turbofan) 엔진은 고속으로 회전하는 대형 팬이 엔진 앞에 장착되어 있다. 공기흡입구 속으로 또는 대형 팬으로 새가 빨려들어 갔을 때 공기흡입구를 막히게 하거나 엔진 작동에 치명적인 영향을 미칠 수 있다. 이 같은 이유 때문에 공항에서는 새들을 쫓기 위한 한 판 승부가 벌어지고 있는 것이다. 새총으로 무장한 새 퇴치 요원들을 구성하여 활주로 주변에 기생하는 새들을 쫓는 것이 주요 임무이다. 자연보호가 잘 발달된 미국의 경우에도 공항 주변에서만은 제발 새들에게 먹이를 주

▲ 공항과 공항 주변은 텃새들이 서식하기 좋은 환경이다. 해안가에 위치해 있는 공항은 갈매기 혹은 오리 종류의 물새들의 이동경로와 이착륙 경로가 필연적으로 겹치게 된다.

지 말 것을 일반인들에게 호소하고 있을 정도이다. 요란한 소리를 내는 새총, 허수아비, 그물, 인조 새매까지 등장하지만 얼마 되지 않아 인조 새매의 머리 꼭대기에 앉아 인간의 행위를 비웃기라도 하듯 머리를 조아린다. 그렇다고 개와 같은 동물을 풀어놓을 수도 없는 것은 또 다른 충돌사고의 원인이 될 수 있기 때문이다.

새와 충돌했을 때 그 충격이 어느 정도인지 알아보기 위한 실험에서 약 5kg의 새가 상대속도 275 km/h로 비행하는 항공기와 부딪쳤을 때 그 충격은 약 100kg의 물체를 약 15m 높이에서 떨어뜨렸을 때 받는 충격과 같다.

고공으로 운항하는 항공기는 일단 새들의 위험에서 벗어나겠지만 이륙해서 안전고도에 도달할 때까지 안심할 수 없다. 지상에서는 낮게 날아다니는 토착 새들 때문에 고심하고 있지만, 이륙경로 선상에서는 철새 떼를 소심하여야 한다. 오리나 거위와 같은 철새들은 고도 3,000피트에서 주로 이동하는 것으로 보고되고 있지만 때로는 7,000피트 상공에서도 활동하고 있는 것으로 보고되고 있다. 이래저래 새와의 전쟁에서 승패는 언제 끝 날 수 있

▲ 비상착수 후 승무원의 도움으로 신속하게 탈출하고 있다. 동체는 밀폐된 공간이기 때문에 동체에서 신속하게 빠져나오는 것이 최우선이다.

을 것인지 그 끝은 없을 것 같다.

"2009년 1월 15일 오후 3:27..."

US Airways Flight 1549는 승객 150명과 승무원 5명이 탑승한 에어버스 쌍발엔진 A320-200 여객기는 뉴욕 LaGuardia 공항의 RWY 4에서 워싱턴의 Seattle-Tacoma 국제공항을 향하여 이륙하였다. 여객기는 이륙하여 초기상승 단계에서 한 무리의 거위 떼와 충돌하면서 엔진 동력을 상실했고 조종사는 Manhattan 중부에 있는 허드슨 강에 비상착수했지만 한 명의 희생자도 없이 전원 구조에 성공하였다.

허드슨 강의 기적을 일룰 수 있었던 것은 무엇보다도 기장의 현명한 판단력이다. 엔진 고장이 발생했던 시점은 상승 중이었기 때문에 고도와 속도 모두 낮은 상태였기에 더욱 불리한 상황이었다. 양 쪽 엔진 모두 고장을 일으키는 치명적 상황이었지만 불행 중 다행히도 기장의 눈에 들어온 허드슨 강이 최적의 비상착륙 장소가 되었다. 기장은 관제탑에 허드슨 강에 비상착륙을 하겠다는 의도를 명확하게 통보했고, 관제탑에서는 관련 기관에 즉각

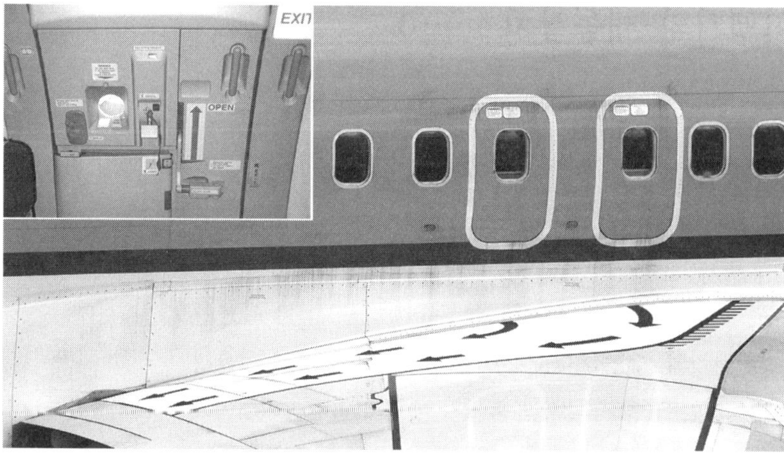

▲ 여객기에는 비상탈출을 위한 앞쪽과 뒤쪽 출입구 외에도 중간에 혹은 날개가 있는 부분에도 비상구가 마련되어 있다. 비상구는 빨간색으로 “EXIT” 문자와 개폐 방향이 그려져 있다.

이 사실을 전파하여 신속한 구조작업에 나설 수 있었다.

항공기가 비상착수(ditching)한 후 조종실 승무원(cabin crews)은 물론이고 객실승무원들의 침착한 대응이 초기 인명 피해를 예방할 수 있었던 것으로 보인다. 다행이도 주변에 운항 중이던 선박들이 신속한 구조에 나섰고 기내 승무원들의 정확한 상황 판단으로 앞쪽 출입문과 오버윙 비상출구(overwing exit)를 신속하게 개방하고 비상탈출 슬라이드(evacuation slide)를 전개시켜 모든 승객들을 안전하게 탈출시킬 수 있었다.

허드슨 강의 기적(Miracle of Hudson river)은 기장과 승무원의 투철한 직업정신과 재난에 대응하는 선진국의 잘 갖춰진 시스템이 빛을 발했던 사건으로 기록되었다. 이 사고에서 기장이 조치할 수 있었던 시간은 단지 208초에 불과했고 비상착수한 후 6분 만에 155명의 탑승객 전원이 안전하게 구조되었다는 점에서 조종사, 객실승무원 그리고 기내에서 다른 승객의 탈출을 도왔던 승객이 하나가 되어 이룩한 성공적 결과가 아닐 수 없기에 다시 한 번 주목을 받는 이유이다. ✈

비행기의 제동장치

"비행기의 제동장치(brake)는 어떻게 작동되고 있을까?"

저속이든 고속 항공기든 속도가 제로까지 감속되어야 정지할 수 있다. 비행기가 유도로(taxiway)를 따라 이동한다든지 또는 활주로에 진입한 후 이륙활주(takeoff run) 그리고 활주로에 착지하여 착륙활주(landing run)하는 경우는 비행기의 바퀴가 활주로 표면에 접촉되어 있기 때문에 활주로 표면과의 마찰(friction)을 증대시켜 제동력을 발휘할 수 있다.

자동차의 제동원리와 별반 다를 바 없으나 브레이크 페달은 러더페달의 약 1/4 부분에 장착되어 있다. 조종사의 양발은 항상 러더페달에 얹혀 있고 브레이크를 사용하고자 할 때 발꿈치를 약간 들어 발끝(toe)으로 브레이크 페달 부분을 밟아 제동을 건다. 이동 중 방향 전환은 브레이크에 가하는 압력에 따라 방향을 전환할 수 있다. 예를 들어 왼쪽으로 돌고 싶다면 왼쪽 브레이크 페달에 더 많은 압력을 가하면 왼쪽 바퀴는 거의 정지 상태가 되면서 오른쪽 바퀴는 계속 이동하기 때문에 비행기는 왼쪽으로 방향을 전환할 수 있다.

특히 문제가 될 수 있는 것은 활주로에 착지된 순간 비행기의 제동 방법일 것이다. 운송용 항공기 또는 고속 전투기들의 착륙 속도는 최저 160노트(시속 약 280킬로)에 달한다. 당신의 자동차로 시속 280킬로까지 달릴 수도 없겠지만, 이 속도에서 승객이 불안을 느끼지 않도록 유연하게 제로의 속도까지 감속해야 한다. 자동차와 달리 비행기의 제동장치는 뒤에 있는 주바퀴에만 장치되어 있다.

▲ 고속 전투기의 제동장치

자동차는 네 바퀴로 매우 안정된 반면 비행기는 삼각형 모양이고 앞바퀴는 방향을 유도하는 기능을 한다. 고속으로 착륙 중 선불리 제동장치를 작동시켰을 때 비행기는 순간적으로 활주로 중심을 벗어나는 사고가 발생할 수 있다. 특히 활주로 표면이 젖어 있거나 눈으로 덮여 미끄러운 경우는 더욱 조심해야 한다.

제한된 활주로 길이에서 고속으로 착륙하는 비행기를 제동시키기 위해서 브레이크 장치로만 부족하기 때문에 이를 보조하는 장치들이 있다는 것을 눈여겨볼 필요가 있다. 먼저 고속으로 착륙중인 비행기가 비록 활주로에 착지되었다 할지라도 날개에서는 계속해서 부양하려는 힘이 남아 있다. 우선 이 힘을 제거하고 비행기의 무게가 가능한 한 빨리 활주로에 접촉해 있는 바퀴에 실릴 수 있도록 해야 한다. 비행기가 활주로에 착지하는 순간 날개의 윗면에서 긴 패널이 불쑥 수직으로 세워지는 것을 관심이 있는 분이라면 놓치지 않고 보았을 것이다. 이것이 스포일러(spoiler)라는 장치인데 공기역학적으로 날개에서 발생하는 양력을 감소시키는 장치이다. 스포일러는 공중에서 감속하기 위한 장치로 사용되기도 한다.

▲ 스포일러는 날개 위의 양력을 제거하여 제동 성능을 향상시킨다.

수평비행 중인 비행기의 속도가 감소하면 비행기는 고도가 떨어지기 시작한다. 현재의 고도를 유지하면서 속도를 줄이려면 줄어든 속도만큼의 양력을 보상해 주어야 한다. 이 역할을 할 수 있는 것이 플랩이고, 반대로 스포일러는 공기역학적으로 날개의 부양력을 감소시키는 기능을 한다. 어느 장치를 사용하든 제한 사항들을 준수하여 사용해야 하고 특히 제한속도 범위를 초과하여 사용했을 때 공기의 힘에 의해서 파손될 수 있다.

조종사는 목적지 공항이 결정되었을 때 반드시 목적지 공항 활주로에 대한 확실한 정보를 확인해야 한다. 항공기 성능에 따른 착륙 활주로의 길이가 충분한지 기상보고와 항공기의 성능 요소를 모두 고려하여 착륙이 가능한 활주로 길이를 결정해야 한다. 예를 들어 고온 고밀도고도의

▲ 꼬리 후방에 있는 패널을 전개시켜 속도를 감소하고 있다.

▲ EMAS는 활주로의 연장부분으로 이륙을 포기한 항공기 또는 착륙 중 활주로를 벗어난 항공기를 정지시키기 위해서 연약지반으로 포장하여 정지시킨다.

공항에 착륙해야 한다면 착륙거리는 일반 조건의 공항보다 훨씬 길어질 수 있다. 때로는 사용 활주로가 어떠한 이유로 폐쇄(closed)되어 예비 활주로로 착륙해야 할 때도 활주로 거리가 다를 수 있어 사전에 충분히 검토한 후 대비해야 한다.

이와 같이 비정상적인 조건에서 착륙할 때 항공기는 규정된 활주로를 벗어날 수 있다. 이를 대비하기 위해서 일부 활주로에서는 강제제동장치 또는 시설을 갖추고 있다. 이외에도 활주로 끝부분에 EMAS 시설을 깔아 놓아 항공기가 활주로를 초과(overrun)했을 때 연약지반이 깨지면서 항공기의 제동을 보조할 수 있는 시설이 있다. ✈

역추력장치 ……✈

역추력(reverse thrust)이란 동력장치에서 생산된 배기가스 줄기를 앞으로 밀어내 항공기는 후방 추력(rear thrust)을 얻는 원리이다. 대부분의 운송용 항공기와 군수송기는 역추력 기능을 갖추고 있지만 전투기에서는 무게 혹은 기계적 복잡성 때문에 역추력장치가 제한적으로 적용된다.

역추력은 항공기의 제동성능을 크게 향상시킨다. 역추력장치가 착륙단계에만 적용되는 것은 아니다. 비록 제한적이기는 하지만 비행 중 역추력을 사용할 수 있도록 허용된 항공기도 있다. 민간 항공기로는 120~180석 규모의 Hawker Siddeley Trident는 역추력을 사용하여 분당 10,000피트까지 급강하할 수 있도록 설계되었다. 특히 전략물자를 공수하는 군수송기는 적의 대공화기로부터의 격추 위험을 피하기 위해서 급강하 능력이 필수적이다. 예를 들어 C-17A 수송기는 4개의 엔진 모두 역추력을 적용하여 분당 15,000피트로 급강하할 수 있어 전투 환경에서 탁월한 성능을 발휘하고 있다.

이외에도 지상에서 역추력장치를 사용하여 항공기를 후진시킬 수 있다. 이와 같이 엔진 자체의 동력에 의한 후진을 파워백(powerback)이라 한다. 그러나 프로펠러 혹은 제트엔진 배기가스가 항공기 전방으로 분출되면서 게이트 시설물과 근무자들에게 직접적인 피해를 줄 수 있어 특별한 경우를 제외하고 권장되지 않는다.

제트엔진의 역추력은 프로펠러의 역추력에 비해서 효율성이 떨어지는 것은 사실이지만 매우 유용하게 활용된다. 기본적으로 제트엔진의 역추력은

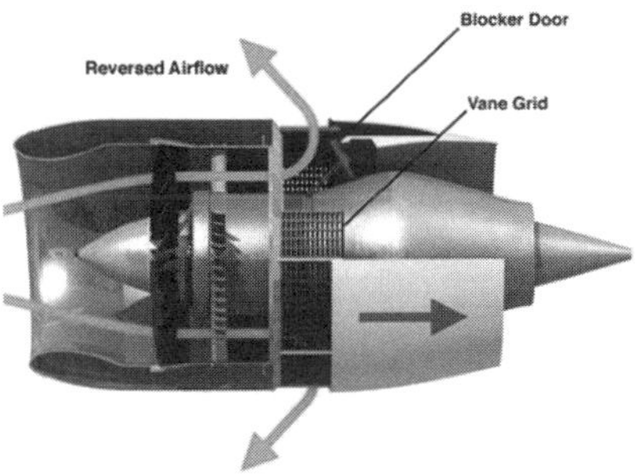

▲ 터보팬 엔진의 중간 부분이 열리면서 팬의 공기흐름을 전방 45도 방향으로 전환시켜 역추력을 얻는 방식이다.

엔진에서 생산된 배기가스의 흐름을 후방에서 전방으로 방향을 전환시켜 얻는다.

제트엔진에서 역추력장치의 핵심은 배기가스의 방향을 어떻게 효과적으로 전환시키느냐에 달려 있다. 제트엔진의 구조적 그리고 공기역학적 특성으로 인해서 배기가스의 흐름을 완전히 반대방향으로 전환시킬 수 없다.

이에 비해 프로펠러는 블레이드 피치(blade pitch)를 변경시켜 공기흐름 방향을 180°로 변경이 가능하여 효율이 높다. 반면 제트엔진에서는 대략적으로 45° 방향으로 배기가스를 배출하기 때문에 전방추력과 동일한 양의 스로틀을 적용했다 하더라도 유효추력은 작다.

▲ 버킷 보양 역추력 장치. 이 유형의 역추력장치는 고온의 배기가스에 직접 노출되기 때문에 이에 충분히 견딜 수 있는 재료로 제작되어야 한다.

▲ 착륙활주 중 역추력장치를 작동시켰을 때 엔진 외부표면이 열리면서 캐스케이드 구조물이 공기흐름을 앞쪽으로 유도한다. 젖은 활주로에 착륙할 때 물보라가 앞쪽으로 이동하고 있는 것을 관찰할 수 있다. 이외에도 발생된 공기흐름이 바퀴에서 발생 열을 식히는데도 활용된다.

제트엔진에 사용되는 역추력장치들은 크기가 크고 무거워 원위치로 되돌리는데 약간의 시간이 소요될 수 있다. 이외에도 동력이 역추력으로 전환되고 더 높은 추력을 발생시키는 과정에서 1~2초 정도의 시간이 소요될 수 있다. 또한 다발엔진 항공기에서 전체 엔진이 동시에 역추력 발생이 어려울 수 있다. 역추력은 활주하는 동안에 항공기 주변의 흐름을 역류시킬 수 있어 바퀴 제동장치의 열을 식혀 줄 수 있는 부가 효과를 얻을 수 있다. ✈

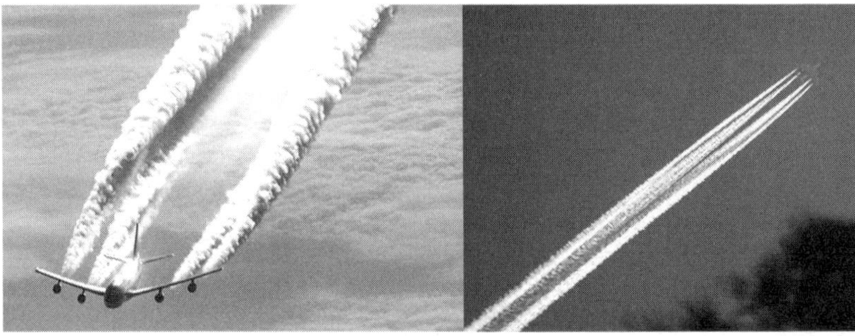

▲ 제트엔진에서 뿜어져 나오는 거대한 비행운을 관찰할 수 있다. 근본적으로 화석연료를 태워서 발생하는 것으로 대기오염의 한 원인이기도 하다. 배출가스를 감소시키기 위한 국제적 연구와 노력이 진행되고 있다.

엔진의 배기가스에는 비록 적은 양이지만 수증기를 함유하고 있다. 배기가스가 대기로 배출되면서 주위의 공기에 의해서 냉각되고 주변 공기의 수증기가 포화에 가까운 상태에 있으면 약간의 수증기(water vapor)만으로도 포화 상태에 도달하여 구름이 형성된다. 주변 기온이 낮을수록 미량의 수증기만으로도 포화(saturation)에 도달할 수 있음으로 비행운은 낮은 기온 조건에서 습기가 높을 때 쉽게 형성될 수 있고 고고도에서 비행운을 쉽게 관찰할 수 있다. 구름이 형성되기 위해서는 응결핵이 필요하다. 비행기가 고층 대기권을 비행할 때 내뿜는 배기가스에 포함되어 있는 수증기가 주변 찬 공기와 만나면서 급격하게 결빙(freezing)되어 구름이 형성될 수 있는 응결핵(condensation nucleus)을 제공한다.

제트엔진이 지구환경에 미치는 영향에 대한 연구를 간단히 소개한다. 저널 "Geophysical Research Letters"에 보고된 내용에 의하면 2050년에는 항공교통이 현재보다 6배 정도 늘어날 것으로 예상하고 있다. 비행운은 건조공기에서는 오래 유지되지 못하나 습도가 높은 조건에서는 약 1시간 정도 지속되는 것으로 알려져 있다.

NASA의 연구에 따르면 항공교통은 미국과 유럽의 상공에는 3.8%가 비행운으로 덮여 있으며 북미 동부 지역의 경우는 5.5%가 비행운으로 덮여

▲ 항공기 운항이 집중되는 구역의 비행운은 때로는 심각한 환경문제가 될 수 있다.

있다고 지적하고 있다. 이 연구에 따르면 1994년에서 1997년까지 전체 항공교통은 매년 7%씩 성장한 것으로 나타났다. 이 같은 추세에 비추어 2050년에는 유럽하늘을 덮고 있을 비행운의 평균량은 현재보다 4배 증가한 4.6%가 될 것이라는 결론을 내렸다. 미국의 경우도 2.6배 증가한 3.7%가 되며 아시아의 경우는 10배 증가한 1.2%에 해당할 것으로 보고 있다.

제트 항공기가 발생시키고 있는 비행운을 그저 신비한 모습으로 바라만 볼 수 없는 것은 지구 온난화(global warming)의 한 원인으로 작용하고 있기 때문이다. 현재는 기후에 큰 영향을 줄 수 있을 정도는 아니지만 제트엔진 항공기는 점점 증가할 것이기에 과학자들은 이에 대비할 수 있는 청정연료(clear fuel)의 개발을 서두를 것을 경고하고 있다. ✈

▲ IL-76 화물기와 사우디 B-747 항공기가 공중에서 충돌하여 두 항공기에 탑승하고 있던 349명 전원이 사망했다. 사고는 IL-76 항공기의 조종사가 관제사의 지시에 따르지 않았기 때문인 것으로 알려졌다.

졌다. 유례없이 많은 부상자를 낸 사고 사례였지만 엄청난 사고를 방지하기 위한 조종사의 필사적인 노력인 것이다. 미연에 접근중인 항공기를 발견하지 못한 원인을 찾아내겠지만 아무리 정밀한 시설과 장비를 갖추고 있다 하더라도 항상 사고 발생의 개연성은 존재하고 있다는 것을 보여주고 있다.

국제공항에는 많은 항공기들이 집중되는 곳이다. 공항 수용능력에 한계가 있다고 이들 항공기를 돌려보낼 수는 없다. 다수의 항공기를 수용할 수 있도록 공중의 일정 공간에서 육상 경기장(race track) 모양의 항로를 따라 공중 대기(holding)시킨 후 먼저 도착한 항공기 순으로 착륙 접근을 허가하여 활주로로 유도한다. 도착하는 항공기가 많으면 고도를 다르게 부여하여 하나의 층(stacks)을 형성한다. 이러한 상황에서 항공기 간의 분리는 상이한 고도로 수행된다. 조종사의 고도 준수는 필수적이다. 기압고도계(pressure altimeter)를 사용하는 모든 조종사는 관제사가 지시하는 고도계 수정치 값에 정확하게 입력해야 모든 항공기의 고도가 분리될 수 있는 것이다.

Pan Am-KLM 항공기 공중충돌 사고는 세계 민간 항공기 역사상 최악의 사고로 기록되었다. 1977년 3월 27일 저녁 5시 6분 카나리아 제도에서 KLM과 Pan Am의 B747 2대 항공기가 비좁은 공항 활주로에서 이륙하던

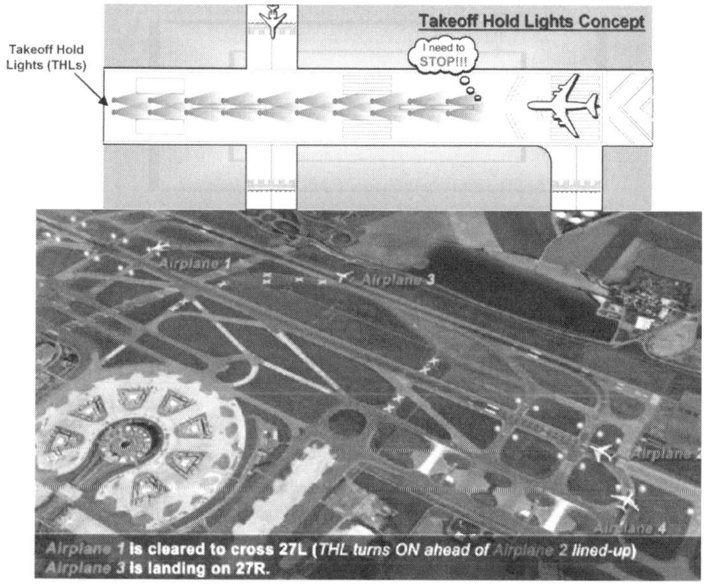

▲ 활주로상태시스템(RWSL)에 따라 1번 항공기가 활주로를 횡단하는 동안 활주로에서 이륙을 대기 중인 2번 항공기는 대기를 지시하는 적색 등화가 점등된다. 조종사는 공항등화시설에 완전히 익숙해 있어야한다.

순간 활주로에서 엉킨 상태로 이륙하지 못하고 충돌하여 폭발하는 바람에 두 항공기 모두 전소되었다. 이 사고로 탑승객 중 KLM에 타고 있던 탑승객 전원과 Pan Am에서는 386명의 탑승객 중 61명만 생존하여 탑승객 573명이 사망하는 대형 사고가 발생했다. 사고의 주원인은 안개로 인하여 시정이 불량한 상태에서 활주로와 주변에 있는 항공기의 움직임을 정확하게 관찰할 수 없었고 조종사와 관제사의 부정확한 의사전달로 밝혀졌지만 방지할 수 있었던 작은 실수로 인한 사고로 인한 희생이 너무 컸다. ✈

항공과 기상 ·······✈

맑고 청명함(clear sky), 강수 확률(precipitation probability), 안개와 바람 그리고 천둥과 번개를 동반한 폭풍우(storm) 등은 기상(weather)을 나타내는 용어들이다. 자연생태를 결정할 수 있는 기상현상은 인위적으로는 어쩔 수 없지만, 소중한 인명과 막대한 재산상의 손실을 입힐 수 있는 기습적인 폭우 또는 천둥과 비바람을 동반한 태풍과 같은 자연 재해를 일으킬 수 있는 기상현상을 정확하게 예측(prediction)할 수 있다면 예방과 대비로 피해를 최소화할 수 있다. 정확한 예보(forecast) 능력을 갖추기 위해서 슈퍼컴퓨터를 도입하는 등 국가적으로도 막대한 투자를 하고 있고, 민간에서도 기상정보의 중요성을 인식하고 이를 상업화하는 단계에 와 있을 만큼 기상정보는 일상생활에서도 필수 정보로 인식되고 있다.

각국에서는 인공위성과 각종 기상 레이더(weather radar) 등을 동원하여 정확한 기상현상을 예측하기 위해서 노력하고 있지만 국지적으로 또는 기습적으로 형성되는 기상현상에는 속수무책이다. 조종사에게 기상은 너무도 중요한 정보 중의 하나이다. 이륙 공항의 기상상태는 물론 순항항로 그리고 목적지 공항의 기상상태까지 파악한 후 출발하는 것은 안전 조종사의 기본이다.

항공기 사고의 대부분은 기상악화가 원인이 되어 발생하는 경우가 많다. 국내 항공기 사고 중 아직도 많은 사람들의 기억에 남아 있고 국민들에게 큰 상처를 안겨주었던 대형 여객기 사고의 주요 원인 중 하나가 악천후이다. 이처럼 항공과 기상은 소중한 인명과 직접적인 연관이 있어

▲ 항공기 운항과 기상은 그 어느 분야보다 직접적으로 영향을 받는 요소이다. 조종사가 기상 전문가는 아니지만 현재의 기상현상이 항공기 운항에 미칠 수 있는 영향을 분석하고 대책을 세울 수 있어야 한다.

조종사는 기상 발생의 원인을 이해하고 현재의 기상이 비행에 어떠한 영향을 미칠 수 있는지를 판단할 수 있는 능력과 기상기관에서 제공하는 각종 기상보고(weather report) 및 예보 자료들을 판독하고 이해할 수 있어야 한다.

이 때문에 항공기상(aviation weather)은 조종사 교육의 한 과목으로 편성되어 있다. 그렇다고 조종사가 기상 전문가가 되라는 것을 의미하는 것은 아니고 단지 기상 전문가가 제공하는 각종 자료를 판단하고 이용할 수 있는 능력을 요구하는 것이다. 조종사는 현재의 하늘 상태를 보고 비행 여부를 결정할 수도 있다. 이는 단지 국지비행 또는 단거리 비행을 하는 조종사에게 국한된다. 장거리 혹은 국제선 비행을 계획하고 있다면 전문 기상관측 기관이나 목적지 공항의 기상관측 시설에 직접 문의해야 한다. 그러나 아직까지 이들 정보를 일반 항공인이 활용하기에는 많은 제한이 있는 것이 현실이다.

일상적인 기상정보와 특보 상황은 TV의 기상 채널이 전문적으로 방송되고 있다. 기상방송은 위성과 레이더 영상을 통해서 기상의 발생 근원지에서부터 이동 방향의 예측까지 전반적인 기상정보를 제공하고 지

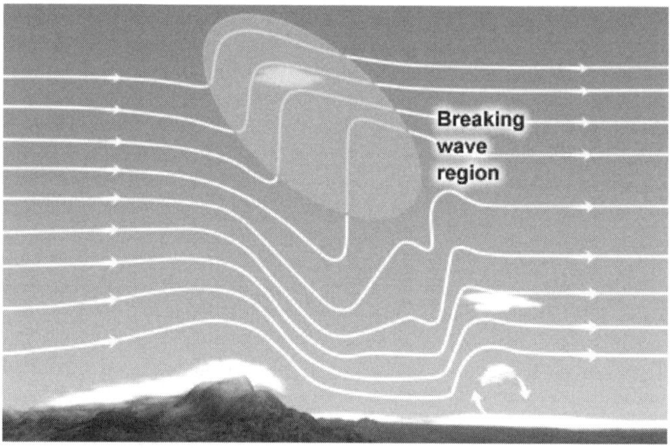

▲ 맑은 하늘이지만 높은 산의 후사면과 깊은 계곡으로 인해서 기류의 공간이 형성될 수 있다. 청천난기류와 에어포켓은 예측이 어렵다.

청천난기류에 조우한 조종사는 즉시 승객들에게 이 사실을 알리고 좌석에 앉아 안전벨트를 착용할 것을 방송한다. 조종사는 청천난기류에 조우한 위치와 고도 등을 지상관제시설에 보고해 준다. 이 같은 조치는 후속하는 항공기에 사전 경고를 부여하여 이에 대비할 수 있도록 하기 위한 최소한의 조치인 것이다. 난기류의 강도(intensity of turbulence)에 따라 여러 등급으

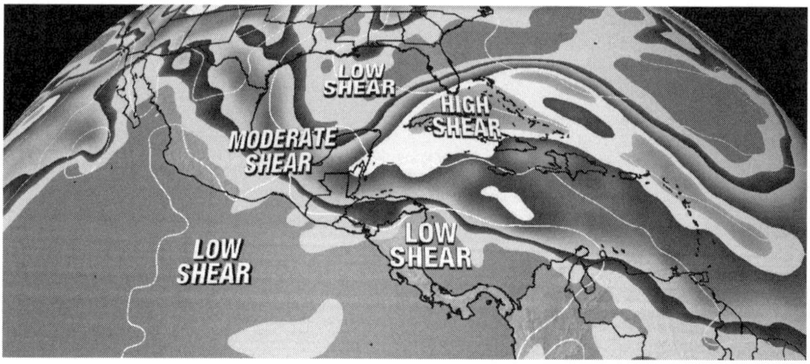

▲ 기상관측 기술이 발달하면서 상층에 존재하는 윈드시어가 발생할 수 있는 고도를 예측할 수 있다. 윈드시어는 청천난기류의 한 원인이다.

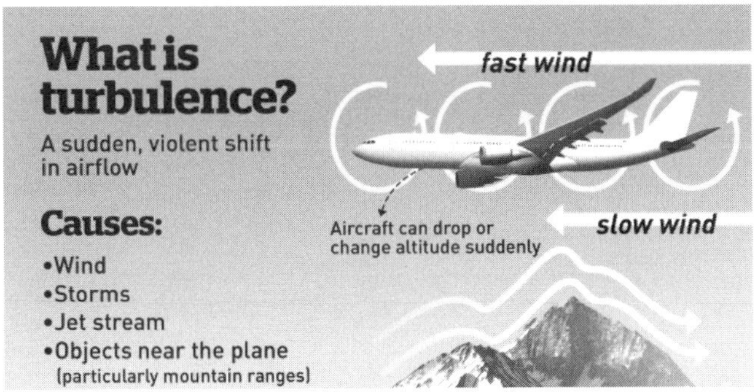

▲ 난기류의 한 원인은 상층의 빠른 공기흐름과 하층의 느린 흐름의 사이에서 발생한다.

로 구분되어 있으며, 필요에 따라 고도를 변경하거나 또는 비행경로를 변경하여 우회할 수도 있다. 여객기 조종사는 승객들이 편안하게 여행할 수 있도록 매우 유연하게 항공기를 조종한다. 항공기가 조금만 심하게 흔들려도 승객은 불안한 마음을 갖기 때문이다.

얼마 전 일본 항공기의 경우처럼 최악의 상황을 회피하기 위한 급박한 상황에 조우한 조종사는 객실의 승객에게 이러한 상황을 알릴 겨를도 없이 항공기 조종에 우선하기 때문에 무방비 상태에 있는 승객 및 승무원은 객실 천장으로 또는 창 쪽으로 튕겨 나가 큰 부상을 입을 수 있다.

이러한 이유로 객실(cabin)에서 불필요한 이동을 자제해 줄 것을 요구하고 있고 좌석에 앉아 있을 때는 안전벨트를 착용하는 것은 안전을 위해서 자신을 보호 하는 방법일 것이다. ✈

변에서 발생할 수 있는 강력한 하강풍은 바람방향을 급속하게 변경시킬 수 있는 상황으로 유도될 수 있다. 맞바람에서 착륙 접근중 갑자기 뒷바람으로 방향이 변경되었을 때 비행기를 지지할 수 있는 날개의 힘이 감소되어 비행기는 급격하게 침하하는 현상이 발생할 수 있고, 이를 방지하기 위한 급조작은 항공기 사고의 주원인이 되곤 한다.

국제공항과 같은 주공항에는 저고도에서 발생할 수 있는 급격한 바람방향의 변화 가능성을 측정하여 조종사에게 경고를 발령할 수 있는 경고장치가 설치되어 있고 이를 저고도 윈드시어(low level wind shear system) 시스템이라 한다. 그러나 가능성이 경고되었다 할지라도 공교롭게도 착륙 순간 돌풍에 휘말린다면 인간의 한계로는 어찌할 수 없는 것 아닌가? ✈

▲ 항공기가 이착륙할 때 번개를 맞을 수 있다. 항공기 구조에 통전 원리를 적용하여 번개가 지상으로 통할 수 있도록 설계되어 있다.

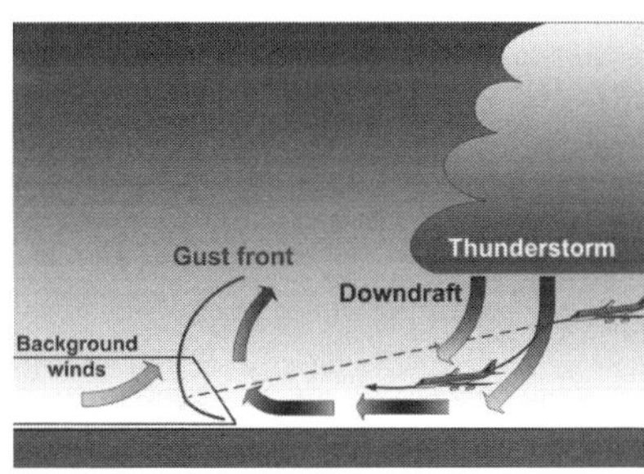

▲ 돌풍전선

제트기류 ……✈

"제트기류는 무엇인가?"

항공기의 운항과 관련해서 제트기류(jetstream)에 관한 내용이 자주 등장한다. 제트기류는 마치 강(river)과 같이 고고도에 존재하는 강한 공기의 흐름이다. 제트기류가 발생하는 지역은 대류권계면 높이에서 아열대 제트기류와 극 제트기류의 형태가 있다. 제트기류의 존재가 알려지기 시작한 것은 제2차 세계대전 중 1944년 11월 미 공군이 일본을 폭격하기 위하여 약 100여대의 B-29 폭격기가 비행고도 8~10km로 동경을 향하여 항행하던 중 폭격기의 속도가 정상보다 시속 약 150km 정도 더 느리게 비행하고 있음을 인지하면서부터인 것으로 알려졌다.

제트기류는 마치 부메랑(boomerang) 모양을 형성하여 부분적으로 2개 또는 그 이상으로 분리되어 발생하고 다시 하나의 제트기류에 합류하면서 거대한 제트기류를 형성한다. 가장 강력한 제트기류는 해수면으로부터 7~12km(23,000~39,000ft)에 존재하는 극 제트기류(polar jetstream)이고, 10~16km(33,000~52,000ft)에서 발생하는 아열대 제트기류는 다소 약하다. 제트기류의 풍속은 기온경도(temperature gradient)에 따라 달라지겠지만 통상 50노트(92 km/h) 이상으로 관측되고, 최대 215노트(398 km/h)까지 보고된 적이 있다. 제트기류의 주요 발생 원인은 지구자전과 대기의 불규칙 가열(uneven heat)에 의한 것으로 알려져 있다. 예를 들어 적도 지방과 극지방의 기온은 상당한 차이가 발생하는 데서 공기의 대순환의 인접 구역에서 발생한다.

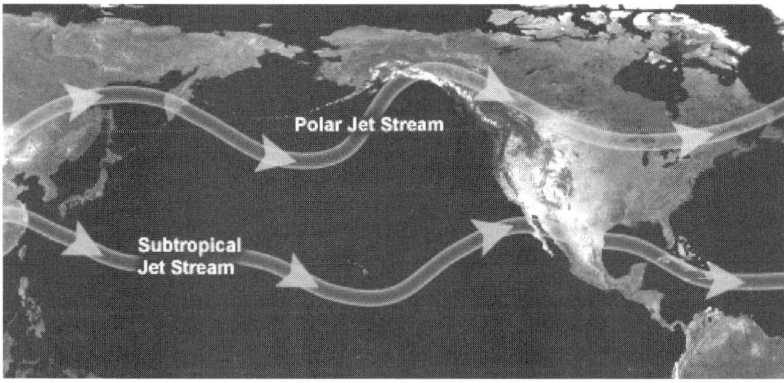

▲ 제트기류의 대략적인 위치와 흐름 방향을 관찰할 수 있다. 이 같은 제트기류는 기온에 따라 수시로 위치가 변할 수 있어 기상보고를 참고하여 편승할 수 있는 행운이 따른다면 상당한 연료를 절약할 수 있다. 제트기류가 항공기 성능 향상에 영향을 줄 수 있지만 분명한 것은 정상적인 기류와 다르기 때문에 주변에 그리고 변곡점에서 상당한 청천난기류가 존재한다는 사실에 유의해야 한다.

제트기류의 발생 고도가 3만~4만 피트라고 한다면 이 고도는 대륙을 횡단하는 운송용 항공기의 최적 운항 고도이기도 하다. 따라서 제트기류에 대한 기상보고 및 예보를 참고하여 제트기류에 편승할 수 있다면 항공기 성능의 증가를 기대할 수 있고 상당한 비행시간을 줄일 수 있어 경제적 운항 성과를 거둘 수 있다. 항공사의 조사에 의하면 인천에서 LA까지 비행시간은 약 10시간 35분이 소요되고, LA에서 인천까지는 13시간 10분으로 약 2시간 이상 차이가 난다는 것을 알 수 있다. 이와 같이 동일 구간을 왕복하더라도 비행방향에 따라 상당한 차이가 있는 것은 태평양 북반구 지역의 서쪽에서 동쪽으로 부는 제트기류의 영향 때문이다. ✈

마이크로버스트와 윈드시어 ……✈

얼마 전 제주국제공항에 강풍, 윈드시어(windshear) 그리고 마이크로버스트 경보가 내려지면서 항공기 389편이 결항했고 국제선 16편이 지연 운항하는 등 하루 운항 계획 편수 417편 가운데 97.1%가 비정상적으로 운항되었다. 윈드시어 경보는 15노트(초속 7.7m) 이상의 돌풍이 공항 부근을 운항하는 항공기 측면이나 후면에서 관측되거나 지속할 것으로 예상할 때 발표된다. 마이크로버스트(microburst) 경보는 30노트(초속 15.4m) 이상일 때 경보가 내려진다. 제주공항에는 2010년 88차례, 2011년과 2012년 각각 91차례, 2013년 113차례 윈드시어 경보가 내려진 바 있다. 제주공항의 기상상황에서도 마이크로버스트 경보까지 내려지는 일은 매우 드물다.

강풍은 제주 남동쪽에서 형성되어 있는 고기압의 앞쪽에서 시작되어 한라산을 휘감으면서 더욱 강해져 제주공항에서 측정된 순간 최대풍속은 34m로 강력한 태풍과 비슷했다. 이와 같이 항공기 결항사태를 초래하는 윈드시어와 마이크로버스트에 대해서 잘 알려지지 않았지만 최근 매스컴에 자주 등장하고 있어 이에 대해서 간단히 소개한다. 윈드시어는 "wind shear, windshear or wind gradient" 라고 표기하고 여기서 "shear"는 가위 혹은 전단기와 같이 날카롭게 잘라낸다는 의미를 갖고 있어 두 단어를 조합했을 때 우리말로 "전단풍"이라 한다.

윈드시어(전단풍)는 상대적으로 짧은 시간에 풍향풍속이 급변하는 현상으로 수평적 혹은 수직적 모두 존재하고 저층 혹은 상층 어느 층에서나 존재한다. 예를 들어 저기압과 고기압이 마주하고 있는 전선지대(front zone)

▲ 적란운 하단에서 폭이 좁은 초강력 하강풍이 발생하지만 육안으로 식별이 어렵다. 지면에 부딪친 하강풍이 전 방향으로 확산되면서 경험하는 바람은 직선풍이다. 진입 전에는 맞바람을 받게 되지만 중심부에 진입해서는 초강력 하강기류에 직면하고 이를 통과하면서 강한 뒷바람을 받을 수 있다. 이 같은 바람의 변화를 윈드시어라고 한다.

에서 바람이 서로 다른 방향으로 불고 있다면 이 구역은 전단풍이 존재할 가능성이 높다.

또한 적란운(cumulonimbus)과 같이 수직으로 발달하고 있는 구역에서 적란운 내부의 상승기류와 주변의 하강기류가 수직적으로 전단풍이 형성되고 있다. 이와 같이 전단풍은 풍향풍속이 급격하게 변화할 수 있는 구역에 존재하지만 항공기 운항에 위험을 초래할 수 있을 정도로 강력한 저고도 윈드시어 경보(low level wind shear alert)가 발령된다. 고도가 충분한 상태에서는 즉시 동력을 증가하여 회복할 수 있지만 착륙 접근 중인 항공기는 일정한 활공경로를 따라 비행해야 하고, 항공기는 동력을 포함한 모든 것이 착륙에 조정되어 있어 윈드시어로 인하여 순간적으로 급격하게 고도가 낮아졌을 때 수백 톤의 항공기는 안전을 보장받을 수 없다

▲ 적란운과 폭발적 다운버스트

또 다른 위험 요소로 마이크로버스트(microburst) 경보이다. 마이크로버스트가 일반 하강기류와 다른 점은 용어가 의미하는 것과 같이 폭발적 수준의 하강풍이다. 지구상에 존재하는 파괴적인 바람을 일으키는 것으로 다운버스트(downburst)와 토네이도(tornado)가 있다. 다운바스트는 수평으로 부는 바람이라면 토네이도는 회전성을 띠고 있다는 점이 다르다.

최악의 다운버스트는 시속 240km를 초과하면서 수천 평방미터를 순식간에 초토화시킨 사례가 있다. 다운버스트의 직경이 4km(2.5 마일) 이하일 때 마이크로버스트라 하고 그 이상을 매크로버스트(macroburst)라 한다. 따라서 마이크로버스트는 다운버스트의 한 형태이고 직경이 매우 한정된 폭발적 수직 하강풍이라고 정의할 수 있으며 풍속이 초속 75미터(m/s; 270 km/h)로 발생하는 강력한 하강풍이다.

마이크로버스트가 적란운에서 하강할 때 구름 하단에서 지표면 위의 2,000~3,000피트 상공까지는 직경이 약 1마일 미만에서 지표면 근처에 도달해서는 수평으로 분산되고 이때 직경은 약 4km까지 확장된다. 하강기류는 분당 6,000피트로 매우 강력하게 내리 쏟고 이때 지표면 근처의 수평 바람은 45노트 정도의 강풍이 발생한다.

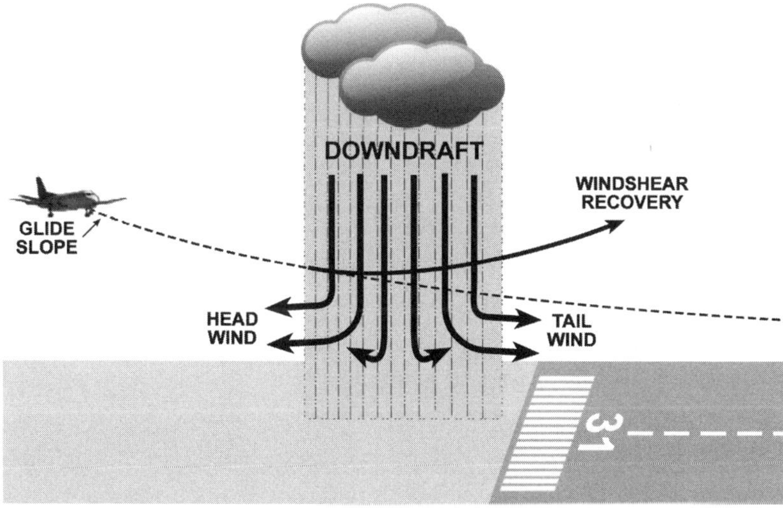

▲ 최종접근경로의 활주로 주변에서 마이크로버스트가 발생했다면 항공기는 연속해서 맞바람-직하강풍-뒷바람을 받을 수 있다. 항공기의 동력은 최저로 유지하고 접근 중일 때 회복이 지연되면 치명적 착륙 사고로 이어질 수 있다.

마이크로버스트의 중심부로부터 확산되는 바람을 분석했을 때 맞바람, 중심부의 직하강풍 그리고 뒷바람 구역이 존재하고 이는 강력한 윈드시어의 존재이기도 하다. 맞바람(headwind)에서 뒷바람(tailwind)으로 또는 뒷바람에서 맞바람으로 바뀌는 지대에서는 최대 90노트의 풍속 변화가 발생하는 것으로 조사되었다. 마이크로버스트는 지표면에 부딪친 시간부터 소멸될 때까지 약 15분 이상 지속되는 경우도 있지만 대부분 지표면에 부딪친 후 약 5분 정도 지속되는 것으로 알려져 있다. 따라서 마이크로버스트가 지상을 강타한 후 2~4분 동안에 최대 강도의 하강기류(downdraft)가 존재할 수 있다는 점에 주의해야 한다.

마이크로버스트에 의한 수평 바람은 평균 25노트 정도이고 최대 100노트를 초과하는 경우도 있는 것으로 관측되었다. 마이크로버스트에 의해 발생한 윈드시어는 대부분의 경항공기 성능을 초과할 수 있고 중형 제트기의

▲ 공항에 덮친 마이크로버스트로 인해서 계류되어 있는 비행기들이 뒤집어지거나 날려가는 등 상당한 피해를 입히고 있다. 이외에도 주변 물체들이 날아가 항공기에 부딪치면서 심각한 2차 피해를 유발한다.

최대 성능으로 지지할 수 있을 정도이다. 이 같은 윈드시어는 이륙 및 착륙 접근 중인 항공기에 치명적인 영향을 줄 수 있다. 일단 한 지역에서 마이크로버스트가 발생하면 동일 지역에서 동시다발적으로 발생할 수 있다. 마이크로버스트는 대류활동(convective activity)이 있는 곳에서는 어느 지역에서나 발생할 수 있고 지표면에 날리는 둥그런 모양의 와류(vortex ring)에 의해서 마이크로버스트의 존재를 시각적으로 확인할 수 있는 유일한 방법이다.

마이크로버스트가 항공기 운항에 치명적이라는 사실이 밝혀지면서 이를 조기에 탐지하기 위한 노력과 장비가 개발되어 보급되고 있으나 정확한 예측이 어렵다. 일부 국제공항에서는 도플러 레이더(doppler radar)와 터미널 도플러 기상 레이더를 설치하여 마이크로버스트의 발생 가능성을 조기에 탐지하여 경고하는 시스템을 갖추고 있으나 아직까지 모든 공항이 이 같은 장비를 갖추고 있는 것은 아니다. ✈

항공기와 공기역학 ……✈

동식물이 생존하기 위해서는 공기가 필요하다. 인간은 공기의 중요성을 못 느껴 오다가 산업발전의 부산물인 공해 물질의 과다 배출(emission)로 인하여 신선한 공기(fresh air)의 중요성이 새롭게 부각되고 있다. 항공기와 공기의 상호관계를 다루고 있는 것이 공기역학(aerodynamic)으로 항공인이라면 기본적으로 알아야 할 지식이다. 공기는 눈에 보이지 않지만 질소 78%, 산소 21%, 그리고 기타 가스 1%로 구성되어 있다.

공기의 존재를 이해하기 위해서는 어항 속의 물과 고기의 관계를 관찰하면 이해가 쉬울 것이다. 물고기는 물의 존재를 대수롭지 않게 여길 것이다. 왜냐하면 물고기에게 물(water)은 인간이 생각하는 공기와 마찬가지로 너무도 당연한 존재이기 때문이다. 공기역학에 관한 여러 가지 실험에서도 유체(fluids)가 자주 등장하는 이유는 물도 역시 밀도(density)와 체적 당 무게를 가질 수 있는 유사성(similarity) 때문이다.

공기는 단위 체적 당 수용할 수 있는 밀도를 갖는다. 공기밀도는 항공기 성능(performance)과 매우 밀접한 관계가 있고 기온이 증가하여 가열되면 공기밀도(density of air)는 감소하고 기온이 표준기온보다 낮아지면 공기밀도는 증가한다. 공기밀도는 공기분자의 수(number of air molecule)를 의미하기 때문에 공기분자 수가 많다는 것은 항공기 성능을 증대시키고 반대로 공기밀도가 낮은 지역에서 성능은 감소한다. 기온이 매우 높은 날은 기온이 낮은 날보다 비행기 이착륙 거리가 현저히 증가하는 것도 이 같은 이유 때문이다.

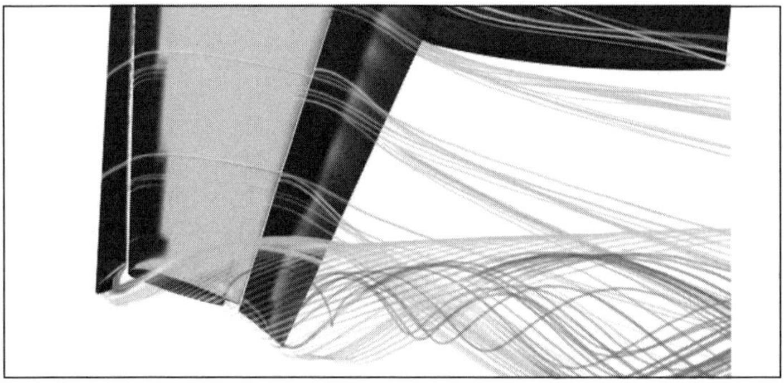

▲ 공기역학은 공기의 성질을 이해하고 이를 어떻게 효율적으로 활용할 수 있는지를 연구하는 학문이다. 항공기 혹은 배의 기본 설계개념은 유선형이다. 이외에도 날개 전체에서는 양호한 유선흐름이 관찰되지만 날개끝에서 상당한 와류가 발생하고 있는 것을 관찰할 수 있다.

항공기의 주요 활용 영역은 대류권이다. 대류권(troposphere)은 대기 중에 수증기(water vapor)를 포함하고 있어 비와 구름, 눈 등 기상현상이 일어나고 대기가 불안정하여 대류(convection) 현상이 매우 활발하다. 이것은 항공기 운용을 위한 충분한 공기밀도가 존재한다는 것을 의미한다. 만약 대류권을 벗어나 공기의 존재가 희박한 고도에서는 대류권과 다른 항공기 운용을 위한 요소들이 고려되어야 한다.

공기밀도가 높은 항공기 동력장치(powerplant)의 성능을 향상시키는데 기여하지만 기체(airframe)에는 더 큰 항력(drag)으로 작용할 수 있다. 공기의 항력이 어느 정도인지 달리는 자동차 차창 밖으로 손을 내밀었을 때 간접적으로 경험해 볼 수 있다. 일상생활에서는 공기의 존재 혹은 저항을 인지하지 못하지만 시속 100km로 달리는 자동차의 차창 밖으로 내민 손바닥에는 상당한 무엇인가가 존재한다는 것을 확실하게 인식할 수 있다. 이때 손바닥을 지면과 수직일 때 그리고 수평일 때 느끼는 저항의 크기를 어렵지 않게 경험할 수 있다.

항공기 설계에서 전면면적(front area)과 측면높이(profile)를 중요시 하는 것은 공기의 저항을 낮추기 위한 노력의 산물이다. 다양한 기종을 관찰할

▲ B-1B 전력폭격기는 아음속과 초음속에 적합하게 날개를 접을 수 있도록 설계되어 있다.

수 있는 에어쇼에 전시된 항공기들을 비교해보면 공기역학의 진수를 관찰할 수 있을 것이다. 초음속 전투기들은 진면면적과 측면높이가 가능한 한 낮게 그리고 날개를 뒤로 젖히는(sweptwing) 방식으로 공기에 노출되는 면적을 최소화하고 있다.

예를 들어 최근 잘 알려진 초음속 전폭기 B-1B(Lancer)의 외형을 관찰하면 전면면적을 최소화하여 레이더 노출을 피하고 가변날개로 설계하여 아음속과 초음속 비행을 동시에 가능하도록 한 최고의 공기역학적 설계가 도입된 항공기 중 하나이다. 이외에도 공기의 저항을 줄이기 위해서 가능한 한 돌출된 부분을 최소화하고 도색 표면조차도 매끈하게 심혈을 기울이는 것은 비록 사소해 보일지라도 작은 노력이 합쳐져 고속비행에서는 큰 효과를 얻을 수 있기 때문이다. 이제 에어쇼에 전시된 항공기들을 관찰하면서 공기의 저항을 줄이기 위한 어떠한 정교한 기술들이 숨어 있는지 좀 더 깊은 시각으로 관찰할 수 있지 않을까 한다. ✈

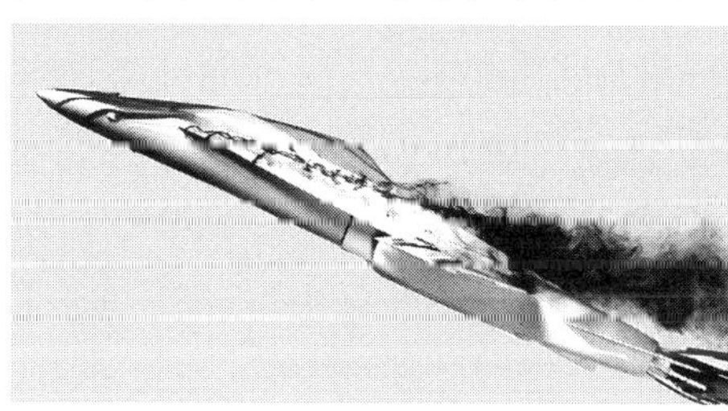

▲ 풍동시험에 따른 공기흐름

왕복엔진과 연료혼합비 ……✈

항공기가 추력(thrust)을 얻을 수 있는 장치는 엔진과 프로펠러이고 이를 동력장치(powerplant)라 한다. 프로펠러를 회전시킬 수 있는 장치가 엔진(engine)이기 때문에 가장 핵심이 되는 장치 중의 하나로 경량이면서 큰 출력(output power)을 얻을 수 있어야 한다는 조건을 충족시켜야 하기 때문에 항공기 엔진의 개발에는 첨단 기술이 요구된다. 프로펠러 경비행기는 왕복엔진(reciprocating engine; 피스톤 엔진)이 사용되고 있으며, 대형 및 초고속 비행기는 가스터빈엔진(gas turbine engine)을 사용한다. 경비행기에 활용되는 왕복엔진이란 자동차의 엔진과 동일한 원리가 적용된다.

대륙을 횡단하는 고성능 운송용 항공기의 개발 못지않게 일반항공 항공기 시장이 점차 확대되고 있는 추세이다. 또한 일반항공 항공기 조종사로서 자신이 운용하게 될 항공기 엔진에 대한 기본 지식은 조종사 자격증명을 취득하기 위한 학과시험에 대비하고 항공안전을 위해서도 필수이다. 일반적으로 2~4인승 경비행기는 4기통 공랭식 엔진(4-cylinders air-cooled engine)은 최소한 100마력(horsepower) 이상의 출력을 낼 수 있는 엔진을 장착하고 있다.

왕복엔진의 구조는 실린더 내부에 피스톤(piston)이 왕복운동을 하면서 발생하는 전후운동을 회전운동으로 변화시켜 이를 구동축(drive shaft)에 연결하여 프로펠러를 회전시킨다. 프로펠러의 회전력이 곧 추력이 된다. 왕복엔진의 작동원리는 피스톤의 후방 이동으로 실린더 상부에 있는 흡입밸브가 열리면서 혼합가스를 실린더 내부로 받아들인다. 피스톤이 다시 위로 이동하면서 흡입밸브(intake valve)는 막히고 실린더 내부에 있는 혼합가스

(fuel-air mixture)는 높은 압력으로 압축된다. 피스톤이 거의 상부에 도달했을 때 최대로 압축되고 이때 점화 플러그(spark plug)에서 불꽃이 튀어 압축된 혼합가스는 폭발한다. 엄청난 폭발의 힘으로 피스톤은 뒤로 밀려나는 힘을 얻고 피스톤이 다시 위로 이동하면서 배기밸브가 열려 실린더 내부에 남아 있는 배기가스를 방출하는 것으로 한 사이클(cycle)이 종료된다.

▲ 경비행기의 왕복엔진이 4기통 혹은 6기통 대향방식으로 배열되는 것은 전면면적을 최소화하기 위함이다.

피스톤의 운동을 관찰했을 때 4회의 전후운동으로 2회의 회전운동을 한다. 왕복엔진의 주기는 흡입, 압축, 점화, 폭발, 배기의 작용이 있어야 한다. 엔진 1개가 이 같은 반복된 작용을 하고 4기통의 엔진이라면 네 번의 폭발 작동 주기를 정밀하게 조절했을 때 주기적으로 연속된 폭발의 힘은 지속적인 회전력을 얻을 수 있다. 왕복엔진이 지속적으로 회전력을 얻기 위해서는 혼합가스가 압축되있을 때 이를 연소시켜줄 수 있는 점화 불꽃(spark)이 필요하다. 혼합가스가 최대로 압축된 순간 불꽃을 일으켜 주는 작용을 하는 것이 점화 플러그이다. 점화 플러그의 전기 불꽃은 마그네토에서 공급된다. 마그네토는 하나의 자체 발전기(generator)로 항공기 엔진의 전기계통과 별도의 장치로 통상 2개의 마그네토가 장치되어 어느 한 마그네토가 고장을 일으켜도 안정된 전원을 공급할 수 있다. 자동차에도 동일한 형태의 마그네토가

▲ 마그네토의 한 종류

점화 플러그에 전원을 공급하고 있다. 마그네토(magneto)는 엔진의 회전력이 있어야 전원을 공급할 수 있다. 따라서 시동 전에는 배터리의 힘으로 시동기를 작동시켜 최초 전원을 공급하여 엔진을 작동시킨다.

▲ 성형엔진은 9개의 실린더로 구성되어 있고 뒷줄 또는 하나의 성형엔진을 배열하여 고출력을 생산하지만 전면면적은 큰 항력 유발 요소이다.

"왜, 혼합비는 중요한가?"

내연기관에 사용되는 연료는 반드시 공기와 일정 비율로 혼합되지 않으면 안 된다. 이 같은 이유는 액체 상태의 연료로는 효과적인 연소력을 발휘할 수 없기 때문이다. 연료(fuel)가 연소되기 위해서는 산소(oxygen)가 필요하고 액체 상태의 연료에 불을 붙였을 때 연료와 산소가 혼합될 수 있는 비율은 연료의 표면으로 제한된다. 이 같은 이유 때문에 연료에 의한 화재는 산소를 차단함으로써 소화가 가능하나 물을 부어 연료와 함께 퍼져 나가면 불은 더욱 확산되어 걷잡을 수 없게 된다. 연료를 더욱 효과적으로 연소시키기 위해서는 연료를 작은 분자로 확산시키면 산소와 연료 분자가 더욱 효과적으로 결합되기 때문에 연소율은 매우 커진다.

예를 들어 불을 뿜는 연기를 연출하는 사람이 입 속의 연료를 가득 머금고 있다가 연료를 내뿜으면서 동시에 불을 붙이면 굉장한 화염(flame)이 연출되는 것은 바로 연료 분자와 산소가 잘 결합되기 때문이다. 비행기나 자동차 엔진의 연료도 이와 마찬가지로 최대한 분사 연료를 활용하여 효과적으로 연소시킬 수 있다. 혼합비는 매우 중요하다. 정확한 혼합비는 엔진의 성능을 증대시키지만 반대로 부적절한 혼합비는 엔진 성능을 감소시키고,

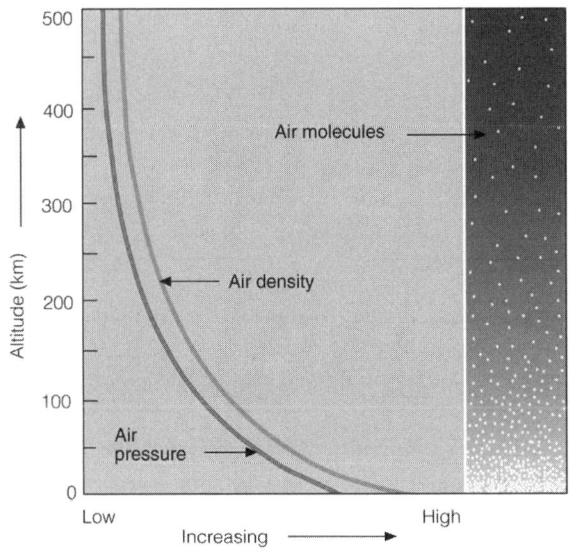

▲ 고도에 따른 공기밀도의 변화

불규칙한 폭발과 엔진 과열을 일으켜 최악의 경우는 엔진고장의 원인이 될 수도 있다. 항공기에 사용되는 엔진은 보다 강한 힘을 발휘할 수 있어야 한다. 그러나 운용하는 높이가 다양하기 때문에 고도차에 따라 연료의 혼합비가 변한다. 이 같은 변화가 발생하는 근본적인 원인은 공기밀도이다. 공기밀도는 고도(높이)에 따라 변한다. 고도가 높아질수록 공기밀도는 희박해지고 18,000피트에 도달하면, 해수면 공기밀도의 절반 정도로 감소되어 고고도에서의 운용은 보충산소(supplement oxygen)를 이용해야 하는 이유이다.

공기밀도의 변화는 엔진의 성능과 매우 밀접한 관계가 있다. 고도가 높아질수록 공기밀도가 희박해지기 때문에 해수면에 조절되어 있는 혼합가스의 양에 차이가 발생한다. 실린더에 유입되는 혼합가스의 적정 산소량이 부족하게 된다는 의미이다. 산소량의 부족은 연소 효율을 떨어뜨리는 여러 형태의 부작용을 일으키는 요인이 될 수 있고 조종사는 반드시 고도 증가에 따른 공기밀도를 보상해 줄 수 있어야 한다.

▲ 왕복엔진 항공기 계기판에는 반드시 혼합조정기가 장착되어 있다. 일반적으로 혼합조정기 손잡이는 스로틀 옆에 배치되고 통상 빨간색 손잡이로 구분한다.

이 같은 장치를 연료/공기 혼합조정기(mixture control)라 하고 왕복엔진 비행기에 장착되어 있으며 지상에서 운용하는 자동차 엔진과 다른 점이라 할 수 있다. 자동차는 거의 동일한 고도 층에서 운용되기 때문에 밀도 차이로 인한 엔진 성능(performance)에 영향을 받지 않는다. 최신 왕복엔진에는 고도의 증가에 따른 공기-연료의 혼합비를 컴퓨터 시스템에서 자동으로 조절해 줄 수 있는 장치를 갖추고 있어 조종사에게 연료/공기 혼합비 조절에 대해서 또 하나의 근심을 덜어주었다. ✈

조종실 엿보기 ……✈

조종실(cockpit or flight deck)은 항공기 조종에 필요한 각종 계기들 그리고 조종장치들이 설치되어 있다. 아무리 거대한 항공기라 할지라도 조종은 기장 한 사람과 부기장뿐이다. 기장 한 사람이 동시에 할 수 있는 일은 한계가 있다. 조종실에는 수많은 장치와 기기들이 있는데 어떻게 다 확인하고 조작할 수 있는지 알아보는 것도 흥미 있는 일일 것이다.

자동차 운전의 경우도 두 손과 양발을 사용한다. 현재는 거의 사라졌지만 기어를 변속한다고 가정했을 때 오른발은 가속 페달에서 발을 떼고 왼발은 클러치를 밟으면서 왼손은 운전대를 잡고 오른손은 기어 변속 레버를 조작해야 한다. 숙달된 운전자에게는 아무 것도 아니지만 초보 운전자에게는 그보다 더 부러울 수가 없지 않겠는가?

항공기 조종도 그 이상일 수 없다. 기장의 오른손은 동력을 조절하는 스로틀 레버(throttle lever)를 조작하고 왼손으로 조종간을 조작한다. 양발은 항공기의 세로축을 조종할 수 있는 러더페달(rudder pedal)을 조작하고 있다. 자동차의 기어를 변속하는 순간에 양발과 손의 움직임이 모두 일치해야 이상적인 기어 변속을 할 수가 있다. 초보 운전자는 이들 조작 중 어느 한 조작이 미숙하여 시동이 꺼지는 등 매우 불안한 상태가 되듯이, 항공기 조종도 마찬가지로 손과 발이 일치되어야 항공기는 원하는 상태를 유지할 수 있고, 3차원으로 움직이는 항공기의 움직임을 당신이 의도하는 대로 기동시키기 위해서 손발의 일치에 많은 훈련이 요구된다.

▲ 조종간과 러더페달 그리고 동력을 조정하는 스로틀을 3개의 주요 조종장치라 한다. 민간 항공기는 요크(혹은 스틱) 조종간과 러더페달로 되어 있다. 전투기의 조종실은 항공기의 공기역학적 설계와 1인 조종사의 체형에 맞게 인체공학적 설계가 적절히 조화되어야 한다. 1인 조종사 항공기에서 스로틀은 왼손 그리고 오른손으로 조종간을 조종한다.

이 상황에서 관제사와의 교신도 필요하고 전투기라면 미사일이나 기관총을 발사할 수 있는 방아쇠, 물건이나 폭탄 투하 등 조종하면서 또 다른 기능의 조작이 요구된다. 이들 기능을 어떻게 활용할까? 활용할 수 있는 것이 있다면 조종사의 손가락(fingers)뿐이다. 전투기의 조종간은 스틱형으로 되어 있고 각종 스위치가 3~4개가 달려 있다. 무선통신, 미사일이나 기관총 발사, 물건이나 폭탄 투하, 미세한 조종장치 조절 등은 손가락을 활용하여 여러 가지 임무를 동시에 수행할 수 있도록 고안되어 있다.

조종장치는 조종간(control wheel or yoke)과 러더페달로 구성된다. 임무의 특성에 따라 자동차 운전대 모양의 요크 그리고 오락 기구의 손잡이와 같은 스틱형(stick)이 있다. 매우 민첩한 기동성을 요구하는 전투기들은 스틱형의 조종간이 활용되고 수송기나 대부분의 경비행기는 요크

▲ 최신 F-35 전투기의 조종실이다. 조종 스틱과 스로틀을 양 측면에 배치되었고 항공전자의 발달로 조종실은 단순화되었다. 스로틀 혹은 조종간에 있는 손가락을 이용해서 디스플레이에 원하는 화면을 불러와 선택할 수 있도록 설계되었다.

형이다. 어느 형태든 조종간은 도움날개(aileron)와 승강타(elevator)의 역할을 동시에 작동할 수 있고, 러더페달은 자동차 브레이크와 같은 모양이고 실제 조향(steering)뿐만 아니라 브레이크를 작동하는데도 사용할 수 있도록 설계되어 있다.

항공기의 동력을 조절할 수 있는 장치를 스로틀(throttle)이라 하여 통상 레버형으로 전후로 작동하며, 앞으로 밀면 동력이 증가하고 뒤로 당기면 동력이 감소한다. 상승, 선회, 강하 그리고 이들의 결합된 조작은 요크(스틱)로 조종하고, 러더페달은 비행기의 세로축 방향을 유지하는 데 활용된다.

요크 또는 스틱은 승강타와 도움날개 두 기능을 동시에 수행한다. 상승하기 위해서 조종간을 뒤로 당기면 기수가 들리고 비행기는 상승하는 승강타의 역할과 조종간을 좌우로 돌리면 비행기는 원하는 방향으로 선회하는 기능을 동시에 수행할 수 있다. 상승 좌선회하려면 조종간을 뒤로 당기면서 좌측으로 돌리면 비행기는 상승 좌선회한다.

"동력이 증가하는 상황을 가정해보자."

◀ 러더페달의 기본 작동원리는 전후로 밀면 방향타를 조종할 수 있고 발끝을 약간 들어 상하로 압을 가하면 브레이크가 작동된다. 때로는 방향타와 브레이크 기능을 동시에 수행해야 한다.

오른손으로 스로틀을 앞으로 밀면 동력이 증가할 것이다. 동력이 증가하면 프로펠러 효율이 증가하여 추력 즉 속도가 증가한다. 속도가 증가하니 양력이 증가하고 비행기는 상승력을 얻는다. 단발 프로펠러 비행기라면 동력 증가와 함께 기수가 좌로 틀어지려는 현상이 발생한다. 이를 좌선회 경향(left turning tendency)이라 한다.

위의 사례와 같이 동력을 증가시킨 한 조작이 속도 증가, 상승력, 좌선회 경향이 동시에 발생한다. 숙달된 조종사라면 이들 현상을 미리 예측하고 승강타를 약간 앞으로 밀면서 상승을 방지하고 우측 러더페달에 압을 주어 기수의 좌빗놀이(left yawing) 현상을 방지하면서 동시에 비행기를 수평직선비행 상태에서 증속이 가능한 것이다. 초임 조종사라면 어떨까? ✈

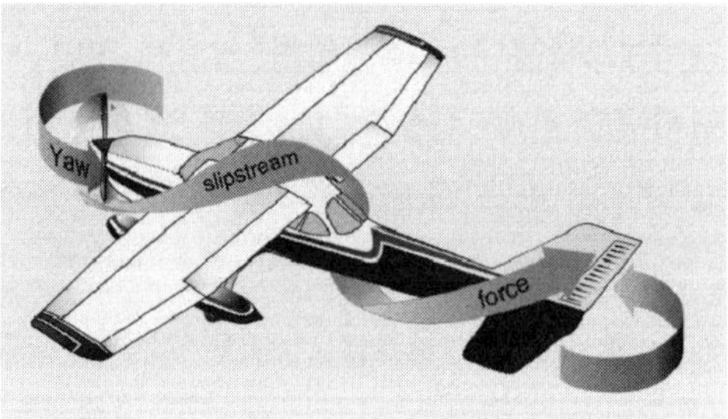

▲ 프로펠러 회전에 따른 좌빗놀이(선회) 경향이다. 저속에서 높은 동력이 적용될 때 특히 심하게 나타난다.

도움날개, 승강타 그리고 방향타 ……✈

도움날개(aileron)는 비행기의 방향을 전환하는 데 활용되는 패널로 날개의 외측 좌우측 후면에 부착되어 있다. 조종간이 중립에 있을 때 양쪽 도움날개는 날개의 일부분으로 어떠한 변화도 발생하지 않는다. 선회(turn)를 하기 위해서는 어느 한쪽 날개의 양력(lift)이 적게 발생해야 한다. 좌우측 날개의 양력 균형이 깨지면서 한쪽 날개는 위로 올라가고 반대쪽 날개는 아래로 내려가야 비행기는 경사지고(bank) 경사의 힘에 의해서 항공기는 선회한다. 이 같은 역할을 하는 것이 도움날개이고 케이블과 연결장치를 통해서 조종실 내의 조종간에 연결되어 있다.

조종사가 조종간을 오른쪽으로 적용했을 때 오른쪽 도움날개는 위로 올라가고 왼쪽 도움날개는 아래로 내려간다. 수평비행상태에서는 좌우측이 동일한 양력이 발생하지만 우측 도움날개가 위로 올라가면 날개 위를 흐르던 공기흐름이 변형되어 양력을 감소시키는 결과를 초래하여 날개 전체는 아래로 내려간다. 반대로 좌측 날개의 도움날개는 아래로 내려가 공기를 받아들이는 받음각이 더 커지고 이는 양력을 증가시키는 결과를 초래하여 날개 전체를 위로 밀어 올리는 작용을 한다. 따라서 전체 양력은 우측은 감소하고 좌측은 증가하여 동체가 우측으로 기울어진다. 선회 완료 후 다시 조종간을 중립 위치로 놓으면 도움날개는 원래의 위치로 되돌아가 좌우측이 동등한 양력을 발생하여 수평비행(level flight)을 할 수 있다. 결론적으로 도움날개는 상호 반대방향(visa-versa)으로 작용하여 비행기를 선회하게 한다.

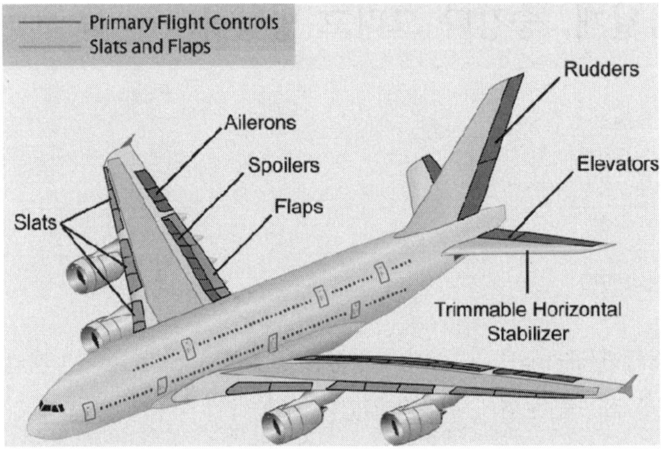

▲ 대부분의 중소형 비행기는 1개씩의 조종면을 갖추고 있지만 대형 운송용 비행기는 고속과 저속비행을 위해서 2쌍의 조종면(방향타와 도움날개)을 갖추고 있다.

조종간에 부착되어 있는 또 다른 기능은 승강타(elevator)이고, 이것은 비행기의 상승 및 강하(climb and descent)하는 데 활용된다. 승강타는 후방부의 수평안정판(horizontal stabilizer) 끝단에 경첩으로 부착되고 케이블로 조종간에 연결되어 있다. 승강타 조종은 조종간을 앞으로 밀거나 뒤로 당기는 방법으로 조종한다. 예를 들어 상승하고자 할 때 조종간을 뒤로 당기면 수평안정판에 부착되어 있는 승강타가 위로 올라가 공기의 힘은 꼬리 전체를 아래로 내려가게 하고, 꼬리의 하향은 기수를 상승하게 하여 비행기는 상승한다. 반대로 조종간을 앞으로 밀면 승강타는 아래로 내려가 꼬리 전체가 위로 올라가면서 기수가 숙여지고 비행기는 강하한다. 승강타도 하나의 조종 패널(panel)이라 할 수 있으며 도움날개와 달리 상하로만 작동한다. 지상 운용 중에는 공기흐름의 효과가 없기 때문에 조종 효력을 발휘하지 못하나 일단 규정된 속도에 도달하여 공기흐름이 빨라지면 충분한 조종 효력을 발휘한다.

방향타(rudder)는 수직안정판(vertical fin)의 후미에 경첩으로 부착되어

▲ B-2 폭격기는 꼬리날개와 수직안정판이 없다. 대신 엘리본(elevon)으로 승강타와 도움날개의 역할을 수행한다. 날개는 동체와 일체형 설계이고 이를 전익기라 한다. 수직안정판이 없는 설계는 스텔스 기능의 한 역할을 한다.

있고 케이블을 통하여 조종실의 러더페달에 연결되어 있다. 방향타는 양발로 조종하게 고안되어 있으며, 간혹 용어의 의미로 해석하여 방향타가 마치 방향을 전환하는 데 사용하는 것으로 잘못 알고 있는 경우가 있으나, 방향타는 비행경로(flight path)와 비행기의 세로축(longitudinal axis)을 일치시키는 데 활용된다. 이것은 게걸음(crabbing)을 연상하면 쉽게 이해할 수 있다. 비행기도 외부의 힘이 불균형하게 작용하면 마치 게걸음과 같이 비스듬하게 비행한다. 이는 조종사의 몸도 비틀어지게 하고 기체에도 좋지 않은 영향을 미치기 때문에 즉각적으로 방향타를 적용하여 원하는 비행경로와 일치시켜 일직선으로 비행할 수 있다. 우측 러더페달에 압을 적용하면 후방부에 있는 방향타는 우측으로 꺾어지고 우측의 공기압이 꼬리를 좌측으로 이동하게 하여 기수를 우측으로 돌아가게 한다. 반대로 좌측 페달에 압을 적용하면 반대의 현상이 일어나 기수가 좌로 돌아간다.

조종을 잘 한다는 것은 비행기가 어떠한 비틀림 현상 없이 똑바로 비행자세를 유지했을 때 비행기도 안정되고 승객도 안정감을 느낄 수 있다. 그러나 3개의 주조종 기능 중 어느 하나라도 일치되지 않았을 때 비행자세가

▲ F-22 전투기의 기동성을 위해서 전용 승강타가 없고 테일러론(taileron)으로 승강타와 도움날개의 역할을 수행한다.

비틀어지는 현상이 발생한다. 이와 같이 삼타(도움날개, 승강타, 방향타)가 일치되는 조작이 되어야 비행기는 안정된다. 이를 삼타일치 비행 혹은 균형 비행(coordinated flight)이라 하며 조종훈련생에게는 매우 강조되는 요소 중 하나이다.

항공기의 성능을 결정하는 요인은 항공기가 수행하게 될 임무(missions)에 달려 있으나 안정성(stability), 기동성(maneuverability) 그리고 조종성(controllability)이 주로 강조된다. 비행기의 안정성을 너무 강조하다 보면 조종성능이나 기동력에 제한을 받을 수 있다. 또 하나 연구 과제는 보통 사람이 쉽게 조종기술을 배울 수 있어야 한다. 실제 이 같은 필요성은 세계대전을 통해서도 입증되었듯이 전쟁 기간에 수많은 조종사가 필요했을 때 단기간에 많은 조종사를 양성하여 전선에 투입했다는 것은 조종기술이 그리 어렵지 않다는 것을 대변해 준다. 조종기술이 항공기를 제작하는 데 필요한 기술만큼 어렵다면 감히 어느 사람이 조종술을 배우려 하겠는가? ✈

항공기 조향장치(혹은 틸러) ……✈

조향(steering)이란 자동차 운전대를 조작하는 것과 같이 지상에서 비행기의 이동방향을 조종하는 장치이다. 비행기의 조향장치는 손으로 조작하는 것이 아닌 양발을 이용한다. 물론 러더페달의 주요 기능은 방향타를 조종하는 데 사용되지만 지상에서는 앞바퀴 혹은 뒷바퀴의 조향장치와 연결되어 있어 원하는 방향으로 비행기를 조향할 수 있다.

비행기의 조향장치는 앞바퀴가 조향장치 기능을 수행하는 형태와 뒷바퀴(tail wheel)가 조향장치 기능을 수행하는 형태가 있다. 전자를 앞바퀴(nose wheel) 조향장치 혹은 전륜형이라 하고 후자를 뒷바퀴 조향장치 혹은 후륜형이라고도 한다. 현대의 대부분의 비행기들이 삼륜차와 같은 앞바퀴 조향장치를 채택하고 있는 반면 초창기 대부분의 비행기들은 뒷바퀴 조향장치로 되어 있다. 현재도 일부 경량 비행기 또는 곡예비행 비행기들은 뒷바퀴 조향장치를 사용하고 있다.

뒷바퀴 조향장치는 주바퀴(main wheels)가 앞쪽에 위치해 있고 조향을 담당하고 있는 꼬리에 장착되어 있다. 이 기종의 비행기는 무게중심이 주바퀴 뒤쪽에 위치해 있어 안정성(stability)이 앞바퀴 조향장치에 비해서 떨어진다. 뒷바퀴 조향장치는 지상에 있을 때 기수가 높아 프로펠러가 지면으로부터 상당한 높이를 유지할 수 있어 프로펠러가 지상에 부딪힐 위험은 작다. 또한 앞바퀴 조향장치에 비해서 기계적으로 복잡하지 않아 제작비용이 저렴하고 고장 수리비용 역시 저렴한 장점이 있다.

기체의 하중 분포가 넓게 형성되어 거친 활주로 환경에서 운용의 장점이

▲ 앞바퀴 조향방식과 뒷바퀴 조향방식이 있다. 현대의 대부분의 비행기는 앞바퀴 조향방식을 채택하고 있다. 그림에서 보는 것처럼 뒷바퀴 조향방식은 지상에 있을 때 조종실이 상향을 지향하고 있어 지상활주할 때 전방 시계가 제한되지만 공중에서는 동일한 수평상태를 유지된다.

있다. 뒷바퀴는 마치 마트에서 많이 사용하는 쇼핑카트(shopping cart)의 바퀴와 유사하다. 다만 러더페달에 케이블로 연결되어 있어 러더페달의 압에 따라 카트형 바퀴를 원하는 방향으로 조향할 수 있다. 뒷바퀴 조향 방식은 매우 민감하게 작동되기 때문에 자칫 조작이 과하면 쉽게 방향성을 상실하고 활주로를 벗어나거나 급회전하는 현상이 발생할 수 있다. 또한 기수가 높아 강풍 조건에서 활주가 어려울 뿐만 아니라 측풍 상황에 대처하기가 쉽지 않은 단점이 있다. 앞바퀴 조향장치는 이륙시 앞바퀴부터 부양시키지만

▲ 헬리콥터의 착륙장치는 스키드형과 바퀴형이 있다. 스키드는 동체 무게를 고르게 분포시킬 수 있는 장점이 있다. 바퀴의 조향은 주회전날개를 기울여 이동속도와 방향을 전환한다.

▲ 뒷바퀴 조향 비행기의 이륙자세

뒷바퀴 조향장치는 뒷바퀴를 먼저 부양시킨 후 충분한 이륙속도에 도달했을 때 주바퀴가 부양하도록 해야 하는 차이점이 있다.

앞바퀴 조향장치는 지상에서 안정성이 매우 높다. 또한 조종사에게 넓은 시야를 제공하고, 이륙 또는 지상활주하는 중에 지상루프(ground loop)의 가능성을 크게 감소시켰다. 이외에도 뒷바퀴 조향장치에 비해서 앞으로 뒤집어질(nose-over) 위험이 현저히 감소된다. 조종훈련생들에게도 앞바퀴 조향장치는 착륙조작을 더욱 유연하게 수행할 수 있다. 착륙을 위한 플레어 자세가 주착륙바퀴와 동시에 이루어지기 때문이다. 또한 측풍 조건에 더욱 유리하게 대처할 수 있는 장점이 있다. 그러나 앞바퀴 조향장치를 위해서는 필연적으로 기계적 복잡성과 설비에 많은 비용이 소요된다.

대부분의 중소형 비행기의 조향은 러더페달과 브레이크 그리고 때로는 추력을 적절히 조화시켜 원하는 방향으로 회전할 수 있다. 그러나 근본적으로 이들 장치는 약 7°~8° 정도로 매우 제한되기 때문에 급회전하기 위해서는 거의 정지된 상태에서 한 쪽 브레이크를 견고하게 밟고 스로틀을 증가시켜 급회전을 달성할 수 있다.

그러나 대부분의 대형 비행기에서는 러더페달에 의한 앞바퀴 조향방식보다 별도의 조향장치(steering system)를 갖추고 있다. 이를 틸러(tiller)라 한

▲ 운송용 항공기의 틸러 조종간은 측면에 배치되어 있다. 삽입된 그림은 또 다른 유형의 틸러이다. 틸러는 자동차 운전대와 같이 앞바퀴를 약 78도까지 조향할 수 있어 원하는 방향으로 조향이 더 정밀하게 수행할 수 있고 급회전이 가능한 장점이 있다.

다. 운송용 항공기도 필요에 따라 차등 추력(differential thrust)을 적절히 적용하면서 앞바퀴 조향과 차등 브레이크(differential braking)를 적용해서 방향을 조종한다. 비행기의 틸러는 조종실에 있는 운전대 모양의 조향 조종간(steering wheel)이다.

이 장치는 마치 자동차와 동일하게 작동하지만 몇 가지 다른 점이 있다. 틸러는 작은 조종간으로 조종실 측면에 장착되어 있고 한 손으로만 조종해야 한다. 틸러는 마치 운전대와 같이 움직이는 방향으로 바로 아래에 있는 항공기의 앞바퀴가 회전하고 동체가 그 뒤를 따라서 이동하다. 앞바퀴를 직접 조향함으로써 큰 각도로 급회전까지 가능하여 공항 대부분의 곡선 유도로를 활용할 수 있다. 항공기가 저속으로 이동할 때 틸러, 차등 브레이크, 또는 차등 스로틀을 적용할 수 있지만 고속으로 이동할 때 각별히 주의해야 한다. 틸러는 앞바퀴를 약 78°까지 조향이 가능하다.

비행기와 플랩 ……✈

비행기는 규정 속도를 유지해야 공중에 떠 있을 수 있다. 속도가 없는 비행기는 공중에 떠 있는 바위 덩어리와 다를 바 없으며 지상으로 곤두박질치게 된다. 따라서 비행기는 최저속도(minimum speed)가 제한된다. 예를 들어 세스나 C-152의 최저속도가 60노트라고 가정 한다면 60노트 이하로 비행하면 비행기는 속도를 잃어버리고 지상으로 곤두박질치게 될 것이다.

어쨌든 비행기는 속도가 빠르면 그만이지 왜 최저속도가 필요한가? 물론 비행기는 속도가 빠른 것이 특징이라 할 수 있으나 필연적으로 지상에 착륙해야 한다. 착륙 시는 최대한 낮은 속도로 착륙하는 것이 안전하고 착륙활주 거리(landing run distance)를 감소시킬 수 있어 더 짧은 활주로에서 착륙이 가능하다.

일반 대형 여객기의 착륙속도는 기종에 따라 130~180노트로 접근한다. 비록 최저의 속도를 유지하고 있다 할지라도 1~2km 정도의 활주로는 순식간에 통과해 버릴 수 있으며 그 이하의 속도는 실속(stall) 위험이 있다. 수백 톤의 항공기가 접근속도(approach speed) 130~180노드를 순수한 날개만으로 유지할 수 있을까? 결론적으로 고정된 날개만으로는 이 속도를 유지하기가 불가능하다. 최저속도를 유지할 수 있도록 날개의 양력을 보조해주는 역할을 하는 것이 바로 플랩(flap)이다. 플랩은 양 날개의 후면에 장착되고 도움날개 안쪽에 위치하여 조종실에서 전기-유압으로 플랩을 내리고 올릴 수 있다. 여객기의 날개 쪽에 탑승해 본 경험이 있는 사람은 착륙 단계에 접어든 비행기의 날개 뒷면 안쪽 부분에서 전기 음과 더불어 커다란 패

▲ 저속에서 날개의 양력을 보조하기 위해서 앞쪽 그리고 뒤쪽에서 플랩을 전개하여 양력을 극대화한다. 또한 상부 플랩과 중간 그리고 하부 플랩 사이의 공간(slots) 역시 공기흐름을 유도하여 양력 발생을 보조한다.

널이 아래로 꺾이면서 나오는 것을 관찰할 수 있을 것이다. 이 패널이 비행기 최저속도를 낮추기 위한 플랩이다.

날개와 공기의 관계를 차후에 설명하겠지만 비행기가 공기 중에 지탱할 수 있는 것은 속도에 따른 날개의 각도(angle of attack)이다. 날개의 각도를 크게 할수록 양력은 커지나 무한정 날개의 각도를 증가시킬 수 없다. 어느 한계 각도에 이르면 날개는 양력을 얻기보다 공기저항이 커져 더 이상 양력을 발생하지 못하기 때문이다. 여기서 플랩의 역할이 요구되는 시점이다. 착륙 단계에 접어든 비행기는 가능한 최저속도로 감속해야 한다. 속도의 감소는 감소된 만큼 날개의 양력이 요구되고, 날개의 각도는 한계가 있어 플랩을 이용하여 날개 안쪽의 양력을 증가시켜 속도

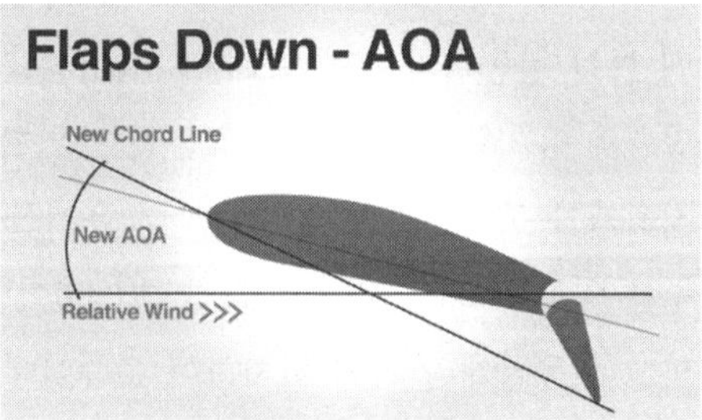

▲ 플랩에 의한 받음각 변화

▲ 경비행기가 플랩을 내리고 착지 직전에 있다. 플랩은 날개의 양력을 보조할 수 있는 부가 양력장치이다.

감소에 따른 양력의 감소를 보상해야 더 낮은 속도로 착륙이 가능하다.

플랩을 사용하면 그만큼 낮은 속도로 접근이 가능할 뿐만 아니라 더 깊은 각 접근(steep approach)이 가능하여 접근경로(approach path) 선상에 있는 장애물을 넘어서 착륙시 매우 유용하게 활용된다. 대부분의 초경량 비행기에는 플랩이 없으나 대부분의 경량 비행기에는 플랩이 장착되어 그만큼 운용 범위가 넓다.

플랩은 고양력장치의 하나이다. 고양력장치는 앞전 플랩 혹은 슬랫(slats)을 활용하거나 아니면 제트후류를 활용하기도 한다. 이외에도 날개와 플랩 사이의 슬롯(slots)으로 공기흐름을 유도하여 플랩의 기능을 보조하기도 한다. ✈

▲ 고양력장치의 하나인 슬랫의 전개 모습이다.

항공기 속도와 고도 측정 ……✈

속도계(airspeed indicator)는 항공기의 속도를 지시해 주는 계기이다. 자동차의 속도는 바퀴에 장치되어 있는 치차(toothed gear; *톱니바퀴*)를 통해서 일정한 회전 비율로 조정된 계기판에 전달되도록 고안된 계기이다. 항공기의 속도계는 공기에 의해서 측정하도록 고안되어 있고 공기는 일정 형태의 관(tube)을 통해서 계기에 전달된다. 기수 전방이나 날개 전면에 뾰쪽하게 튀어나온 관으로 공기가 유입되고, 이 공기는 계기 내에 장치된 일정 형태의 횡격막(diaphragm)을 밀어내면서 압력이 증가하고 압력 증가량은 기어장치를 통하여 지시침을 지시하도록 설계되어 있다.

고도계는 지상으로부터 항공기의 높이를 측정하는 계기이다. 고도를 가장 정확하게 측정하려면 줄자를 이용하여 측정하는 방법일 것이나 이는 불가능한 방법이고 항공에서 고도는 대기압(atmospheric pressure)을 이용한다. 이태리의 수학자 "토리첼리"에 의해서 대기의 압력을 수은(mercury) 높이를 이용하여 측정하였다. 수은이 들어 있는 용기에 빈 유리관을 집어넣었을 때 용기 주변의 보이지 않는 대기의 무게에 의해서 압력을 받기 때문에 수은은 유리관의 공간을 따라 상승하고 이때 수은의 높이는 대기압과 일치하는 높이에서 멈춘다는 사실을 발견하였다. 이로 인하여 대기는 일정한 무게를 갖는다는 이론을 정립하였다. 이 같은 실험에 의해서 대기는 일정 형태의 무게(weight)를 갖고 있으며 이를 대기압이라 한다. 해수면의 표준기온에서 표준대기압은 29.92 인치의 수은 높이(inch Hg) 또는 1013.2밀리바(millibar)로 표기하고 대기압은 고도에 따라 변한다.

▲ F 16 전투기 기수의 뾰족한 부분이 속도 측정을 위한 피토관이다. 오른쪽 하단에 삽입된 그림은 경비행기에 사용되는 피토관이다. 항공기가 이동함에 따라 피토관을 통해서 밀고 들어오는 공기압이 속도를 측정하는 원리이다. 따라서 피토관과 비행경로가 일직선이 되어야 가장 정확한 지시를 얻을 수 있다.

대기압은 고도에 따라 다르다는 것을 이용하면 높이를 측정하는데 대기압을 활용하여도 전혀 문제가 없다는 결론을 얻을 수 있다. 고도계 내부에 기압의 변화에 예민하게 작용하는 아네로이드(aneroid) 물질을 이용한 여러 개의 주머니 층을 형성하고 고도 변화에 따라 이 물질의 팽창과 수축 작용을 기어 연결계통(gear linkage)을 이용하여 계기의 지시침에 연결해 놓음으로써 대기압 변화에 따른 고도를 측정할 수 있고 이를 기압 고도계(pressure altitude)라 한다.

기압 고도계를 정확한 높이 측정 단위로 활용하기 위해서 그 지역의 기온에 따른 오차를 수정하는 과업은 전문 지식이 요구된다. 고도계의 중요성은 인접해 있는 모든 항공기들이 동일한 대기압에 맞추고 있을 때 항공기 간의 수직분리(vertical separation)를 달성할 수 있다. 만약 어느 한 항공기가 대기압 1인치를 잘못 입력했다고 한다면 실제 고도는 약 1,000피트의 오차가 발생할 수 있다. 예를 들어 계기접근 상황이라고 가정한다면 1,000피드의

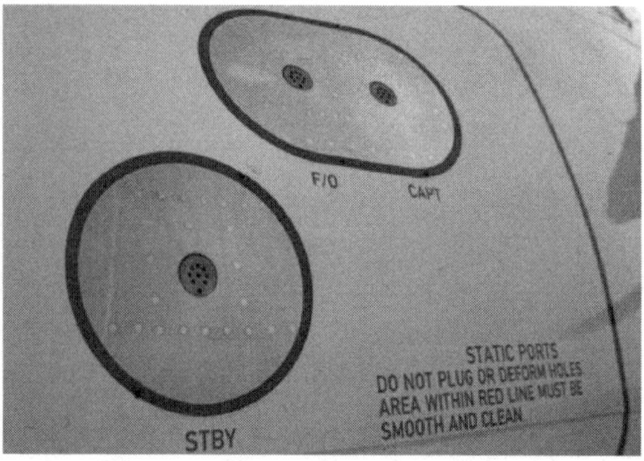

◀ 항공기 표면에서 공기흐름의 영향을 가장 적게 받는 위치에 여러 개의 작은 구멍들이 고도와 속도 측정을 위한 정압을 제공하는 정압관이다. 대형 운송용 항공기는 안전을 위해서 기장과 부기장 그리고 추가적으로 예비 정압관을 갖추고 있다.

고도 오차는 치명적일 수 있기 때문에 조종사는 그 지역을 관장하고 있는 관제사가 제공하는 고도계 수정치(altimeter setting)를 정확하게 입력해야 한다. 이외에도 지면으로부터 정확한 고도를 측정할 수 있는 방법으로는 전파를 발사하여 지면에 부딪쳐 되돌아온 반사파를 이용한 레이더 고도계(radar altimeter)가 있다. 레이더 고도계에는 저고도 경고장치와 연동되어 있어 항공기가 지정한 고도 이하로 강하할 때 경고등과 경고음이 작동한다. ✈

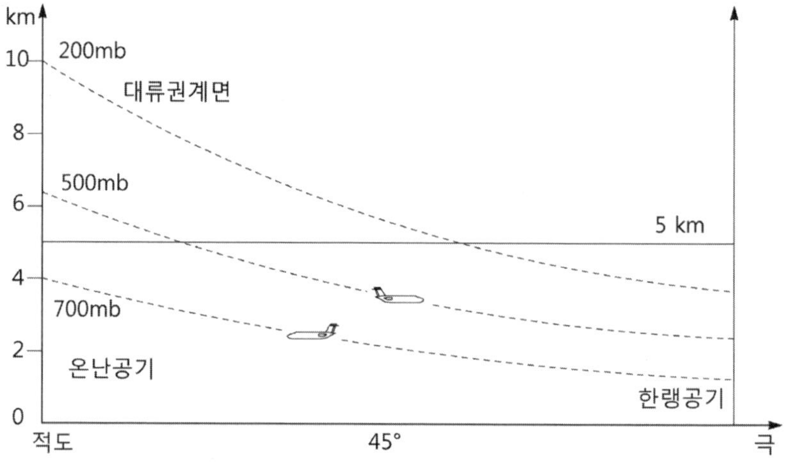

▲ 대기압에 따른 층이 형성되어 있다. 표준대기 외의 조건에서는 이 층이 달라질 수 있기 때문에 이를 수정해 주지 않으면 상당한 오차가 발생할 수 있다.

항공기와 자세계 ……✈

지상에서 운행하는 자동차와 달리 공중에 떠 있는 항공기의 수평자세를 판단하는 것은 매우 중요한 요소이다. 기수의 상하운동, 동체의 좌우운동 그리고 이들 운동이 혼합된 형태는 더욱 복잡한 양상으로 항공기 자세가 시시각각 변화를 일으킬 수 있다. 이러한 비행체의 운동에서 수평자세를 판단할 수 있는 계기가 꼭 필요하다. 악기상으로 시정이 제한된 상황에서 항공기 자세(attitude)를 상실하는 것은 재난으로 이어질 수 있을 정도로 위험하다. 그렇기 때문에 시계비행 조종사는 구름으로부터 충분히 떨어져 비행해야 하고 불운하게도 구름을 피하지 못한 시계비행 조종사는 불과 몇 분을 버티지 못하고 생명을 위협받기도 한다.

항공기의 자세를 지시해 주는 계기를 자세계(attitude indicator)라 하고 항공기 기수의 들림과 숙여짐(nose up and nose down) 그리고 좌우 경사량을 지시해 준다. 자세계의 작용원리는 자이로스코프(gyroscope)라는 기구이다. 일상생활에서도 쉽게 볼 수 있는 기구로 중앙에는 회전체가 있고 회전축(spin axis)을 중심으로 외부에는 2개의 수평유지장치(gimbal)로 구성된다. 회전체(rotor)를 고속으로 회전시키면 회전체는 외부에서 어떠한 힘을 적용해도 수평상태를 유지하려는 경향이 있다. 이것이 자세계의 기본원리이다.

자이로의 외부 장치대를 항공기 동체에 연결시켰을 때 항공기 동체가 상하좌우의 어떠한 움직임에도 자이로 회전체는 수평을 유지하려는 특성이 있어 조종사는 자세계를 이용하여 항공기의 자세를 판단할 수 있다. 유송용 항공기는 최소한 3개의 독립된 자세계를 갖추도록 규정하고 있다. 이는 어

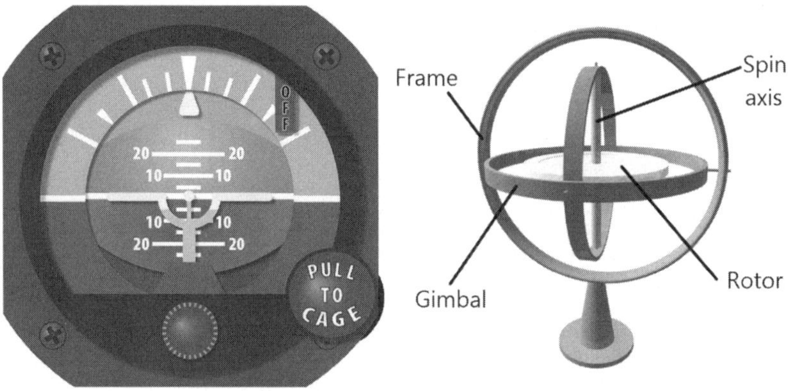

▲ 구름이나 안개 속에서 조종사는 자연 수평선을 참고할 수 없다. 자세계는 조종사에게 인공수평을 제공해서 계기비행을 가능하게 한다. 전형적인 재래식 자이로스코프의 구조이다. 프레임이 있고 내부 짐벌과 외부 짐벌 그리고 중앙에 회전체와 회전체를 지지하고 있는 축으로 구성되어 있다. 내부 짐벌은 스핀축에 대해서 자유롭게 회전하고 외부 짐벌은 내부 짐벌에 대해서 자유롭게 회전한다. 따라서 두 짐벌은 상호 독립적으로 회전한다.

느 한 자세계 시스템이 고장 났다 할지라도 다른 2개의 자세계를 이용하여 비행을 할 수 있기 때문이다.

짐벌(gimbal) 혹은 수평유지장치란 자이로스코프의 회전체를 지지하고 있는 구조물로 이 장치가 장착되어 있는 물체의 틀(frame)이 기울어져도 항상 정립(upright) 상태를 유지해주는 장치이다. 수면이나 공기, 우주공간 위에 떠 있는 구조물의 동요에 관계없이 자이로스코프와 같은 물체의 틀이 기울어져도 자이로스코프를 정립 상태로 유지할 수 있다. 또한 헬리콥터 및 드론 등의 진동(vibration)에 관계없이 연직 상태를 유지할 수 있게 해주는 필수 장치이다.

최근에는 일반 무선조종 장비를 이용하면 동체의 중심을 잡기 어렵거나 카메라 파손 우려가 있는데 헬리캠(helicam)의 짐벌은 이러한 단점을 극복하게 해준다. 헬리캠 내부에는 3축 자이로스코프, 3축 가속도계, 그리고 기압계 등으로 이뤄진 IMU(Inertial Measurement Unit) 센서 장치를 갖추고

▲ 자이로스코프의 원리를 적용한 카메라 장착대는 헬리콥터의 어떠한 움직임에도 안정된 촬영을 할 수 있다.

있다. 이 특성을 이용하여 선박 및 항공기용 나침반과 자동조종장치, 대형 선박의 롤링 방지장치, 관성항법장치(INS) 등에 적용된다. 전자적 자이로스코프는 허블 망원경, ICBM과 같이 정밀유도장치 그리고 무선조종 헬리콥터 또는 헬리콥터 및 무인 비행체의 안정성을 위한 장치로도 사용되고 있다. ✈

위성항법장치(GNSS/GPS) ……✈

GPS를 모르는 사람이 없을 정도로 GPS는 우리 생활과 밀접한 관계가 있을 뿐만 아니라 항공우주과학은 물론이고 전 산업계에 적용되고 있다. GPS는 글로벌 항법 위성 시스템(Global Navigation Satellite System)의 하나이다. 국제적으로 통일된 용어는 GNSS라고 하지만 이를 알고 있는 사람은 많지 않다. 물론 GPS가 GNSS의 선도적 역할을 해온 것은 사실이지만 러시아의 GLONASS, 유럽연합의 Galileo 그리고 중국의 Beidou와 같은 위성항법시스템에 대해서는 잘 모르고 있다. GPS는 미국의 항공우주전대에서 관리 및 운용하고 있는 항법시스템으로 전 세계 어느 곳에서도 수신기만 있으면 서비스를 받을 수 있는 무제한 활용성을 갖추고 있다.

GPS의 등장은 항법 개념을 완전히 바꾸어 놓았다. 기존 항법 시스템은 지상에서 무선신호를 송출하고 이를 항공기에 탑재된 수신기에서 수신하여 항법신호를 산출하는 지상기반(ground-based) 항법 시스템이다. 그러나 GPS는 위성에서 항법신호를 송출하는 위성기반(satellite-based) 항법 시스템이라는 새로운 개념을 탄생시켰다. 위성기반 항법 시스템은 지상기반 항법 시스템에서는 상상할 수 없을 정도의 광범위한 지역에 항법정보를 제공할 수 있게 되었다. 또 다른 장점은 GPS 수신기를 갖춘 모든 사용자에게 동일한 항법정보(navigation information)를 제공할 수 있다.

초기 GPS 수신기는 단순히 위치정보만을 제공할 수 있었지만 현대 GPS 수신기는 이동지도(moving map)와 통합되어 실시간 항공기의 위치에 대한 정보를 제공하여 조종사의 상황인식 능력을 크게 향상시켰다.

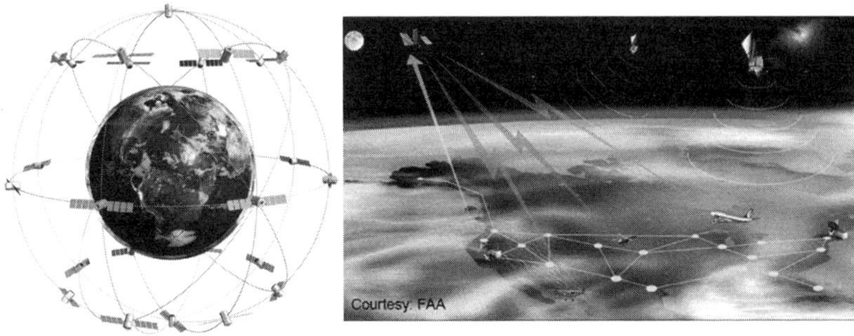

▲ GPS 위성은 약 20,200km 상공에 6개의 궤도면에서 한 궤도 당 최소한 6개의 위성이 배열되어 있다. 이들 위성은 일일 2차례 지구 둘레를 돌면서 지구 구석구석에 항법정보를 제공한다. 광역증대장치는 GPS 정보를 더욱 정밀하게 수정하여 지구정지위성에 전송하여 이를 다시 지상 사용자 GPS 수신기에 전송하는 방식이기 때문에 광범위한 지역에 정밀한 항법정보를 제공한다.

GPS 수신기는 지구로부터 약 20,200km 상공에 떠 있는 위성에서 전송하는 신호를 받는다. 따라서 기본적으로 신호의 출력은 약하지만 직진성이 높은 마이크로웨이브(microwave; *극초단파*)를 사용한다. 이와 같이 공간에 무제한 전송되는 무선신호는 대기권을 통과하면서 오차(errors)가 발생하는 원인이 된다.

GPS의 오차를 수정하기 위한 방법으로 지상을 정밀하게 측량된 기준점(reference point)을 선정하고 GPS 위치정보(position information)와 비교하면 GPS의 오차가 얼마가 발생하는 지를 결정할 수 있다. 이 오차를 수정해서 다시 사용자 GPS 수신기에 전송하면 더욱 정밀한 위치, 항법 그리고 시간정보를 얻을 수 있다. 이것이 DGPS이고 우리나라에서도 이 방식으로 GPS의 정밀도를 높이고 있다.

DGPS의 개념이 개발되어 정밀도는 높아졌지만 지상의 지정된 장소의 송신소 안테나를 통해서 전송되기 때문에 전파의 한계는 기존의 VOR과 같은 유사한 가시선(line of sight)의 제한을 받는다. 이 같은 가시선의 한계를 극복하고 더 넓은 지역에 GPS 항법정보를 제공하기 위해서 제안된 것이 정

항법 장비	정밀도(수평/수직)	성능시험 개요
GPS 기술기준 (SPS)	100m/150m	SA의 영향을 받는 GPS 정밀도 (SA는 2000년 5월1일로 중단)
GPS 기술기준 (PPS)	22m/27m	SA가 제거된 GPS 정밀도
GPS 실측 정밀도	2.5m/4.7m	실측 시스템의 정밀도 (수신기 오차 제외)
DGPS	10m/10m	정밀도가 가장 낮은 수치임 성능시험에 의하면 DGPS는 시설로부터 거리에 따라 1~10m 미만까지 가변
WAAS 기술기준 (항공용)	7.6m/7.6m	성능시험에서 가장 낮은 정밀도 정밀접근에 활용됨(ILS CAT I)
WAAS 실측정밀도 (항공용)	0.9m/1.3m	실측 시스템의 정밀도 (수신기 오차 제외)
LAAS	>1m	미래의 항공기 정밀접근시스템으로 대체될 예정(ILS CAT II/III)

▲ GNSS/GPS와 성능증대장치의 정밀도 비교

지위성(geostationary satellite; *지구의 자전 시간과 일치하므로 정지해 있는 것처럼 보인다. 통신위성, 방송위성, 기상위성 등으로 사용된다*)에서 신호를 전송한다면 가시선의 영향을 받지 않고 더 넓은 지역에 더욱 정밀한 GPS 정보를 제공할 수 있다. 이것이 광역증대장치(wide area augmentation system; WAAS)이다. WAAS는 GPS 항법정보의 정밀도가 크게 향상되었지만 기존의 계기접근시설(ILS Cat II, III)의 정밀도에는 아직 미치지 못하기 때문에 이에 적합하게 개발된 것이 국지증대장치이고 이를 LAAS라 한다. LAAS(local area augmentation system)의 기술이 좀 더 향상된다면 기존의 ILS Cat III에 적합한 기준에 도달할 것으로 예상된다. LAAS 역시 ILS와 같이 지정된 공항 주변에서만 서비스가 가용한 한계가 있는 것이 단점이기는 하지만 ILS와 같은 지상 시설을 갖추지 않아도 되는 장점이 있어 미래의 계기접근시설로

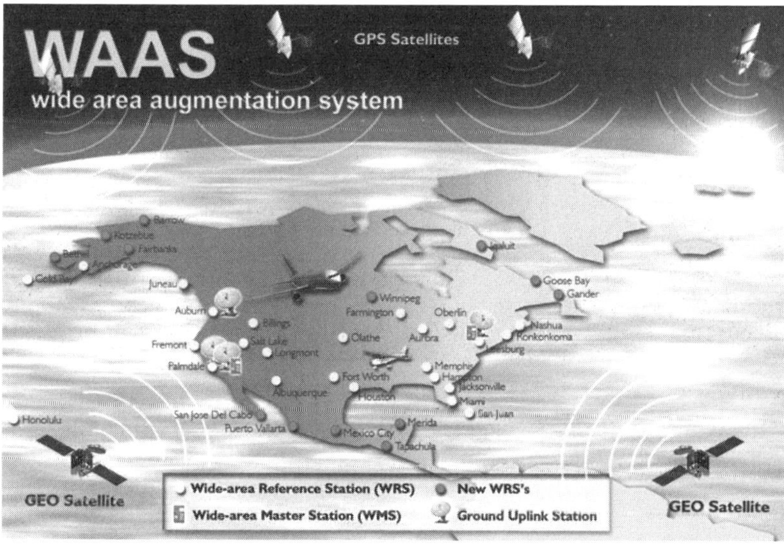

▲ WAAS 운용개념은 GPS위성과 정지위성을 활용하고 있다.

활용될 것으로 예상된다. 최근에는 휴대용 GPS가 개발되어 조종사의 항법 업무를 획기적으로 감소시키고 있다.

GPS 신호가 인위적 간섭에 취약하다는 것은 널리 알려진 사실이다. 만약 불순한 의도를 갖고 GPS 신호를 교란시킨다면 그 결과는 항공기뿐만 아니라 산업현장에서도 큰 혼란이 발생할 수 있다. GPS가 수신기로서 수동적(passive) 개념으로만 적용되는 것이 아니라 무인항공기 혹은 탄도 미사일이 자율적으로 목표를 찾아가는 능동적(active) 무기체와 결합되었을 때 그 결과는 치명적이다. 따라서 관련 기관에서는 이에 능동적으로 방호할 수 있는 대책을 수립해야 한다.

실제 얼마 전 북한에서 GPS 신호의 교란을 시도했던 사례가 있다. 만약 항공기가 GPS 신호에만 의존하고 있다면 명백하게 오류 항법정보로 인하여 엉뚱한 곳으로 비행하게 되는 결과를 초래하게 될 것이다. 이 같은 불법적 GPS 교란에 대해서 크게 우려하지 않아도 된다. 대형 운송용 항공기에는 종류가 다른 3종의 항법장치를 갖출 것을 규정하고 있다. 특

▲ GPS와 이동지도의 결합은 악기상 상황에서도 실시간으로 항공기의 위치를 확인하면서 비행할 수 있도록 되었다. 이외에도 3차원 이동지도와 결합된다면 마치 게임하듯 야간 혹은 저시정 조건에서 비행할 수 있다.

히 관성항법장치(inertia navigation system; INS)는 외부의 어떠한 무선신호를 받지 않고도 정밀한 항법이 가능한 자립 항법장치 중 하나이다.

GPS가 정밀한 위치정보를 제공하기 위해서는 최소한 24개의 위성이 필요로 하지만 추가적으로 1개의 또 다른 위성은 GPS 신호의 정밀도가 보전되고 있는지를 감시하는 역할을 하고 대형 운송용 항공기에는 자체적으로 GPS 신호의 정밀도를 식별하기 위한 장치를 갖추어야 한다. 만약 GPS 신호의 정밀도(accuracy)에 이상이 발생했다면 그 순간부터 관성항법장치 또는 VOR, NDB 등으로 전환하여 지속적인 항법정보를 유지할 수 있다.

이 같이 정밀한 항법장비가 개발되었으니 복잡한 계산을 요구하는 항법교육이 불필요한 것인가? 라는 질문을 받는다. 물론 레저로 비행을 즐기는 사람에게는 충분히 공감이 가고 동의하지만 전문 조종사는 GPS가 무용지물이 되었을 때 어떻게 해야 하는 지를 자문한다면 그 해답은 자명하다. 실제로 GNSS 수신기가 시계비행 조종사의 유용한 필수 자산이 되었지만 시계비행을 위한 보조 수단으로만 활용할 것을 권장하고 있다. 계기비행을 위해서는 관련 규정과 함께 설치 방식도 엄격한 규정에 따라야 한다. ✈

글라스 칵핏(전자조종실) ……✈

현대에 출시되는 최신형 민간 및 군용 항공기의 조종실 환경이 크게 바뀌었다는 것을 알 수 있다. 기존의 조종실(cockpit or flight deck) 계기판은 전통적으로 아날로그(analogue) 방식의 계기들이 나열되어 있어 매우 복잡했으나 최신형 항공기의 계기판은 3~4개의 LCD 디스플레이(display)로 대체되고 있다. 이 같은 조종실의 변화는 디지털 컴퓨터, LCD 디스플레이, LED 조명 그리고 복합소재의 발달이 있었기에 가능한 것이다. 실제 국내에서 개발된 KUH-1(수리온) 헬리콥터라든지 KC-100(나라온) 항공기들은 초기부터 전자조종실(glass cockpit)로 설계되어 있다.

전자조종실은 현 상황에서 조종사에게 가장 중요한 정보 위주로 보여줄 수 있는 장점이 있고, 위성항법장치(GNSS)와 결합되어 더욱 조종사의 상황인식(situational awareness) 능력을 향상시켜 비행안전은 물론이고 경제성까지 달성할 수 있는 장점이 있다.

이 같은 기술적 배경에는 재래식 자이로스코프 비행계기들이 전자 자세와 기수방위 참조시스템과 대기자료 컴퓨터(air data computer)로 대체되어 신뢰성(reliability)과 함께 비용 및 정비소요가 크게 감소하였다. 최신 A380과 B-787 여객기의 조종실은 최신 LCD로 구성된 전형적인 전자조종실 모델이다.

대륙을 비행하는 조종사는 조종실에 갖추어야 하는 휴대품이 적지 않다. 예를 들어 항공도와 항법도 그리고 표준이륙절차 및 계기접근을 위한 각종 간행물을 별도로 갖추어야 하지만 이 같은 간행물을 별도의 전자백

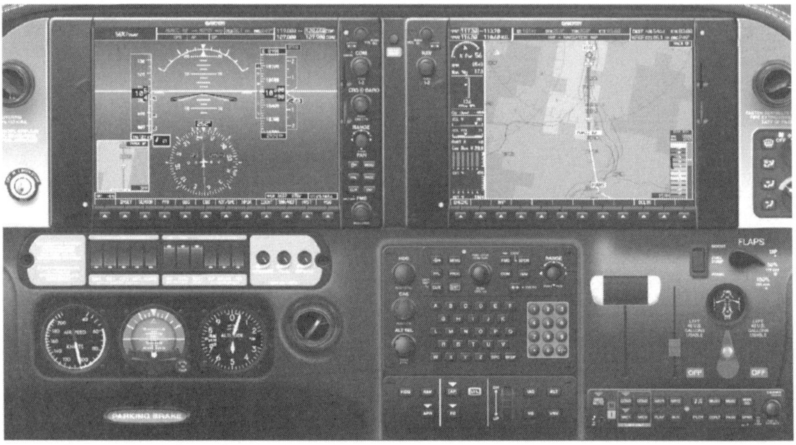

▲ 전자조종실은 대형 운송용 항공기와 전투기뿐만 아니라 최신 경량항공기까지 탑재하여 출시되고 있다. 이들 경량항공기 조종사들은 항법에 대한 부담은 없어졌지만 전문 조종사는 다른 항법장치에 대한 확실한 지식을 갖추어야 한다.

(electrical back)에 저장하여 필요시 화면에 불러와 사용할 수 있도록 설계되어 있다. 항공전자(avionics)의 발달과 함께 전자조종실은 일반항공뿐만 아니라 경량항공기 분야까지 빠르게 보급되고 있다. A380은 서랍 대신 키보드를 장착하는 것으로 두꺼운 비행매뉴얼도 좌석 옆(기장석은 왼쪽, 부조종사는 우측)에 비치되어 있는 컴퓨터 디스플레이를 통해 필요한 사항을 검색하거나 열람하도록 돼있다. 키보드 앞의 손바닥 받침대 부분을 끌어올려서 안쪽으로 제치면 키보드(keyboard) 부분을 덮으면서 보통 테이블처럼 이용할 수 있다. 이 같은 글라스 칵핏은 조종실이라기보다 컴퓨터 오퍼레이터(operator) 좌석처럼 생겼다. ✈

▲ 휴대용 단말기에서 항법에 필요한 정보를 저장하고 필요할 때 불러와 검색할 수 있다.

골든이글, 나라온, 수리온 ……

경제성장과 함께 세계 10위권의 항공산업 그리고 강대국으로 둘러싸여 있는 지정학적 요건은 국가안보를 마냥 남에게 의존할 수 없다는 국민적 공감대가 형성되면서 국산 전투기 개발 산업이 진행되어 왔다. 비록 시작은 늦었을지라도 우수한 인력과 첨단 소재산업은 세계적 수준에 근접하고 있고, 세계를 선도하는 반도체와 디스플레이를 기반으로 마침내 골든이글(golden eagle) T-50 초음속 훈련기(trainer)를 탄생시켰다.

T-50은 미국의 록히드 마틴과 합작으로 개발된 초음속 훈련기이면서 다기능 경전투기이다. T-50은 국내 기술로 제작된 첫 초음속 항공기이자 세계 몇 안 되는 초음속 훈련기의 한 기종이 되었다. 1990년 후반 개발에 착수하여 2002년 첫 비행에 성공했고, 이후 2005년 공군에 인도되어 비행훈련을 시작했다. T-50은 훈련기(trainer)뿐만 아니라 경공격기로 개량이 가능한 장점 때문에 인도네시아와 필리핀 공군에 수출하였고 미 공군의 차세대 훈련기 후보 기종으로 선정되었다.

KC-100의 시제기는 5년간의 노력 끝에 개발하였으며 그 과정에서 제작 및 인증에 대한 원천기술을 확보하고, 미국연방항공청(FAA)의 기술성 평가를 거쳐 국내인증(2013.12)까지 마무리하였다. KC-100의 해외 수출기반 조성을 위해서 국내 보급 및 실용화가 우선되어야 한다고 판단하고 국방부와 방위사업청 그리고 공군 등과 협의를 거쳐 현재 공군이 사용 중인 초등비행 훈련기(T-103, 러시아제 4인승 경비행기)를 국산 KC-100으로 점진적으로 대체하는 데 합의하였다.

▲ T-50(골든이글)은 국산 첫 초음속 훈련기이다. 단발 재연소 터보팬 엔진을 탑재하고 마하 1.5(1,770km/h)의 속도를 낼 수 있다.

국산 KC-100을 공군 초등훈련기로 활용하게 됨에 따라 약 150억 원의 수입대체 효과와 함께 국산 경항공기, 민간 무인항공기 실용화 개발에도 성공할 경우 2022년까지 약 1만명의 고용창출도 기대할 것으로 예상하고 있다. 이외에도 민간항공에 KC-100의 공급을 확대하고 해외수출을 목표로 엔진 등 핵심부품까지 국산화에 나설 계획이다. 설계 목표는 다른 동급 기종에 비해서 약 10%의 연료 효율성을 달성하는 것이다. 이 비행기의 조종실은 경쟁 기종인 Cirrus SR-22 그리고 Cessna 400보다 약 3~5cm 더 넓다.

2008년부터 개발을 시작한 "나라온"은 주로 탄소섬유(carbon fiber) 재료를 사용하였고 날개는 마치 갈매기(sea gull) 모양으로 설계되었다. 엔진은 Continental TSIOF-550-K 터보엔진을 탑재하였고 최대출력은 315마력이다. 항공전자는 Avidyne Entegra II Glass cockpit을 탑재하였다.

이외에도 전자식 엔진제어장치, 자동조종장치(autopilot), 충돌경고장치, 제빙 및 방빙장치, 산소장치와 같은 동급 최고급 사양을 갖추었다. 2014년 5월 공군의 초등훈련기로 활용하기 위한 23대의 생산 계약을 체결하여 기

▲ KAI에서 개발하여 2011년 7월 20일 첫 비행을 행한 4인승 경비행기이다. 엔진은 315마력 단발엔진을 장착하였고 최대속도는 210노트(389 km/h) 그리고 기체는 탄소섬유로 제작하여 강하고 견고함을 동시에 달성하였다.

존의 수입 훈련기를 대체할 수 있게 되었다.

일반항공에도 보급을 위한 수요의 창출이 핵심이다. 산업과 민간에 과감한 기술의 이양, 핵심 부품의 국산화, 국내 항공시설의 확대는 새로운 일자리 창출의 선도적 역할을 할 것이다. 디지털, 소재산업, 디스플레이, 정보통신의 융합은 최상의 경쟁력을 갖출 수 있는 요소를 두루 갖추고 있다. 이를 극대화하기 위해서 과감한 규제를 풀어 미래형 항공기 개발에 나서야 할 것이다.

또한 한국항공우주산업은 한국형기동헬기(KUH) "수리온"의 개발을 완료하여 헬리콥터를 자체 생산한 11번째 국가가 되었다. 현재 대부분의 육군에서 운용되고 있는 UH-1H와 500MD의 노후 기종을 대체하기 위한 전력화에도 크게 기여할 것으로 본다. 기동헬기의 50% 이상이 노후화되면서 최신 수리온의 전력화가 시작되어 향후 200여 대가 각 군에 공급될 예정이다.

수리온은 길이 19m, 높이 4.5m로 최대순항속도는 시속 259㎞다. 3차원 전자지도와 통합헬멧 시현장치, 4축 자동조종장치를 장착해 작전 능력과

▲ 국산 "수리온" 헬리콥터

생존성을 높였다. 자동조종장치를 활용하면 이륙 후 전술목표까지 자동조종하고 고난도 정밀 화물공수 임무도 수행할 수 있다. 적의 방공무기 위협에 대응하는 다양한 탐지장비와 대응체계를 구축해 전장에서 생존성도 크게 높였다.

KUH는 우리나라 지형에 맞게 개발돼 기동성이 우수하며 백두산 높이(약 2,750m)에서도 제자리비행이 가능한 최첨단 헬리콥터로 개발되어 전천후 전술기동이 가능하다. 특히, 각종 안정장치가 탑재돼 조종사와 항공기의 생존성이 매우 뛰어난 것이 장점이다. 2006년 6월 개발에 착수해 2009년 7월 1호기를 출고한 후 2010년 3월 초도 비행에 성공했으며 이후 시제기 4대를 활용해 약 2,700시간의 비행시험(test flight)을 성공적으로 마쳤다. 이후 군용 헬리콥터로는 최초로 감항인증 및 전투용 적합판정을 획득했으며 최근 영하 32도 이하의 실제 환경에서 운용 능력을 검증하기 위해 알래스카로 이동해 50여 회의 비행시험을 실시했다.

헬리콥터 개발은 통상 10년 이상 소요되지만 T-50 개발에서 적용됐던 설계기술과 동시에 공학 설계기술을 적용해 짧은 기간에 개발에 성공할 수 있었다. KUH의 성공적인 개발로 파급효과가 클 것으로 기대되고 있다. KUH 사업비용의 62.5%에 달하는 국산화 기반을 토대로 향후 후속, 개량형 헬리콥터 개발시 효율성과 함께 경제성을 동시에 달성할 수 있게 되었다. 또한 해양경찰청과 소방청, 산림청 등 국내 관용 헬리콥터도 KUH로 대체될 경우 막대한 외화를 절약할 수 있을 것으로 전망이다. 국내에서 정부기관이 운용하고 있는 관용 헬리콥터는 100여 대로 향후 20년간 수리온급 헬리콥터 수요만 2조원 이상으로 예상된다. KUH 개발로 향후 12조 원의 산업 파급효과와 5만명 이상의 고용 창출이 전망되고 있다. 또 해외수출도 기대되고 있는데 유로콥터(Eurocopter)와 합작 법인(KAI-EC)을 설립하고 마케팅 활동을 진행 중이다. 향후 15년간 300대 이상의 수출을 목표로 하고 있다.

헬리콥터 개발은 공기역학, 전자공학, 유체역학, 신소재분야 등 다양한 신기술을 접목해야 가능하기 때문에 향후 25년간 전 세계의 수리온급 헬리콥터 소요는 모두 1,000여대로 이중 30% 정도는 수리온으로 대체하는 데 목표를 두고 적극적인 해외시장 개척에 나서야 할 것이다. ✈

플라이-바이-와이어(FBW) ……✈

재래식 항공기의 조종계통(control system)은 조종실의 조종간에서부터 철선 케이블(cable) 또는 철봉 그리고 벨 크랭크(bell crank)와 같은 기계적 연결장치를 통해서 최종적으로 승강타와 같은 조종면(control surfaces)까지 연결되어 있다. 이와 같은 기계식 조종계통은 조종사가 적용한 힘을 조종면까지 직접 전달하는 방식이기 때문에 정밀한 조종이 어렵고 장시간 비행했을 때 조종사의 조종피로를 가중시킬 수 있다.

이 같은 재래식 조종계통은 자가제작 또는 경량항공기에 적용되고 있지만 항공기의 성능이 크게 향상되면서 기계적 조종계통을 대체할 수 있는 유압조종계통(hydraulic control system)이 도입되었다. 유압장치는 작은 힘으로 큰 출력을 얻을 수 있는 장치로 일반 자동차의 조향장치에서부터 초대형 크레인에 이르기까지 현대 산업기계에 필수적이고 이것이 기계-유압식 조종계통으로 발전하였다.

그러나 기계-유압식 조종계통은 유압을 발생시키기 위한 별도의 부품과 장치 그리고 배관을 필요로 하여 무게가 그 만큼 증가하였고 아울러 이를 장착하기 위한 공간 역시 필수적으로 확보해야 하는 근원적 단점을 갖고 있다. 이와 같이 기계-유압식 조종계통의 단점을 해소한 것이 플라이 바이 와이어(fly-by-wire; FBW)이다. 우리말로 유선조종계통이라 하는 것이 적절한 표현으로 여기서 "유선"이란 전기신호를 전달할 수 있는 전선을 의미한다. 유선조종계통은 손바닥의 미세한 압의 움직임이 전기신호를 발생시켜 이를 컴퓨터로 전달되고 컴퓨터는 즉시 이를 계산하여 작동기(actuator)로 신호

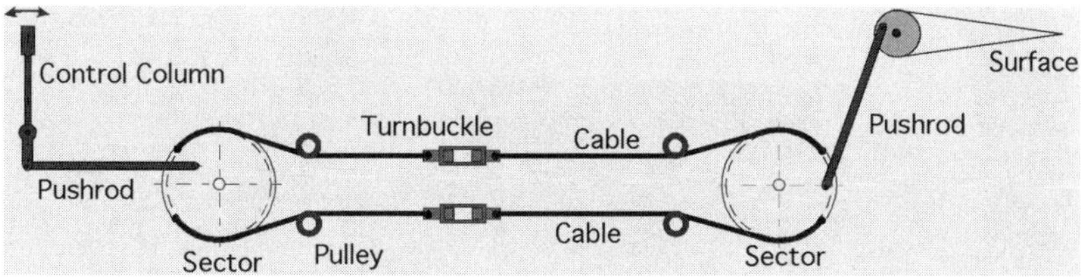

▲ 전통적인 조종계통은 케이블, 로드, 도르래를 사용하여 조종간에서 조종면까지 연결되어 있다.

를 보내 최종적으로 조종면을 작동시키는 방식이다. 이 장치가 가능한 것 중 하나가 빠른 연산기능(arithmetic operation)을 갖추고 소형화된 디지털 컴퓨터이다. 전형적인 조종간은 조종사의 중앙에 위치하도록 설계되어 있지만 FBW를 채택함으로써 마치 조이스틱(joystick)과 같이 조종간을 측면으로 배열하여 조종실(flight deck) 공간이 획기적으로 변화되었다. 이는 중앙의 공간을 더욱 효율적으로 활용할 수 있고 조종실 환경이 크게 개선된 것을 알 수 있다.

유선조종계통이 조종실 환경의 변화에 크게 기여하였지만 결정적으로 해결해야 할 과제가 있다. 컴퓨터 시스템 또는 배선계통의 작은 손상은 계통 전체를 마비시켜 조종불능 상태가 될 수 있다. 이를 해결하기 위한 방법으로 완전히 독립된 시스템을 2중, 3중 때로는 4중으로 갖추고 있어야 한다. 만약 어느 한 시스템이 고장 났을 때 즉각적으로 2차 시스템으로 전환되지 못한다면 전체 조종계통에 심각한 영향을 줄 수 있다.

또 다른 단점은 EMP(electromagnetic pulse)에 대한 취약성이다. EMP는 핵폭발과 고에너지가 방사(radiation)될 때 발생하는 전자기파의 일종으로 영향권에 있는 전자회로를 파괴할 수 있는 강력한 전자적 위력을 지닌 파장이다. 현대 산업 기계장치들은 물론이고 항공산업 역시 EMP에 대한 충분한 방책을 갖추지 않으면 치명적 사고에 직면할 수 있다.

실제 공중조기경보기(airborne early warning; AEW)라든지 대통령 전용기 등은 EMP에 대한 상당한 방어능력을 가지고 있지만 일반 전투기들은 그

▲ 재래식 전투기의 조종간이 중앙에 배열되는 방식이라면 FBW 방식은 조종간을 오른쪽 측면에 배열할 수 있어 조종실 공간이 크게 개선되었다. FBW와 함께 조종간과 스로틀에 항공기 조종, 항법 그리고 무장장치의 작동에 필요한 스위치와 버튼을 모두 장착하는 방식의 호타스(HOTAS)가 개발되었다. 조종사는 스로틀과 스틱에서 손을 떼지 않고 중요한 기능에 접속할 수 있다. 최신 F-16, F-35 전투기에서 이 같은 개념의 조종장치를 채택하고 있다.

체적과 EMP 방호장비의 가격 때문에 EMP에 취약한 상태로 남아있다. 항공기 조종계통에서 FBW의 효율성이 충분히 입증되었기 때문에 그 적용은 점차 일반항공까지 확대될 것으로 본다. 그러나 아직까지 개발을 위한 막대한 비용이 걸림돌이다.

FBW가 유압 부품과 배관을 제거하여 무게와 공간을 크게 줄이는데 기여했지만 유선조종을 위한 배선과 유선이 지나갈 수 있는 공간 역시 필연적으로 확보되어야 한다. 이를 개선하기 위해서 실험되고 있는 것이 광섬유조종계통이다. 비록 유사한 방식이기는 하지만 배선을 위한 무게와 공간을 크게 감소시킬 수 있을 것으로 예상된다. 무선으로 조종간의 신호를 전달할 수 없을까? 가능하다. 실제 이를 위한 실험이 진행되고 있으며 무선으로 조종할 수만 있다면 미래형 항공기 개발을 위한 획기적인 진전이 될 것이다. ✈

전방시현기(HUD) ……✈

활주로에 접근 중인 조종사는 계기의 지시에 집중하게 될 것이고 계기를 관찰하기 위해서 필연적으로 고개를 숙여 계기판을 내려다보아야 한다. 비록 짧은 순간이기는 하지만 정렬이 틀어질 수 있고 눈의 전환이 이루어지는 순간 비행착각의 가능성도 존재한다. 특히 고속 전투기의 착륙 과정에서 이 같은 고개숙임(head down)에 대한 개선이 꾸준히 요구되어 왔다.

헤드-업 디스플레이(head-up display; HUD)는 조종사가 전방의 외부 물체를 시각적으로 관찰하면서 동시에 조종사 눈높이에서 중요한 비행정보들을 관찰할 수 있는 시현기이다. 이 장치는 특히 고속 저고도로 비행하는 전투기에 적합한 기술로 개발되었다.

민간항공에서도 착륙접근 단계에서 조종사가 계기판을 내려다보지 않고 전방을 주시하면서 HUD를 이용해서 비행정보들을 관찰함으로서 효율성이 인정되었다. 일부 운송용 항공기에 장착하여 운용되고 있지만 저시정 조건에서 자동 혹은 수동 계기접근과 관련해서 얻을 수 있는 이득에 대해서는 운용 주체별로 의견이 다르다.

HUD의 기본원리는 필수 비행정보를 CRT/LCD 화면에 나타내는 것이고, 이들을 부호 이미지의 형식으로 투명 반사기 판까지 시준 렌즈를 통해서 투사한다. 이 같은 이미지들은 조종사가 관찰하고 있는 윈드스크린을 통해서 전방 지형 위에 겹쳐서 보여줄 수 있다.

현재는 입체영상(hologram) 기술을 적용하여 항공기 앞쪽으로 스크린을 형성할 수 있어 조종사는 약 20cm정도 떨어진 거리에서 눈의 초점을 전환

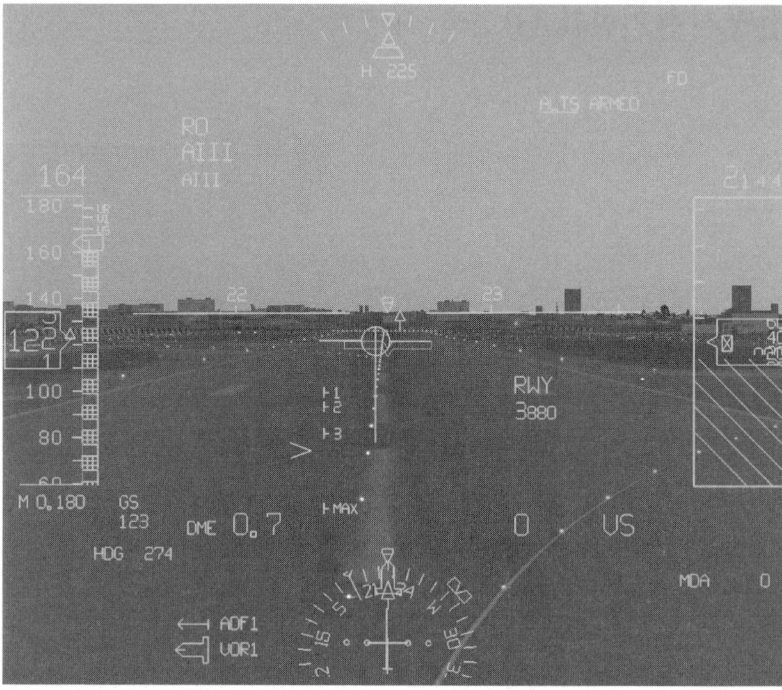

▲ 조종사는 지속적으로 전방을 주시하면서 조종에 집중할 수 있다.

하지 않고도 전방 지형과 비행정보를 동시에 관찰할 수 있다. 군용 항공기에 이어서 민간 항공기에는 1993년부터 도입되기 시작했고, 초기에는 한쪽에만 설치하는 것으로 제한되기도 했지만 현재는 대부분 복식 LCD HUD 방식으로 개발되었다. 대부분의 HUD는 계기판 상부에 장착되거나 천장에 달려 있는 형식이지만 전투 항공기 조종사가 착용하는 헬멧의 보안경이 HUD와 동일한 기능을 수행할 수 있도록 개발된 것이 헬멧장착시현기(HMD)이다. 현대 전투기(F/A-18, F-16, Eurofighter)들은 HUD와 HMD 모두를 사용하고 있다. F-35 Lightning II는 HUD를 사용하지 않고 오로지 HMD만을 사용하는 첫 전투기이다. HUD는 조종사의 상황인식을 높여주어 항공안전에 크게 기여하고 있다. HUD가 특정 비행단계에서 조종사의 시선에 전방 전경과 함께 필요한 비행 데이터를 제공하는 것이 최대의 장점이지

▲ F-16 전투기에 장착된 HUD에 시현된 이미지이다. 현재의 비행 상태는 물론이고 표적에 대한 정보를 동시에 보여주기 때문에 소종사의 상황인식 능력을 크게 향상시켰다.

만 조종사가 HUD에 집중하면서 시야가 매우 좁아져 주변에서 접근하는 다른 항공기의 스캐닝(tunnel vision)이 소홀해 질 수 있다. ✈

▲ 기장과 부기장석 모두 HUD가 설치되어 있다. 차세대 HUD는 윈드 실드에 3차원 영상을 시현하는 방법으로 기술이 개발되고 있다.

헬멧장착시현기(HMD) ······✈

HUD의 개발로 조종사의 머리를 숙이는 것을 개선하였지만 표적을 조준하고 무장장치의 상태를 관찰하기 위해서 조종사의 시선은 HUD에 고정될 수밖에 없는 단점을 안고 있다. 만약 조종사의 머리가 움직이는 방향으로 HUD와 유사한 정보를 제공할 수 있다면 조종사의 시선이 향하는 방향에 나타난 적 항공기를 조준하고 미사일을 발사할 수 있어 비록 속도와 기동성이 다소 떨어진다 할지라도 공중전의 우위를 가질 수 있을 것이다.

이를 실현한 것이 헬멧장착시현기(helmet mounted display; HMD)이다. HMD가 주요 전투 항공기 또는 전투장비 위주로 발달해 왔기 때문에 헬멧장착조준경(HMS)이라고도 한다. HMD의 개념은 비교적 단순해 보일지라도 첨단광학, 항공전자 그리고 초소형 디스플레이 기술이 집약되어야 가능한 것으로 매우 복잡하다. HMS의 기술적 개념은 조준경 십자선(reticle or crosshair)을 표적 위에 위치시키는 것이다.

HMD의 본질적 기능이 조준 능력을 향상시키기 위한 것이기 때문에 민간보다는 전적으로 군용으로만 개발되고 있다. 1970년대 초 미군 AH-1G Huey Cobra 공격 헬리콥터의 짐벌(gimbal) 기관총 사격 시스템을 지원하기 위해서 개발된 전자-기계 연결 헤드추적 사이트는 현대 HMD의 원조이다. 사수가 착용하고 있는 헬멧과 기관총이 연동되어 있어 사수가 고개를 돌리면 기관총도 함께 움직여 표적을 바라보면서 동시에 사격이 가능하다. 조종사는 표적 위에 헬멧장착 십자선을 위치시키는 방법으로 조준한다. 이후 미 해군은 F-4J, F-4N 전투기에 레이더와 AIM-9H Sidewinder 미사일을 지원하기 위한 전자-광학 헤드추적 장치를 개발하였다.

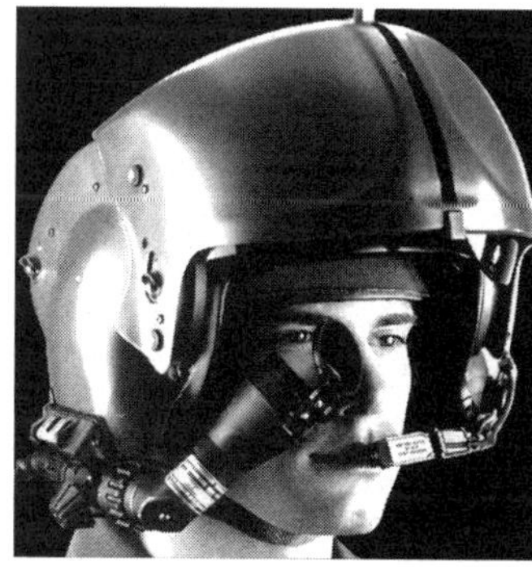

▲ AH-64의 헬멧 조준경

코브라 헬리콥터에 적용된 사례와 같이 헤드-추적기(head-tracker)는 표적을 조준하는데 소요되는 시간을 크게 감소시켰다. 이후 1980년 초 미 육군의 AH-64 Apache 공격 헬리콥터(attack helicopter)에 완성된 HMD가 처음으로 운용되기 시작한 것이 IHADSS이다. 이 장비에 적용된 헤드 트래킹 기술은 미 해군에서 사용된 시스템과 유사한 전자-광학 기술이지만 HMD 기술은 더욱 발달하였고, 특히 릴레이 광학(relay optical)과 함께 초소형 1-인치 CRT를 사용함으로써 고해상도(high resolution) 동영상 이미지를 제공한다.

최근 미 공군과 해군은 F-15, F-16 그리고 F-18 전투기에 JHMCS를 사용하였다. JHMCS은 자기 헤드 추적기(magnetic head-tracker) 기술을 사용하였고 1/2 인치 초소형 CRT와 릴레이 광학으로부터 스트로크 방식 동적 기호의 단안 바이저-투영 디스플레이에 제공한다.

JHMCS는 주간 공대공과 공대지 광각 표적조준 성능을 제공하고 특히 고광각 미사일 추적 기술과 함께 사용되었을 때 매우 효과적이라는 것이 입증되었다. 미군은 1980년대 중반부터 멀티-모드 HMD를 사용하기 시작했다. 멀티-모드는 하나로 통합된 시스템에서 기능적으로 주야간 공간적 참고 이미지의 주야간 디스플레이 그리고 전통적인 기존의 시스템과 같은 부호와 함께 조종사 환경의 이미지-강화 시야를 제공한다.

러시아는 광학 센서를 기반으로 공대공 미사일을 지원하기 위한 ZSh-5 series HMS를 개발하였다. HMS와 R-73 미사일의 조합은 근접 전투(close combat) 능력을 크게 향상시켰다. HMD와 4세대 미사일의 결합은 비록 하위 전투 항공기라할지라도 미국 전투 항공기들이 누렸던 기술적 우위

▲ 조종사의 헬멧 바이저에 비행정보뿐만 아니라 표적정보 등이 시현된다. 조종사는 계기판을 관찰할 필요가 없고 표적선정과 무장장치의 선택 등 중요한 과업에 대한 정보 데이터를 눈앞에 펼쳐진 화면을 통해서 확인할 수 있다.

를 크게 떨어뜨렸고 이것은 서방 국가에서 HMD 개발 프로그램을 촉진시킨 계기가 되었다.

DASH 3/Python 4의 조합은 HMD 개발에서 동등하게 중요한 영향을 갖게 되었다. Python-4는 헬멧-사이트(helmet-sight) 유도와 마찬가지로 제한된 "fire-and-forget" 성능을 갖춘 미사일 시스템이다. Elbit Systems의 DASH HMS 시스템은 이스라엘 F-15, F-16을 위해서 개발되었다.

HMD가 개발되기 전에는 조종사가 표적을 공격하기 위해서 먼저 항공기를 표적과 제한된 각도에서 정렬시켜야 했지만 HMD가 개발되면서 항공기를 정렬시키지 않고 머리만 돌려 표적을 지향하여 사격할 수 있다. 최근에 개발된 AIM-132 ASRAAM과 같은 4세대 미사일은 어깨 후방에 있는 표적에 발사할 수 있게 되면서 HMS 기술이 다시 주목을 받게 되었다.

고광각 표적조준장치와 통합된 HMD는 조종사가 볼 수 있는 거의 대부분의 표적을 공격할 수 있다. 이들 시스템은 최소한의 항공기 기동으로 위협

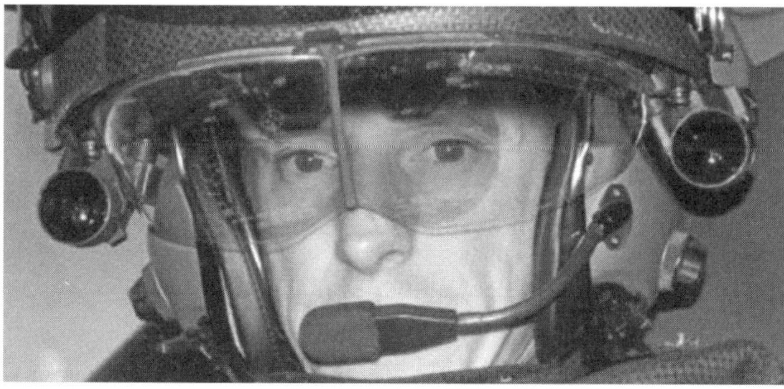

▲ 일반 쌍안경의 관찰 방식과 동일하다. 조종사는 양쪽 눈으로 바이저에 형성된 이미지를 관찰할 수 있다. 현대 HMD의 기본 모델이기도 하다. TopOwl은 공격 헬리콥터에서 사용되고 있는 미래형 HMS로 주야간 작전을 가능하게 한다. 바이저 투영 이미지 강화를 통한 야간시각 이미지는 뛰어난 환경 감지와 양호한 주변시를 제공한다.

환경에 노출될 수 있는 시간을 최소화함으로써 적에게는 치명적이면서 생존성을 높이고 조종사의 상황인식을 크게 향상시켰다. HMD는 컴퓨터의 소형화와 함께 디스플레이 기술이 결합하여 일반 안경을 착용하는 것과 같은 상태에서 원하는 이미지를 구현할 수 있을 정도로 급격히 상업화되고 있다. 이외에도 게임 산업의 증강현실(augmented reality)과 가상현실(virtual reality)을 통한 조종사의 시뮬레이션과 훈련에 활발하게 적용되고 있다.

전투기를 설계하는 공학자들에 던져진 전투 환경(combat environments)의 변화가 감지되고 있다. 그것은 공중전의 우위를 달성하기 위해서는 전통적으로 높은 기동성을 갖춘 전투기를 개발할 것인지 아니면 비록 기동성이 다소 떨어질지라도 전후방 눈에 보이는 표적을 어느 방향에서나 공격할 수 있는 고성능 HMD와 미사일 시스템을 갖춘 전투기를 개발할 것인지에 대한 물음이다. ✈

앞전뿌리확장표면 ……✈

일반 민간 항공기에서는 볼 수 없는 고양력장치(high lift device)의 형태로 날개 앞전의 뿌리(root) 부분을 앞쪽으로 약간 확장된 표면을 부착함으로써 부가적인 양력을 발생하도록 설계되었고 이를 앞전뿌리확장(leading edge root extension; LERX)이라고 한다. LERX는 F-5 전투기에서 처음으로 채택되었고 이후 더욱 개량되어 F/A-18 호넷트, Su-27 전투기에서도 사용되고 있다. 전투기가 높은 받음각 자세에 있을 때 통상 실속이 발생할 수 있지만 LERX에서 와류(vortex)를 발생시켜 이로 인한 부가적인 양력을 발생하도록 하여 높은 받음각에서 기동을 가능하게 한다.

전투기의 공중전 또는 에어쇼에서 저속으로 기동하면서 높은 자세를 유지할 수 있는 일명 "코브라 기동(cobra maneuver)"을 수행할 수 있는 것도 LERX에서 부가 양력을 발생할 수 있기 때문에 가능하다. 그러나 LERX는 저속에서 유용하지만 고속비행에 기여하는 바는 미미하다. F/A-18 전투기의 기수 바로 뒤쪽에서부터 날개 앞전뿌리까지 긴 표면이 장착되어 있는 것을 관찰할 수 있고 이 부분이 LERX이다. 기동 중인 전투기의 LERX에서 하얀 구름들이 뿜어져 나오는 듯한 현상은 높은 와류 작용에 의해서 주변의 습한 공기가 급격히 응축(condensation)되어 만들어진 현상이다.

이 설계의 목적은 저속에서 높은 기동성을 발휘하기 위한 설계이지만 민간 항공기에서도 와류를 이용하고 있다. 유로파이터(Eurofighter)와 콩코드의 델타 날개(delta wing)에서는 와류를 부가적인 양력으로 활용하고 있다. 예를 들어 입에 긴 종이 띠를 물고 힘껏 불었을 때 아래로 처져 있던 종이

▲ 기동성을 높이기 위한 LERX에서 응축 현상을 관찰할 수 있다.

띠가 공기를 따라 수평이 되는 현상을 관찰할 수 있다. 여기서 발생하는 와류는 종이 띠에 일종의 부양력을 제공하고 있는 것이다. 콩코드의 이륙자세에서 날개 위에 가시적 응축 공기가 형성되는 것을 관찰할 수 있다. 이것은 명백하게 날개 위에서 와류를 발생시켜 부가적인 양력을 얻는 원리이다. ✈

▲ 델타 날개 표면 위의 강력한 와류로 인한 응축현상이 발생하고 있는 것을 관찰할 수 있다.

윙렛 ……✈

항공기의 공기역학적 설계에서 중요한 요소 중 하나는 항력(drag)을 최소화하는 것이다. 비행기의 날개에서 보는 것처럼 매우 날렵하게 설계되는 것은 항력을 최소화하기 위함이다. 공기역학적으로 공기는 날개 위를 유연하게 흐르도록 설계되지만 날개끝(wingtip)에서는 상당한 와류(vortex)가 발생하는 것을 관찰할 수 있다. 예를 들어 물속에서 막대기를 빠르게 이동시켰을 때 막대기의 끝에서 상당한 소용돌이 현상이 발생하는 것과 같다.

날개끝에서는 원형 와류가 형성되어 와류 영역이 날개의 양력 영역을 침범함으로써 그 만큼 양력 손실이 발생할 수 있다. 이 양력 손실을 보상하기 위한 실험에서 날개끝 와류의 발생을 최소화하고 발생 위치를 변화시키기 위한 다양한 아이디어가 제시되었다.

윙렛(winglet)은 날개끝을 위로 혹은 아래로 굽어지게 설계하는 것이다. 이것은 와류의 발생 위치를 날개 위쪽으로 이동시킴으로써 날개의 양력 발생 영역을 보존할 수 있는 효과가 있다. 아울러 수직 윙렛의 각도를 정교하게 앞쪽을 향하게 하여 부가적인 추력을 얻을 수 있도록 설계하였다. 이것은 마치 돛단배(sail boat)에서 돛의 각도를 이용하여 배를 전진시키는 원리와 유사하다. 날개끝 와류를 개선하기 위한 또 다른 방법은 날개끝을 뒤쪽으로 젖히는 방법이다. 운송용 항공기의 뒷젖힘 날개에서 날개끝을 또 한번 젖혀줌으로써 날개끝 와류를 후방에서 발생하도록 유도하여 날개가 와류의 영향권에서 벗어날 수 있도록 하고 있다. 이외에도 날개끝에 수직판을 장착하여 와류의 발생을 최소화하고 발생 장소를 다르게 하여 항력을 최소

▲ 날개끝 와류의 영향을 최소화하기 위한 윙렛과 수직판(날개끝 펜스)을 관찰할 수 있다. 윙렛은 약 30~75° 정도 위로 굽어지게 설계되는 것이 보통이다. 윙렛은 위로 혹은 아래로 꺾어 내린 유형으로 대부분 위로 젖히는 방식이다. 윙렛은 날개길이를 더 길게 하는 것과 같은 효과를 얻을 수 있다.

화하고 있다. 윙렛의 효율성이 입증되면서 대부분의 운송용 항공기에 장착하는 추세에 있다. 실제 윙렛을 장착한 항공기의 연료 효율성을 조사했을 때 약 3.5~4% 정도의 효율성이 입증되었다. 미국의 항공업체를 대상으로 한 조사에서 윙렛으로 인한 연료는 전년 대비 6% 절약한 것으로 조사되었다. 윙렛은 작고 가벼운 복합소재로 제작하여 유도항력을 감소시키고 가로안정에 기여하며 가로세로비(aspect ratio)를 크게 한 것과 같은 효과를 얻을 수 있다. 얼마 전 대한항공은 보잉사와 B737 MAX의 윙렛 부분을 공급하기로 계약했다고 밝혔다. B737 MAX 윙렛은 높이 3m가량의 두 갈래로 나뉜 날개 끝

▲ B-787의 날개는 뒤젖힘 날개에 끝을 다시 한 번 더 젖히는 방식으로 마치 상어 지느러미를 모방하여 날개의 효율을 높일 수 있도록 하였다.

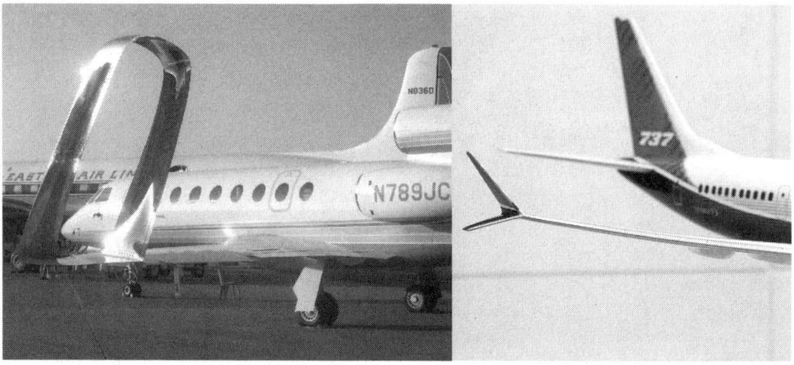

▲ 윙렛이 가장 보편적인 설계이지만 좀 더 효율성을 높이기 위한 연구가 진행되고 있다. 왼쪽 원통형의 스피로이드 윙렛이고, 오른쪽은 차세대 B-737 MAX에 장착하게 될 윙렛으로 일반 윙렛과 달리 상하로 분리시켜 효율성을 더 높이고 있다.

단 장치로, 날개의 길이를 증가시키고 항력을 감소시켜 연료 효율을 1.5% 향상시킨다. 2015년부터 시작된 대한항공의 B737 MAX 윙렛 제작 사업은 오는 2022년까지 총 1,200여 대 이상 분량으로 진행될 예정이다. ✈

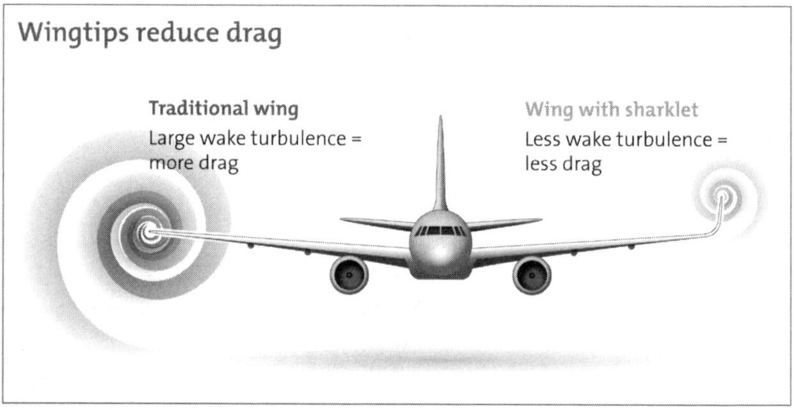

▲ 윙렛의 공기역학적 효율성은 날개끝 와류를 더 작게 그리고 발생위치를 변경시키는 것이다. 윙렛은 대형 운송용 항공기 날개에만 적용되는 것은 아니다. 날개의 유도항력을 최소화하여 높은 활공률을 얻기 위한 글라이더와 경비행기 날개에도 쉽게 볼 수 있다.

항공기와 초음속 ……✈

현대 대부분의 전투기는 초음속(supersonic) 비행이 일반화되었다. 음속은 공기 속을 이동하는 소리의 속도라고 잘 알려져 있다. 주변에서 음속을 경험할 수 있는 것들로는 채찍을 휘두를 때 채찍 끝에서 발생하는 "딱..."하는 강렬한 소음 그리고 번개 칠 때 가까이에서 귀가 찢어지는 듯한 강렬하고 격한 소리가 음속을 돌파할 때 발생할 수 있는 소음으로 알려져 있다.

음속은 해수면 기온 20℃에서 343.2m/s, 1,125ft/s, 768mph, 667knots 그리고 1,235 km/h의 속도로 1 km의 거리를 약 3초에 주파하는 속도이고 이를 마하 1.00이라 한다. 인간이 만든 비행체가 소리의 속도를 넘어선다는 것을 일반 사람은 상상하기 어렵지만 이에 대한 도전은 이미 1940년부터 시작되었다. 세계 처음으로 음속을 돌파한 기록은 1947년 10월 14일 미국인 "Chuck" Yeager가 실험기 Bell X-1에 탑승하여 세운 것이 첫 기록으로 남아있다.

국산 초음속 훈련기 T-50의 최대속도는 마하 1.5(1,770km/h)이고 세계 12번째 초음속 항공기 개발국이 되었다. 최신 A380의 최대속도는 마하 0.89(945 km/h, 510 knots)이고, 순항 마하는 0.85이다. 이의 경쟁 기종인 B-787 드림라이너의 최대속도는 마하 0.90(515 knots, 954 km/h), 그리고 순항 마하는 0.85(490 knots, 913km/h)이다. 공군의 주력 전투기인 F-16의 최대속도는 마하 2.0(2,120km/h), F-15 전투기의 최대속도는 마하 2.5 (2,665km/h) 그리고 차세대 공군 주력 전투기로 도입 예정에 있는 F-35의 최대속도는 대략 마하 1.6(1,930km/h)이 약간 넘는 것으로 알려져

▲ 음속은 보이지 않는 강력한 소리장벽으로 알려져 있다. 음속을 돌파하는 순간 주변 공기의 급격한 팽창응축으로 인하여 가시적 구름이 형성되는 것을 관찰할 수 있다.

있다. 항공기가 공기 속을 이동할 때 항공기 앞쪽으로 일정한 형태의 파장(waves)이 형성된다. 이 같은 현상은 배가 물 위를 이동할 때 뱃머리 앞쪽으로 일정한 파도가 형성되는 것과 같은 원리이고 이를 선수파(bow wave)라 한다. 공기라는 매체(medium) 속을 이동하는 항공기도 이와 유사한 선수파가 형성된다. 선수파는 속도가 빨라질수록 기수 전방에서 밀집되는 현상이 발생하고 비행체가 음속에 도달하는 순간 선수파와 비행체의 기수가 만나게 된다. 만약 이 비행체가 더 높은 추력으로 선수파를 돌파한다면 이 순간부터 비행체는 선수파를 앞서서 진행하는 현상이 발생한다. 이와 같이 비행체가 선수파에 근접할수록(음속에 가까워질수록) 항력이 점차 급증하여 음속을 돌파할 때 그 항력은 최대가 된다. 또한 이때 엄청난 파장 에너지

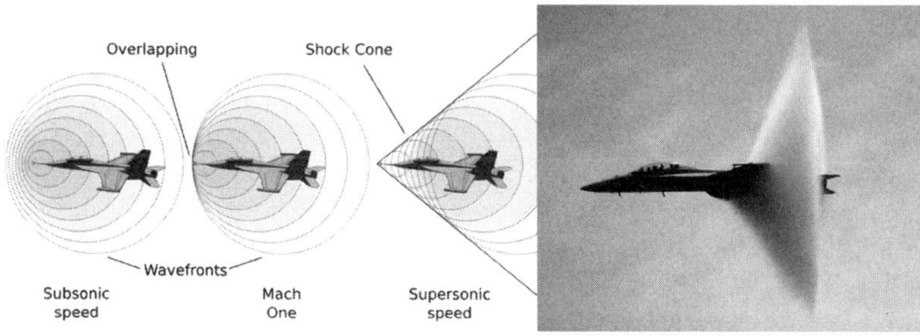

▲ 초음속 흐름에 따른 공기흐름의 행태를 관찰할 수 있다.

(wave energy)가 확산되면서 굉음이 발생되고 이 굉음이 지상에 도달했을 때 소닉빔 또는 음속폭음(sonic boom)이라 한다.

초음속을 돌파하기 위한 초강력 항력영역(조파항력)이 존재한다는 사실에서 이를 극복하기 위한 기체의 공기역학적 설계와 강력한 추력을 제공할 수 있는 동력장치가 연구되기 시작했다. 전투기의 외형은 고속비행에 적합하게 날렵한 동체 그리고 날개 길이는 짧고 얇게 설계된다. 일반 저속비행 영역에서 양력 성능이 지극히 불량하지만 초음속 비행에 적합한 다이아몬드 모양의 날개 단면으로 설계되어 있다. 이외에도 강력한 추력을 발생시키기 위한 재연소기(afterburner)가 필수적이다. 군용 외에 민간 초음속 운송용 항공기로는 콩코드(Concorde)가 순항속도 마하 2.02(2,158km/h, 1,164 knots) 그리고 러시아의 Tu-144는 순항속도가 마하 2.15(2,120km/h)로 비행하였지만 경제성을 포함한 여러 가지 문제점 때문에 모두 퇴역하였다

현재까지 인간이 개발한 비행체(무인)의 최대속도는 마하 9.8(11,000 km/h)이다. NASA에서 개발한 X-43 비행체로 초음속을 유지하면서 연소가 이루어질 수 있는 스크램제트(scramjet) 엔진을 탑재하였다. 마하 5.00의 속도를 극초음속(ultrasonic)이라 하고 미래에 마하 10.00의 극초음속 항공기가 개발된다면 시속 11,000km가 넘는 속도이다. 현재 인천공항에서 뉴욕 JFK 공항까지 약 14시간 정도 소요되지만 만약 마하 10의 속도로 비행

▲ 콩코드의 최대속도는 마하 2.04이고 이에 적합하게 동체와 날개의 일체형 그리고 마치 와인 잔과 같이 유려한 모습으로 설계되었다. 차세대 초음속 운송용 항공기로 개발 예정에 있는 항공기의 모형이다. 과연 미래 운송용 항공기의 모습은 어떨까!

한다면 1시간 조금 넘는 시간에 도착할 수 있을 것이다. 극초음속 항공기가 현실화 된다면 주말에 잠시 교외로 나가듯이 아침에 남미 브라질의 아마존강이나 미국을 여행 한 후 저녁에 집에서 가족과 함께 저녁 식사를 즐길 수 있는 미래의 모습을 상상해 볼 수 있지 않을까! ✈

극초음속 스크램제트 엔진 ⋯⋯✈

얼마 전 미 항공우주국(NASA)과 국방부는 태평양 상공에서 극초음속 비행체 X-51A WaveRider의 시험 비행했으나 실패한 것으로 공식 확인되었다. X-51A Waverider는 이미 2010년 남부 캘리포니아에서 200초 동안의 시험비행을 성공적으로 마쳤고, 12초 동안 최대속도 마하 5.0을 달성했다. 만약 300초 스크램제트 시험비행이 성공한다면 뉴욕과 런던을 1시간에 비행할 수 있는 항공기 개발이 가능하게 될 것이다.

이 비행체의 속도가 마하 6.0에 기록했다는 것은 소리의 속도보다 6배가 빠르다는 것으로 시속 7,344 km로 비행할 수 있다. 이 비행체는 스크램제트(scramjet)라는 특이한 종류의 동력장치가 사용되었다. 제트엔진과 스크램제트는 기본원리 상으로 동일하다. 그러나 현대의 제트엔진은 순수한 제트추진 동력장치라기보다 터빈을 사용하여 공기를 끌어들이는 방식이여서 가스터빈엔진이라 한다.

그러나 펄스제트(pulsejet), 램제트(ramjet) 그리고 스크램제트 엔진은 순수한 제트추진 동력장치이다. 왜냐하면 이들 동력장치는 터빈을 사용하고 있지 않기 때문이다. 가스터빈엔진을 사용한 제트엔진은 마하 2.5 이상에서는 터빈장치의 기계적 한계로 인해서 달성하기 어렵다. 터빈장치를 사용하지 않는 램제트 엔진은 비행체의 자체 속도를 이용해서 공기흡입구에 유입되는 공기를 압축하고 이 압축공기에 연료를 분사하여 추력을 얻는 방식이다. 터보제트엔진과 차이점은 회전 부품들이 거의 없어 구조적으로 단순하지만 자체적으로 이 속도에 도달할 수 없다는 점이다. 이 같은 이유 때문

▲ 스크램제트 엔진의 상상도와 실제 시험비행을 위해서 항공기에 탑재된 모습을 관찰할 수 있다.

에 램제트 또는 스크램제트 엔진을 시험할 때는 반드시 이들을 탑재한 모선(parent ship)에 탑재하여 고고도까지 비행한 후 발진시켜 자유비행하면서 램제트 엔진 작동에 필요한 속도를 얻을 수 있도록 설계되어 있다.

램제트 엔진은 공기가 원뿔 모양의 스파이크(spike)가 앞으로 튀어나와 있는 구조물을 통과하면서 공기를 압축하는 방식이지만 연소를 위해서는 반드시 아음속으로 감소시켜야 하는 기술이 핵심이다.

민간항공에서 초음속 비행을 했던 항공기로는 콩코드가 있고 순항속도가 마하 2.02이다. 이 항공기의 동력장치는 재연소 터보제트엔진을 탑재하였다. 램제트를 적용한 대표적인 항공기는 고공 정찰기로 잘 알려진 SR-71이다. 이 항공기의 동력장치는 재연소 터보제트와 램제트를 조합한 형태의 엔진을 사용하여 유인 항공기로서는 최대속도인 마하 3.0을 기록하였다. 터보기계장치만으로 이 속도에 도달하기는 사실상 어렵다. 따라서 재연소 터보제트 엔진을 램제트 엔진 작동에 필요한 속도까지 비행한 후 터보엔진의 작동이 중지되면서 램제트 엔진이 작동할 수 있도록 설계되어 있다.

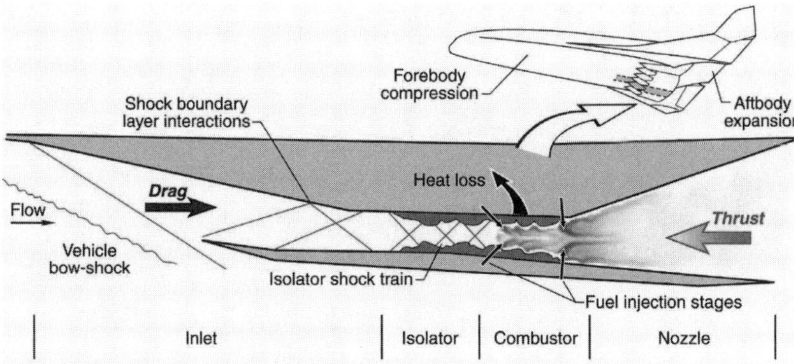

▲ 스크램제트의 핵심은 공기흡입구로 유입되는 초음속 흐름을 유지하면서 연료를 분사하고 점화시킬 수 있는 능력이다.

스크램제트는 램제트와 달리 공기흡입구에 유입되는 압축공기가 초음속을 유지한 상태에서 점화(ignition)시키는 방식이기 때문에 공기흐름의 감속이 작고 엔진의 온도 역시 재료와 연소 측면에서 견디기에 충분하다. 최근 스크램제트는 수소와 같은 고에너지의 연료와 재순환 냉각 기술을 사용하여 성능을 크게 향상시키고 있다.

현재 민간 초음속 여객기는 없지만 미국을 중심으로 극초음속 비행을 위한 연구가 진행되고 있어 머지않아 초음속 여객기가 다시 등장하게 될 것이다. 이들 연구 진행의 중심에는 제트추진원리가 적용되고 있고 미래 항공기 개발의 핵심으로 등장하게 될 것이기에 개발 과정을 주시하는 것만으로도 상당한 흥미와 기술의 진화를 엿볼 수 있다. ✈

쌍발엔진과 4발 엔진 항공기 ……✈

A380은 현재까지 세계에서 가장 큰 운송용 항공기로 알려져 있고 국내 대한항공과 아시아나항공에서도 도입하여 본격적으로 취항하였다. A380 항공기는 4개의 터보팬(turbofan) 엔진을 탑재하고 있다. 이에 강력한 경쟁 기종으로 개발된 B787 드림라이너는 2개의 터보팬 엔진을 탑재하였다. 항공기의 역사에서 장거리비행에 성공한 비행기들은 대부분 4발 엔진을 탑재하였다. 이것은 비행 중 어느 한 엔진의 고장이 발생했을 때 안전한 착륙 장소까지 비행하는데 더 유리할 수 있다는 신뢰성(reliability) 때문이지만 현대의 항공기 엔진 고장률이 극히 낮다는 점을 고려한다면 엔진고장에 대비한 예비 엔진은 순항비행 중에는 불필요한 무게와 항력 증가의 원인이 된다는 것이 최대의 단점이다.

4발 엔진을 탑재한 항공기가 더 안전하지 않을까 라고 생각하지만 1990년대부터 대륙횡단 노선에서 B-767 또는 A-300과 같은 대형 쌍발제트 항공기(twinjet aircraft)가 취항하기 시작하면서 런던과 로스엔젤리스까지 4,700NM(8,700km)을 논스톱(nonstop)으로 비행하였다. 어느 유형의 항공기가 특별히 우수한 성능을 보유하고 있다고 할 수 없을 정도로 쌍발엔진을 탑재한 항공기 역시 안전운항을 위한 충분한 조건을 충족하고 있어 대륙을 운항할 수 있도록 승인된다.

쌍발엔진과 4발 엔진 항공기의 외형에서 쉽게 관찰할 수 있는 것은 엔진 수가 많을수록 이와 관련된 직간접 비용이 크게 증가한다. 물론 엔진 자체도 고가이지만 이를 관리하고 유지하는데 많은 비용이 소요되는

▲ 4발 제트엔진은 비행 중 한 엔진이 고장 나더라도 충분한 안전성을 보장한다. 그러나 단거리 노선일 때 경제성을 충분히 고려해야 한다. 쌍발 제트엔진에 대한 우려는 비행 중 한 엔진이 고장 났을 때를 가정한 것이다. 비행 중 한 엔진이 고장 나더라도 나머지 한 엔진으로 착륙할 수 있는 공항까지 비행할 수 있어야 한다.

단점이 있다. 그러나 항속거리가 4,700NM을 초과하는 장거리비행일 때만 4발 엔진 항공기가 더욱 높은 경제성을 갖기 때문에 장거리 노선에서는 4발 엔진 항공기가 우선적으로 투입되는 이유이다.

쌍발엔진 항공기는 운항 중에 한 엔진이 고장 났을 때 어떻게 대처할 수 있느냐에 관한 문제가 안전성을 확보하기 위한 최대의 관건이다. 쌍발 제트엔진 항공기에서 어느 한 엔진의 고장이 발생했을 때 동력의 50%를 상실하지만 성능의 80%까지 상실할 수 있어 한 엔진만으로 최소한의 상승과 순항비행으로 안전한 공항까지 비행할 수 있어야 한다.

이를 위해서 쌍발 제트엔진 항공기는 반드시 ETOPS 내에서 운항하도록 규정하고 있다. ETOPS(Extended Twin-engine OPerationS)란 쌍발엔진 항공기에서 한 엔진이 고장 났을(one engine failure) 때 안전하게 착륙할 수 있는 공항까지 비행할 수 있는 범위 내에서 비행하도록 한 규정이다. 예들들어 ETOPS-180(3시간)이란 한 엔진고장이 발생했을 때 180분 이내에 착륙이 가능한 공항까지 비행할 수 있어야 한다. 따라서 이 규정에 따르기 위해서 항로는 지그재그와 같이 형성될 수밖에 없다. 항공기의 성능이 개량되면서 B-777 세일(series) 항공기의 ETOPS-330 그리고 B-787 역시

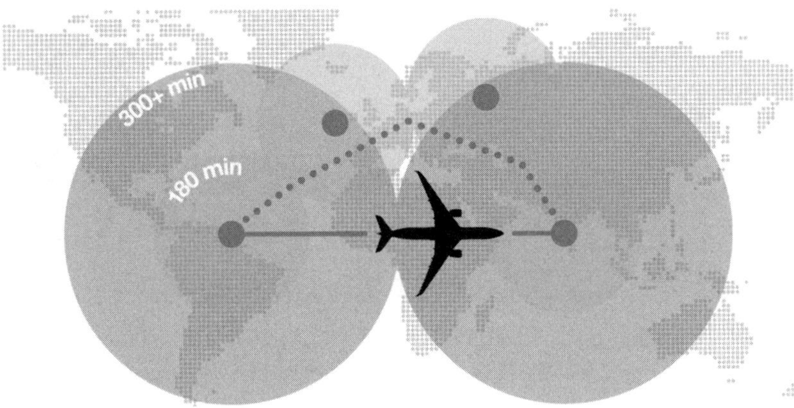

▲ ETOPS 개념(300분과 180분)

ETOPS-330으로 승인되었기 때문에 비행 중 한 엔진이 고장 났을 때 5시간 30분 정도를 비행할 수 있어 대륙을 횡단하는 항로일지라도 목적지까지 거의 직선으로 형성될 수 있다.

ETOPS를 확장하기 위한 쌍발 제트엔진에서 엿볼 수 있는 설계상의 특징은 운항 고도와 엔진의 탑재 위치에 관한 것이다. 장거리 쌍발 제트엔진 항공기의 순항을 시작하는 고도는 통상 37,000피트 또는 39,000피트인 반면 4발 제트엔진 항공기가 순항을 시작하는 고도 31,000피트이다. 이것은 쌍발 제트엔진 항공기의 날개면적은 4발 엔진보다 더 높은 고도에 적합한 마하수 양항비(ML/D)에 맞게 설계되어 통상 4발 제트엔진 항공기 날개면적에 비해서 더 크다.

장거리 쌍발 제트엔진 항공기가 운용비용의 이점과 실용성이 있음에도 불구하고 초대형 항공기에 4발 제트엔진이 선호되는 이유는 무엇인가? 이유 중 하나는 날개하부에 장착함으로써 외측 엔진의 무게는 한 엔진 장착에 비해서 굽힘 모멘트(bending moment)를 감소시켜 더 많은 연료를 적재할 수 있다. 이것은 곧 더 긴 항속거리(range)를 비행할 수 있다는 것을 의미한다. 4발 제트엔진을 선택하는 또 다른 주요 이유 중 하나는 엔진 크기이다. 일

▲ 항공기가 수행하는 임무에 따라 엔진 수도 다양하게 탑재할 수 있다.

반 상업용 항공기에서 엔진의 최적(optimum) 위치는 날개하부이고 엔진은 파일론(pylon)에 장착된다. 엔진이 이 위치에 장착되었을 때 엔진은 승객 칸(passenger compartment) 아래가 된다. 이것은 승객을 엔진소음으로부터 다소 보호할 수 있는 장점이 있다.

만약 A380과 같은 항공기를 추진시키기 위해서 쌍발 제트엔진을 탑재했다면 그 크기가 너무 커 항공기는 지상으로부터 더 높아야 한다. 이것은 더 긴 착륙장치(landing gear)를 필요로 하고 이는 무게 증가의 한 요인이기도 하지만 공항에서 승객 탑승과 화물의 탑재와 하역을 위한 각종 시설물들 역시 전면 개조되어야 한다. 이보다 더 큰 문제는 다른 항공기들과 차별성 때문에 별도의 시설을 갖추기가 현실적으로 어렵다. 이외에도 이 같은 초대형 엔진은 오직 초대형 항공기에만 적용된다는 점이다. 그러나 대부분의 엔진 제작자들은 많은 비용을 들여 제작한 엔진이 다양한 항공기에 공동으로 활용할 수 있도록 함으로써 엔진 개발에 소요된 비용을 절감하고 상업성을 인정받을 수 있기 때문이다. ✈

서울에서 LA까지 연료량 ······✈

항공기의 동력장치는 화석연료(fossil fuel)를 태워서 고속고압의 배기가스를 배출하는 반동으로 추력을 얻거나 일부 터빈 회전력으로 전환시켜 팬을 회전시킬 수 있는 동력을 얻는다. 자동차가 일상생활의 일부가 되었고 원유가 생산되지 않는 우리나라에서 기름 값은 소비자에게 매우 민감한 사안이다. 알뜰한 운전자는 연료소모(fuel consumption)를 절약하기 위한 다양한 운전 방식과 함께 자동차의 무게를 줄이기 위한 경량 소재의 개발에 사활을 걸고 있을 정도로 치열한 저연료 소모 개발 경쟁이 진행되고 있다.

항공기도 예외일 수 없다. 항공기 무게를 줄이고 공기저항을 최소화하기 위해 첨단 복합소재와 초소형 항공전자 그리고 공기역학적으로 더욱 날렵한 모양의 최신 여객기의 대표 모델이 A380과 B787 항공기이다. 항공기는 과연 연료를 얼마나 소모하고 있는가?

항공기도 연료가 차지하는 운용비의 상당부분이 포함되기 때문에 이를 절약하기 위한 노력이 계속되고 있다. 자동차의 운전 습관에 따라 상당한 연비의 차이를 보이는 것처럼 항공기의 운항에서도 기종, 엔진의 종류 그리고 운항고도, 탑재중량, 기상상태, 조종사의 조종 습관에 따라 많은 차이가 날 수 있다. 항공기는 이륙할 때 가장 많은 연료를 소모하게 되는데 이것은 승객과 화물을 포함해 때로는 수백 톤의 동체를 부양시키기 위해서 엔진을 최대로 작동시키고 있기 때문이다.

한 항공사의 보고서에 따르면 항공기 연료소모에 대한 대략적인 양을 비교해 볼 수 있다. 예를 들어 B747 항공기가 김포공항과 제주공항을 비행할 때 소모되는 연료는 1회에 약 62드럼(drum)이 소모된다. 한 드럼은 50갤런(gallon)이므로 리터(liter)로 적용하면 약 200리터이고 서울에서 제주도까지 1회에 12,400리터의 연료가 소모된다. 김포공항에서 제주도까지 비행시간은 약 1시간 정도이다. 따라서 시간당 60드럼의 연료가 사용된다고 볼 수 있다. 이를 비용으로 계산했을 때 국제 항공유 가격이 1갤런 당 1.5달러라고 했을 때 약 558만원 정도가 된다.

그렇다면 인천국제공항에서 미국 로스앤젤레스까지 비행하는데 약 864드럼, 17만 2천 리터의 연료가 소모되며, 인천국제공항에서 상파울루 공항까지 노선의 경우 전체 약 1,700드럼, 34만 리터라는 어마어마한 양의 연료가 소모된다. 국제노선에서 이 노선이 가장 많은 연료를 소모하는 구간으로 알려져 있다. 그러면 현재 잘 알려진 B-747의 사례에서 일회의 급유로 얼마의 거리를 비행할 수 있는가를 항공기 성능을 기초로 계산했을 때 약 15시간을 비행할 수 있고 거리는 약 1만4,000km가 된다. 따라서 서울에서 뉴욕까지 한 번에 비행할 수 있다.

보잉사의 최신 B787 드림라이너(Dreamliner)는 더욱 가벼운 복합소재로 제작되어 연료효율을 20% 정도 높였고 1만5,750km까지 1회 급유로 비행할 수 있다. 지구 둘레가 약 4만km이니 1회 급유로 지구의 반 바퀴를 비행할 수 있다. 항공기 제작자는 고효율의 공기역학적 설계와 엔진 제작으로 연료 효율이 더욱 향상될 것으로 본다면 머지않아 1회 급유로 지구 한 바퀴를 비행할 수 있는 신형 항공기가 등장하게 될 것이다. ✈

고공비행의 효율성 ······✈

제트엔진 항공기는 대류권계면(대략 36,000피트) 또는 그 이상의 고고도를 순항고도로 선정하고 비행한다. 통상 고도가 높아질수록 공기밀도는 낮아져 운항 효율성(effectiveness)이 떨어질 것으로 생각되는데 이들 제트엔진 항공기가 이 고도 영역을 최적 순항고도(cruise altitude)로 선정하는 이유는 무엇인가? 일반적으로 기상현상은 대류권(troposphere)에서 주로 발생하는 것으로 알려져 있고 이들 고도 이상에서 비행한다면 지구기상의 영향권에서 일단 벗어날 수 있다. 또한 저고도에서 비행하고 있는 다른 수많은 항공기들과 공중충돌회피 가능성이 낮아지는 것도 한 이유이다. 이외에도 제트엔진의 특성상 고도에 따른 경제적 효율성을 달성할 수 있는 점에 대해서 집중 분석해 보자.

고도가 높아질수록 기온(temperature)은 낮아진다는 것은 잘 알려진 사실이다. 기온이 낮다는 것은 공기밀도(density of air)가 증가한다는 의미하고 이는 제트엔진의 효율성을 높여주는 효과가 있다. 실질적으로 제트엔진의 추력은 공기밀도와 밀접한 관계가 있다. 이를 다시 정리하면 항공기가 상승함에 따라 대기압은 낮아지고 기온 역시 낮아진다. 대기압이 감소함에 따라 추력도 감소하지만 기온이 떨어졌기(공기밀도의 증가) 때문에 추력은 일부 증가한다. 대기압과 기온의 영향은 분명 상충하는 결과가 나타난다.

이들 두 요소를 비교했을 때 대기압은 기온보다 더 빠르게 감소하기 때문에 실질적으로 제트엔진은 고도가 증가함에 따라 전체적인 추력은 감소한다. 표준대기조건에서 대류권계면(고도 약 36,000피트)에 도달했을 때 기온의 감소는 중지되고 일정하게 유지된다. 그러나 주변 기압은 고도가 증가함에 따라 지속적으로 떨어진다. 이 같은 이유 때문에 추력은 고도 36,000피트 이상에서 더욱 급격하게 떨어진다. 이들 요소만을 고려한다면 고공비행에 따른 제트엔진의 효율성이 떨어지는 것이 분명하다. 그러나 중요하게 고려해야 하는 요소가 항력(drag)이다. 비록 제트엔진의 추력(thrust)은 감소하였지만 속도가 증가함에 따라 엔진 흡입구로 유입되고 있는 빠른 공기흐름의 속도에너지를 유효압력에너지로 변화시키는 램효과(ram effect)로 인해서 추력의 일부가 보충된다.

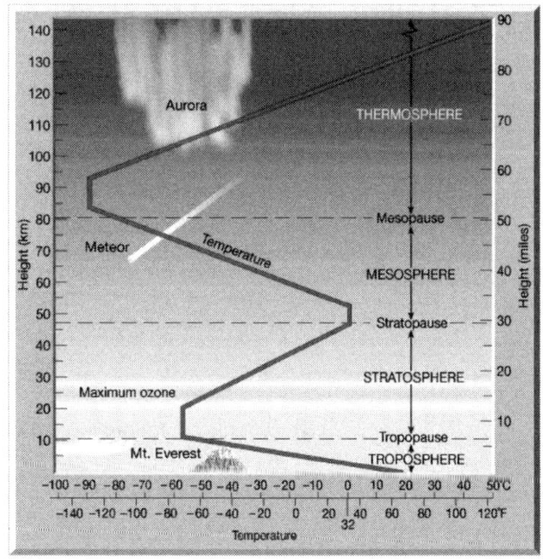

▲ 항공기 운항은 대류권과 대류권계면에서 고고도 운항 효율성을 얻을 수 있다.

대류권의 공기밀도를 분석했을 때 고도 증가에 따라 공기밀도는 감소한다. 공기밀도의 감소는 항공기 항력의 감소를 의미한다. 이들 모든 요소들을 고려했을 때 고도 증가로 제트엔진 추력의 감소가 발생하기는 하지만 공기역학적 항력(aerodynamic drag)의 감소는 이를 충분히 만회하고 그 이상의 효율성을 달성할 수 있어 장거리 비행을 위해서 대류권계면(tropopause)이 최적으로 고려된다. ✈

고공비행과 기내 여압장치 ······✈

항공여행이 증가하면서 고고도(high altitude) 비행에 관한 궁금증 중 하나가 고고도에서 어떻게 공기를 공급받고 기압을 유지할 수 있는가 하는 것이다. 여객기의 순항고도는 통상 3만~4만 피트이다. 이 고도라면 공기는 해수면(sea level)에 비해서 상당히 희박할 것 같은데 기내에서 인체에 미치는 영향은 거의 없다. 이것은 여객기 객실의 기압을 약 7,000~8,000피트의 객실기압고도(cabin pressure altitude)로 조절하는 여압장치를 갖추고 있기 때문이다.

여압장치의 기본원리는 가정 혹은 자동차에서 사용하는 에어컨의 역할과 유사하다. 다른 점이 있다면 항공기 동체(fuselage)는 고도가 상승함에 따라 공기가 새나가지 않도록 완벽하게 기밀(air tight)을 유지할 수 있어야 한다. 공기조화장치(air conditioning system)에는 객실에 냉각된 신선한 공기를 불어넣는다. 이는 마치 풍선에 바람을 불러 넣는 것과 같지만 배출구를 통해서 일정한 양이 외부로 빠져 나가도록 배출구를 제어함으로써 객실에는 일정한 기압과 신선한 공기를 지속적으로 공급할 수 있다.

배출밸브(outflow valve)는 객실의 여압을 제어하는 주요 제어장치이다. 객실기압은 수동 혹은 자동으로 배출밸브를 이용해서 외부로 빠져나가는 공기의 양을 조절하여 유지될 수 있다. 이 밸브는 통상 동체 여압구역의 저점 하부에 위치해 있다. 따라서 승객과 승무원은 지상에서 생활하는 것과 특별한 차이를 느끼지 않고 편안하게 여행할 수 있다. 이외에도 객실의 불쾌한

냄새와 공기를 제거하고 신선한 공기를 공급할 수 있도록 객실 내부의 공기와 외부의 공기가 적정 수준에서 순환이 이루어지도록 하는 역할을 한다.

공기순환 냉각장치(air-cycle machine; ACM)는 주로 대형 터빈동력 항공기에서 사용하는 냉각장치의 한 종류이다. ACM은 팽창터빈(냉각 터빈), 공기-공기 열교환기, 그리고 시스템을 통한 공기흐름을 제어하는 밸브로 구성되어 있다. 팽창터빈(expansion turbine=cooling turbine)은 임펠러와 터빈이 한 축에 연결되어 있다. 압축기로부터 고압 공기가 터빈부로 유입되면서 터빈과 임펠러(turbine and impeller)를 회전시킨다. 압축공기가 터빈을 회전시키는 일을 행한 후 공기의 온도와 압력은 크게 떨어진다. 이 온도강하(temperature drop)가 공기조화(air conditioning)를 위한 냉각공기로 사용된다.

증기순환 냉각장치(vapor-cycle machine; VCM)는 대부분의 소형 항공기 또는 브리드 에어(bleed air; 추출공기) 가 제한적으로 공급되는 항공기에서 주로 사용된다. 증기순환 냉각장치는 가정용 에어컨 혹은 자동차 에어컨의 작동원리와 구성품이 유사하고 대부분 전기로 작동한다. 이 시스템은 공기순환 냉각장치보다 더 큰 냉각용량을 갖고, 지상에서 엔진이 작동하지 않을 때에도 작동시킬 수 있는 장점이 있다. 이들 시스템 역시 일부 대형 운송용 항공기에서 사용되고 있다. ✈

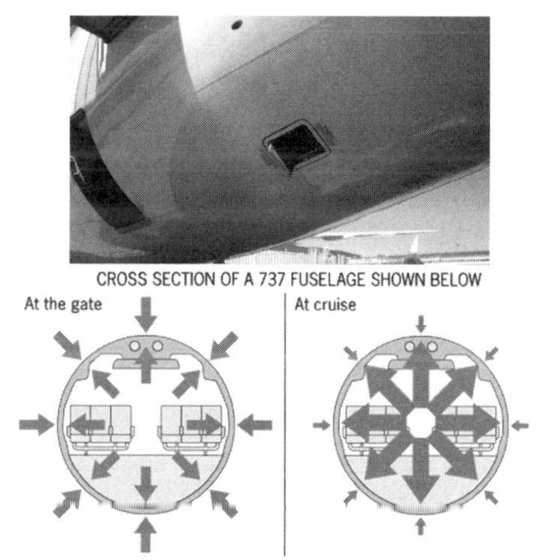

▲ 지상에 있을 때 외부 압력과 객실 압력이 동등하지만 순항비행할 때 객실 압력이 외부 압력보다 크다. 배출밸브를 통해서 객실의 압력을 조절한다.

고공비행과 저산소증 ……✈

2005년 8월 14일 승객과 승무원 121명이 탑승한 키프로스의 헬리오스 항공 보잉 737-300 여객기가 그리스 아테네 동북쪽 40km 지점의 해안마을에 추락해 탑승자 전원이 사망하는 사고가 발생했다. 사고조사에 따르면 사고 항공기의 기장은 이륙한 후 공기조화장치(air conditioning system)에 문제가 발생했음으로 항공관제기관에 보고한 후 통신이 두절되었다. 사고 원인을 조사하던 중 기내여압 조절스위치가 자동이 아닌 수동으로 돌려져 있어 조종사들이 산소부족으로 실신하였고 자동비행 중 이를 발견한 승무원들이 어떻게든 이 재난을 막기 위해 조종간을 잡고 노력을 했으나 연료가 떨어지면서 결국 추락하면서 전원 사망한 것으로 분석되었다.

동식물이 생존하기 위해서 산소가 절대적으로 필요하다는 것은 너무도 잘 알려진 사실이다. 대기의 공기는 산소 21%, 질소 78%, 그리고 1% 기타 기체(gases)로 구성되어 있다. 여기서 고도가 높아진다고 해서 기체의 구성비 자체가 변하는 것은 아니다. 예를 들어 고도 18,000피트에서 공기밀도는 해수면의 절반 정도이지만 산소의 분압은 21%로 동일하다는 의미이다.

고고도를 운항하는 조종사 및 승무원은 고공에서 인간이 산소를 공급받지 않는 비상상황에서 정상적으로 행동할 수 있는 시간이 얼마가 되는지 숙지하고 있어야 한다. 다음의 표는 고도에 따른 유용의식시간을 보여주고 있다. 예를 들어 40,000피트에서는 산소를 공급받지 못한 상태에서 인간이 정상 업무를 수행할 수 있는 시간은 경우 15초에서 20초 사이이다. 이 짧은

▲ 객실기압이 지정된 값 이하로 떨어졌을 때 천장에 설치되어 있는 산소마스크가 자동으로 전개된다. 각 승객은 산소마스크가 입과 코를 덮을 수 있게 밀착시키고 머리 뒤로 고정 끈을 조여 준다.

시간 안에 산소마스크(oxygen mask)를 착용해야 정상적인 조종업무를 수행할 수 있다.

유용의식시간(time of useful consciousness; TUC)은 조종사가 감압의 상황이 발생했을 때 주어진 고도에서 보충산소(supplemental oxygen) 없이 정상적으로 생명을 구하기 위한 결심을 내리고 수행할 수 있는 가용한 최대 시간이다. 고도가 10,000피트 이상으로 증가했을 때 저산소증(hypoxia) 현상은 더욱 심해질 수 있고 유용의식시간은 급격하게 감소한다.
고도에 따른 TUC는 다음과 같다.

고도(MSL)	TUC	고도(MSL)	TUC
45,000피트	9~15초	28,000피트	1.30초~3분
40,000피트	15~20초	25,000피트	3~5분
35,000피트	30~60초	22,000피트	5~10분
30,000피트	1~2분	20,000피트	30분 이상

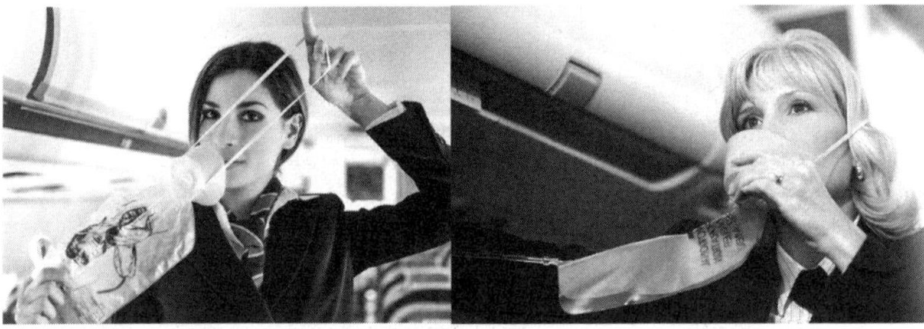

▲ 매 비행시 객실 승무원은 비상시 산소마스크를 착용하는 방법을 시범보이고 있다.

의식불명(unconsciousness)은 매우 짧은 시간에 발생할 수 있다. 유용의식 시간은 승객 혹은 승무원이 급감압 상황에 노출되었을 때 폐 속의 산소를 빠르게 배출시키는 급격한 압력 감소의 원인이 되어 더욱 짧아질 수 있다. 감압 과정에서 기압차가 더 큰 고고도에서 항공기가 튀어 오르내리면서 출입구 근처에 있는 사람은 위험할 수 있고 강한 바람과 극한의 추위에 노출되는 등 매우 위험하다.

급감압의 위험을 보여주는 최근 사고사례는 2015년 3월 24일 승객 144명과 승무원 6명을 태운 저먼윙스 9525편은 오전 10시 1분 스페인 바르셀로나공항에서 이륙해 독일 뒤셀도르프로 향했다. 쾌청한 날씨에 여객기는 10시 45분 순항고도인 3만8000피트까지 무난히 도달하면서 순조롭게 비행하는 듯했다. 그러나 여객기는 1분 만에 갑작스레 급강하를 시작했다. 강하는 8분간 계속됐지만 여객기 조종사는 조난신호를 보내지 않았다. 10시 53분 여객기와 교신이 끊긴 프랑스 항공당국이 조난신호를 보냈지만 여객기는 알프스 산악지대에 추락해 탑승자 전원이 사망했다. 기체 부식 등으로 인한 급감압이 발생하였고 조종사가 숨 쉴 공기를 확보하기 위해 1만 피트 아래로 기체를 강하하는 조치를 취했을 가능성이 있다.

전투기의 조종사는 산소마스크가 달려 있는 헬멧을 착용한다. 전투기의 운용 고도 역시 저산소증(hypoxia)에 노출될 수 있기 때문으로 100% 순수

▲ 현대 전투기 조종사의 헬멧은 단순히 머리를 보호하는 장치에서 바이저는 이미지를 시현하기 위한 스크린으로 그리고 통신장치가 연결되어 있다. 고고도에서 발생할 수 있는 저산소증의 영향을 방지하기 위해서 산소마스크와 여압복을 착용한다.

산소(pure oxygen)인 액체산소탱크를 장착하고 있다. 이 장치는 화학 산소 발생기(oxygen generator)에서 발생하는 산소를 산소마스크에 공급한다. 통상 전투기가 20,000피트 상공에 도달하며 공기 포트(air port)는 자동으로 닫히면서 100% 순수산소만 공급된다. 이를 위해서 40,000피트에서 비행하는 전투기 조종사에게 강제로 호흡할 수 있도록 산소를 공급할 때 압력을 가해 주어야 한다. 이외에도 고도 50,000피트 이상의 고고도를 비행하는 전투기 조종사는 여압복(pressure suit)을 착용하여 고도 변화와 급기동으로 인해서 혈액이 머리로 혹은 다리 쪽으로 몰리는 현상을 방지한다. ✈

공중 연료배출 ……✈

초대형 비행기의 기장이 목적지 공항에 착륙하기 위해서 반드시 고려해야 하는 요소들 중 하나가 착륙공항의 활주로 길이(runway length)이다. 대형 비행기가 운항하는 활주로에서 일반항공 비행기는 고려 대상이 아니겠지만 항공기 총중량(gross weight)이 높을수록 착륙에 필요한 활주로 길이가 확보되어야 한다. 실제 비상착륙하는 항공기가 부적절한 활주로에 착륙을 시도하던 중 활주로를 크게 이탈하는 사고가 빈번한 것도 이 같은 이유 때문이다.

기본적으로 대부분의 대형 비행기는 착륙을 위한 무게보다 더 무거운 이륙무게로 승인된다. 이 항공기가 이륙 후 비상착륙(emergency landing)을 해야 하는 상황이 발생했다면 이륙 중량을 그대로 적재한 상태에서 착륙이 불가능할 수 있다. 기장은 비행기의 착륙속도를 가능한 한 낮추려 시도해야 할 것이고 가장 효과적인 방법이 화물을 투하하거나 연료를 배출하는 것이지만 연료를 배출(fuel dumping)하는 것이 지상의 피해를 줄이고 많은 무게를 안전하게 줄이는 방법이다. 예를 들어 B747 비행기의 최대이륙허용중량은 약 388톤에 이르지만 착륙허용중량은 약 285톤으로 규정되어 있다. 이 항공기가 이륙직 후 비상착륙해야 한다면 약 100톤 가까이 무게를 줄여야 한다. 그대로 착륙을 시도했다면 활주로를 벗어나는 사고는 피할 수 없을 것이다. 항공기 엔진에 이상이 없는 상황이라면 기장은 지정된 상공으로 이동해서 필요한 양만을 공중에 방출해야 한다. 만약 임의로 연료를 무단 방출했을 때 사람뿐만 아니라 동식물 등에 피해를 줄 수 있기 때문에 사람이 살지 않는 바다나 벌판 상공에서만 방출할 수 있도록 구역이 정해져 있고, 최소한의 양으로 그리고 관제기관과 긴밀한 협조 하에 수행되어야 한다. 또한 최저 6,000피트 이상 고도에서만 방출할 수 있도록 규정되어 있다. 이것은 항공유의 휘발성으로 인해서 방출과 동시에 공기 중에 기화되어 사라질 수 있도록 하기 위함이다.

항로에서 연료를 방출했을 때 후속 항공기에 영향을 줄 수 있기 때문에 공중에서 지속적으로 맹목송신(blind transmission)으로 주변 항공기에 알려야 한다. 또한 선회 중에도 연료방출을 금지하는 것은 선회 기동 중 항공기에 연료가 묻을 수 있고 비상착륙 혹은 착지 중 발생하는 높은 열은 연료를 발화시켜 화재가 발생할 가능성이 있기 때문이다.

민산 항공기와 달리 전투기는 저속 성능이 크게 떨어지기 때문에 착륙속도가 매우 높다. 또한 전투반경(combat radius)을 확대하기 위한 외부연료탱크와 완전무장한 상태에서 이륙한 후 비상상황으로 인해서 착륙해야 한다면 모든 외부 연료탱크(external fuel tank)와 미사일 혹은 폭탄 등을 모두 소진하고 착륙해야 한다. 이는 안전한 비상착륙과 함께 외부에 장착된 무기들이 비상착륙할 때 폭발 가능성을 방지하기 위함이다. 이 때문에 전시에는 장착된 미사일과 폭탄은 모두 소진한 후 귀환해야 하고 평시라면 별도의 시격장이나 안전한 곳에 미사일과 폭탄을 투하한 후 비상착륙하게 된다. ✈

▲ 항공기의 착륙무게를 줄이기 위해서 연료 배출구를 통해 공중에 연료를 방출하고 있다.

스텔스 항공기 ……✈

"투명 인간은 과연 존재할 수 있을까!"

만약 당신이 다른 사람의 눈에 보이지 않는 투명 인간이 될 수 있다면 하는 소설 속의 주인공이 되어 본적은 없는가? 이 같은 상상의 세계를 실제 비행체에 적용한 기술이 스텔스(stealth) 항공기이다. 그러나 스텔스 항공기는 실제 눈에 보이지 않는 비행기는 아니다. 다만 항공기를 탐지하는 레이더(radar)를 피할 수 있는 기술이 적용된 항공기이다.

스텔스기의 설계 개념은 아군기는 적을 탐지하지만 적은 아군기를 탐지하지 못하도록 숨기는 것이지만 상대방이 항공기를 탐지하는 기술을 미리 파악하여 아군기에 적용하는 개념이기 때문에 쉽게 개발할 수 있는 기술은 아니다.

또한 현대 항공기는 지상 레이더나 조기 경보기에서 탐지한 정보를 전투기에 인계하는 데이터 링크(data link) 시스템에서 광학장비와 디지털 네트워크 추적 분석 장비들의 조합으로 그 개념은 상당히 복잡해졌지만 단순한 의미의 스텔스 항공기는 적의 전투기 혹은 지상 레이더망을 회피할 수 있는 항공기라고 할 수 있다. 레이더의 기본원리가 전파의 반사 특성을 이용한 것이라면 항공기에서 전파의 반사를 최소할 수 있는 기술을 개발하는 것이 핵심이다.

현재까지 이를 위한 기술이 항공기의 표면에 부딪친 전파가 반사되지 않고 자연스럽게 흘려보낼 수 있도록 표면을 처리하는 방식이고, 또 다른 핵심 기술은 전파를 흡수할 수 있도록 표면도색을 처리하는 것이다. 마지막으

▲ B-2 전략 폭격기는 성공적으로 레이더 전자파를 회피할 수 있는 전형적인 스텔스 항공기이다. 왼쪽 삽입 그림은 B-2 전폭기의 전면에서 본 형상이다.

로 전파 자체를 공중에서 소멸시켜 버리는 기술이 개발 중에 있다.

스텔스 기능의 전형적인 사례는 B-2 폭격기이다. 이 폭격기는 날개길이가 52m이지만 F-35(10.7m) 그리고 F-22(13.56m)에 비해서 RCS가 매우 작다. B-2는 수직날개가 없으며 전체적으로 높이가 낮게(low profile) 설계하여 기체의 형상(configuration)을 단순화했다. 또한 엔진의 흡입구와 출구를 기체 윗면에 매립했기 때문에 전체적인 형상은 납작하여 레이더 전파의 작은 난반사(scattered reflection) 요소를 제거하는 데 성공하였다.

레이더의 정교함은 동전만한 난반사 요소가 있어도 물체를 지속적으로 추적할 수 있는데 B-2는 이러한 요소를 형상의 단순함으로 극복했으며 스텔스기의 1순위 핵심요소의 레이더 난반사를 줄일 수 있는 형상임을 알 수 있다. 항공기 표면 설계에서 반사 고각이 크면 반사 가능성이 높고 레이더 전파가 잘 반사된다. 납작한 기체 이외에 수직날개 그리고 수평 꼬리날개와 불규칙하게 돌출된 부분은 난반사의 원인이 된다. 이 부분을 전파흡수 도료(electric wave absorption paint)로 강화하고 기체(airframc)까지 전파흡수 재

▲ F-22는 현존하는 전투기 중 최고의 스텔스 기능을 갖춘 것으로 알려져 있다. 미사일과 같은 무장 시스템이 모두 내장되어 있고 레이더에 노출될 수 있는 배기구를 기체 깊숙이 배열하여 열추적 미사일을 회피할 수 있다. 기체의 설계가 레이더 전파에 노출을 최소화할 수 있는 형상과 취약 부분에 전파흡수 도료를 칠해서 보강하고 있다.

질로 강화한 것을 보면 형상 중 모서리에서 난반사 요소가 가장 많다는 것을 알 수 있다.

B-2 전폭기의 형상과 F-22A 형상을 비교하면 측면이나 전면에 F-22A가 난반사 요소가 더 많음을 알 수 있다. 또한 F-22A는 난반사 요소가 많음에도 모서리를 B-2 전폭기보다 효과적으로 제어하지 못했으며 모서리 재질도 고속기동과 높은 G-하중을 감당하기 위해 날카로워 B-2 전폭기보다 한계가 있음을 유추할 수 있다. 스텔스 항공기에 작지만 치명적인 약점 요소에서 발생하는 기체 재질 표면의 난반사 요소는 레이더 전파흡수 도료를 통해 감소시키는 기술이 도입되었다. 전투기 기체 표면은 매끈해 보이지만 현미경으로 보면 매우 거칠다. 특히 일반 페인트는 입자의 날카로운 면

▲ F-35 역시 차세대 전투기로 스텔스 기능을 갖출 것으로 예상된다. 이 전투기 역시 기본적으로 레이더 전파에 노출을 최소화하기 위한 형상설계가 적용되었고, 취약 부분에는 전파를 흡수할 수 있는 도료로 보강되었다. 현재의 기술보다 한 단계 진화한 전파흡수 도료가 사용될 것으로 예상된다.

이 반사를 유발하는 요소가 된다. 이 같은 거친 표면은 전파의 고른 반사를 제어하기 위해서 정밀하게 다듬어질 필요가 있다. 최근 스텔스 기술은 기체의 관리가 힘든 도료에 의존하기보다 탄소나노튜브(carbon nanotube)가 코팅된 에폭시 또는 플라스틱이나 복합재료로 기체 표면을 제작하고 있지만 모든 요소 중 가장 핵심적인 요소는 단순한 외형 그 자체가 레이더 난반사를 크게 감소시키는데 기여한다. F-35가 스텔스기로서 RCS가 너무 크다는 문제 역시 근본적으로 F-35의 형상 문제이다. F-35의 형상을 자세히 관찰해보면 전체적으로 뭉툭해서 F-22보다 날씬하지 않고 기체에 돌출된 불규칙한 난반사 요소가 더 많다. 이것은 스텔스의 핵심 요소인 형상을 단순화하여 레이더의 난반사를 최소화한다는 개념에서 조금 빗어난 설계이기 때문이다.

레이더 반사면적(radar cross section: RCS)이란 실제 목표물(target)에서 반사된 전파와 동일한 양의 전파를 반사할 수 있는 가상의 반사판 면적이

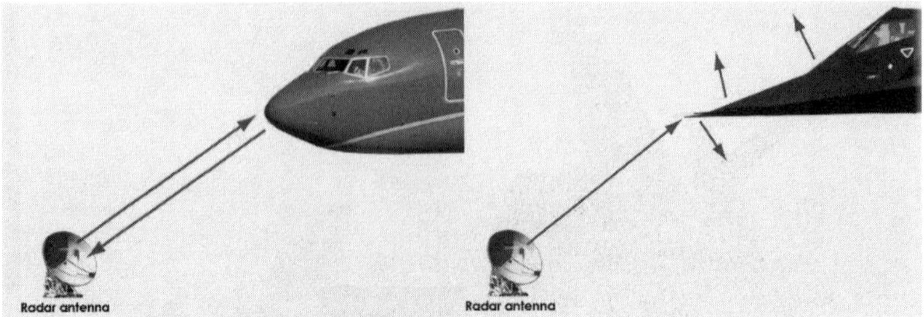

▲ 레이더 전파를 회피할 수 있는 형상설계

다. RCS는 추적의 근거이며 스텔스기는 레이더 난반사를 줄인 형상이다. 난반사는 전파가 사방으로 산란되는 반사와 전면으로 반사되는 모든 반사를 포함하여 제어하거나 예측이 불가능한 반사를 모두 포함한다.

현대 전투기의 세부 RCS는 극비사항으로 취급되고 있고 공개된 내용은 전면 RCS 또는 공개된 일부 정보이다. RCS 개념을 이해하기 위해서 사람의 전면 RCS가 1평방미터라고 했을 때 사람보다 100배 이상 큰 B-2 스텔스기는 곤충 만하게 인식한다. 다른 물체와 비교했을 RCS는 다음과 같다.

자동차	100	F-35	0.15
F-4E	6	SR-71	0.014
MIG-29K	3	새	0.01
라팔 B	2	F-22A	0.0065
B-1B	1.02	B-2	0.0015

RCS에서 중요한 것이 레이더의 반사파임을 알 수 있으며 빛의 속도와 비슷하게 반사되는 레이더 파장은 RCS 추적 근거가 일종의 난반사임을 알 수 있다. 결론적으로 레이더의 난반사를 줄일 수 있는 기술이 핵심이다. 스텔스 항공기를 개발했다고 해서 모든 문제가 해결되는 것은 아니다. 레이더 전파를 회피할 수 있는 기술이 개발되었다면 이를 탐지하기 위한 또 다른 기술이 요구되는 것은 술래잡기 하는 듯 기술개발의 한계는 어디까지 인가? ✈

항속거리와 전투반경 ……✈

항공기의 성능 요소에서 항속거리 또는 전투반경이라는 용어가 있다. 일반적으로 사용되는 거리(distance)는 특정 한계가 없는 무한이 개념이 적용된다면 항속거리(range)의 어감에는 어디까지의 범위라는 것을 포함한다. 항공기가 비행할 수 있는 거리는 적재할 수 있는 연료의 한계로 인하여 제한된다. 항공기가 수행하는 임무에 따라 이 같은 용어의 차이가 있다. 민간 항공기에서 사용하고 있는 항속거리는 이륙에서부터 적재된 연료가 완전 소모될 때까지 비행할 수 있는 거리이다. 다시 말해서 편도 거리 개념이 적용되는 셈이다. 목적지 공항에 도착해서 급유를 한 후 다시 되돌아오면 된다. 그러나 급유(refueling)가 가용하지 않은 목적지라면 왕복운항할 수 있는 연료를 적재해야 할 것이다.

또 다른 용어로 전투기에서는 항속거리 대신에 전투반경(combat radius)이라는 용어를 사용한다. 전투기는 이륙하여 적진의 공항에 착륙하여 급유를 받을 수 없기 때문에 반드시 되돌아 올 수 있는 비행거리가 적용되어야 한다. 다시 말해서 전투반경은 왕복거리(round trip)인 셈이다. 예를 들어 F-16 전투기의 제원에서는 항속거리는 최대 4,220km(2개의 외부 연료탱크 장착했을 때)이고 전투반경이 약 550km로 명시된다. F-22의 항속거리와 전투반경은 각각 2,960km(2개의 외부 연료탱크를 장착했을 때)와 760km이다.

전투기에 따라 전투반경은 외부연료탱크의 장착 여부, 수행하는 임무, 그리고 탑재 무장장치와 무기 종류의 무게에 따라 달라진다. 또한 외부투하연료탱크(drop tank)를 갖추고 있는 전투기는 이를 장착하지 않은 전투기에 비해서 전투반경이 더 넓다. 위의 사례에서 F-16의 전투반경이 550km일 때 우리나라 전역이 작전권에 포함되지만 독도 혹은 이어도 상공까지 효과적인 공중작전을 펼치기에는 심각한 문제가 발생할 수 있어 공중급유기의 도입이 제기되는 이유이다.

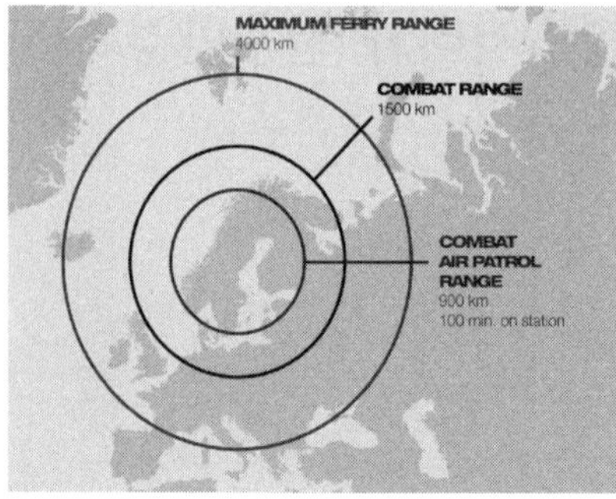

▲ 최대페리반경, 전투반경 그리고 전투공중정찰 반경의 차이를 관찰할 수 있다.

저고도 전투 임무를 수행하는 전투기는 고고도 전투 임무(combat mission)를 수행하는 전투기에 비해서 전투반경이 짧다. 저고도에서는 대기압과 공기밀도가 높아 연료소모(higher fuel consumption)가 더 높기 때문이다. 전투기에 탑재한 미사일, 폭탄 혹은 기관총과 같은 무장장치와 많은 무기를 탑재할수록 전투반경은 짧아진다. 이들 무장장치는 전투기 전체 무게를 증가시켜 더 많은 연료소모를 필요로 하기 때문이다. 이외에도 재연소기의 작동은 초음속으로 비행하여 비행거리를 크게 증가시킬 수 있으나 기지로부터 더욱 멀어졌을 때는 연료효율을 급격히 증가하여 모기지로 복귀하는데 심각한 문제가 발생할 수 있다. ✈

▲ 연료를 최대로 적재하고 무장을 최대로 한 상대에서 전투반경은 현저히 감소된다.

무인항공기 ……✈

북한의 무인항공기(unmaned aerial vehicle; UAV) 침투는 대한민국 방공체계의 허점이 드러난 사건이었다. 한미 양국 전문가들이 공동 조사한 결과 2014년 3~4월에 발견된 3대의 무인기는 북한의 개성, 해주 그리고 평강 인근서 발진한 것으로 확인됐다. 이와 같이 조종사가 탑승하지 않고 비행할 수 있는 항공기를 무인항공기(UAV) 또는 드론(drone)이라 하고 ICAO에서는 원격조종항공기(remote pilot aircraft; RPA)라고 한다. 역사적으로 무인항공기는 원격조종 방식이었지만 현대는 탑재된 컴퓨터에 의해서 자율 조종 방식 혹은 지상이나 다른 항공기에 탑승한 조종사가 원격조종하는 방식이 증가하고 있다. 무인항공기에 대한 일반적인 정의는 다음과 같다.

"조종사가 탑승하지 않고 공기역학적으로 부양하여 자율적으로 또는 원격조종으로 비행을 하며, 무기 또는 일반화물을 실을 수 있는 일회용 또는 재사용할 수 있는 동력 비행체"(국방성) 또는 "원격조종 또는 자율조종으로 시계를 벗어난 비행이 가능한 민간용 비행기로서 스포츠 또는 취미 목적으로 운용되지 않으며, 또한 승객이나 승무원을 운송하지 않는다."(FAA)

이들 정의에 따르면 탄도비행체, 순항미사일, 포탄, 발사체, 무인기구, 무인비행선, 미사일 등은 무인항공기 범주에 포함되지 않는다. 또한 취미로 날리는 무선조종 모형항공기와 무인 운송용 항공기도 무인항공기에 포함되지 않는다. 무인항공기는 이미 오래 전부터 군사적 목적으로 활용되어 왔다. 비행기의 꼬리에 긴 줄을 연결해서 공중 표적기로 사용해 왔고 폐기 직전의 항공기를 개조하여 공중 표적기로 사용해 왔다.

▲ 대한항공과 한국항공우주연구원에서 개발한 세계 최초의 "틸트로터(tilt-rotor)" 무인기 "TR-6X"의 시범비행을 선보였다. 한국항공우주연구원이 2011년 말 개발한 스마트 무인기를 60% 축소한 모델로 대한항공이 비행제어 소프트웨어와 지상제어장치 등을 자체 개발했다. TR-6X는 동체 길이 3m에 좌우 날개폭이 5.2m에 불과하지만 고도 3,000m까지 상승할 수 있고, 최대 시속 250km로 비행할 수 있다.

Firebird 2001은 이스라엘에서 개발한 정찰용 무인항공기이다. 이 무인기는 GPS와 GIS 그리고 전방감시 카메라를 이용해 산불의 크기와 확산속도 그리고 주변 움직임을 실시간으로 정확하게 전송할 수 있다. Pathfinder는 1990년대 미국에서 개발한 무인항공기로 환경조사를 위해 개발된 태양전지 방식 초경량 연구 항공기이다. 작은 센서를 이용해 바람이나 기상 데이터를 수집하고 고해상도의 디지털 이미지를 찍어서 전송할 수 있다.

RQ-1 Predator는 순수 정찰용으로 개발되었으나 일부는 대전차미사일(antitank missile)을 탑재하여 성공적으로 임무수행을 하고 있다. 이 무인기는 발칸반도에서 진가를 인정받았고, 아프가니스탄과 중동 전장에도 투입되었다. RQ-4 Global Hawk는 세계적인 무인항공기 회사 텔레다인 라이언사가 만든 무인항공기로서 감시하고 싶은 곳이면 언제든지 감시가 가능하다. Global Hawk는 미군이 2000년부터 본격적으로 사용하고 있는 현존하는 최고 성능의 무인정찰기이다. 최대 20km 상공까지 비행할 수 있고, 지

▲ Global Hawk는 미군이 2000년부터 본격적으로 사용하고 있는 현존하는 최고 성능의 무인정찰기이다. RQ-1 Predator(오른쪽 삽입 그림)는 미공군과 CIA에서 운용하고 있는 무인정찰 및 공격기로 헬파이어 미사일을 탑재하고 최대속도 117 노트(217 ㎞/h)로 비행할 수 있다. 왼쪽 삽입 그림은 Taranis 초음속 무인항공기이다.

상에 있는 30cm의 물체를 식별할 수 있는 전략무기다. 이 무인항공기는 35시간 동안 작전이 가능하고, 작전반경이 3,000㎞에 이르며, 첨단 합성 영상레이더(SAR)와 전자광학, 적외선 감시장비(EO/IR) 등으로 기상에 관계없이 밤낮으로 정보를 수집할 수 있는 것으로 알려져 있다. 또 지상의 조종사 명령에 따라 비상시 임무부여가 가능할 뿐만 아니라 임무가 설정되면 이륙, 임무수행, 착륙 등이 자율적으로 수행된다.

영국에서는 2013년에 Taranis라는 자국 최초의 무인항공기를 개발하였다. 2005년부터 개발에 착수하여 2013년에 첫 비행을 마쳤다. 비밀리에 연구 개발이 이루어졌기 때문에 구체적인 사항은 알 수 없으나 초음속 스텔스 기능을 갖춘 것으로 알려졌다.

통신 분야에서는 타이탄 에어로 스페이스의 Solara 50이 있다. Solara 50은 일반 무인기의 운항 고도보다 배가 높은 2만 미터 상공에서 비행할 수 있다. 태양광을 동력으로 하여 중전 없이 수년간 사용할 수 있는 장점이

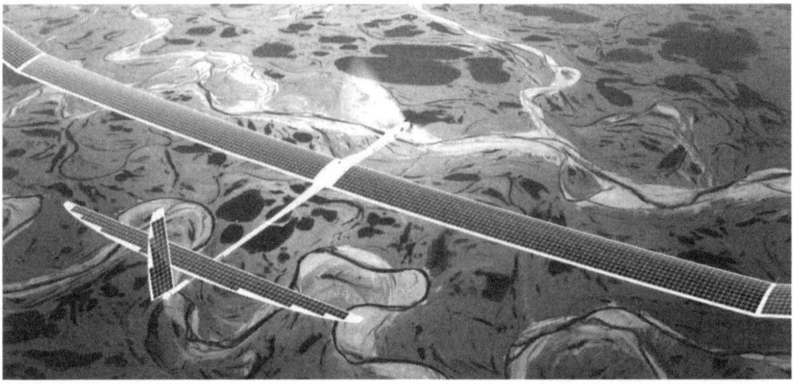

▲ Solara 50은 정찰용 무인항공기는 태양열 동력을 활용할 수 있는 기술과 초정밀 영상 촬영 및 전송 기술, 적의 레이더를 회피할 수 있는 스텔스 기능 그리고 위성과 연동된 기술을 갖춘다면 감시와 정찰용으로 인공위성을 대체할 수 있는 최고의 솔루션이 될 것이다.

있다. 또한 훨씬 싼값에 다목적 인공위성처럼 이용할 수 있다.

무인항공기는 기술이 발달함에 따라 기체에 원격탐지장치, 위성제어장치 등 최첨단 장비를 갖춰 사람이 접근하기 힘든 곳이나 위험지역까지 그 영역을 확대해 나가고 있다. 이외에도 공격용 무기를 장착해서 지상군 대신 적을 공격하는 공격기로 활용되기 시작했다. 최근에는 과학기술, 통신, 배송, 촬영 등 다양한 분야까지 확대되고 있다.

군사용 드론은 표적드론(target drone), 정찰드론(reconnaissance drone, RQ) 또는 감시드론(surveillance drone), 다목적 드론(multi-roles drone, MQ) 등으로 구분된다. 표적드론은 1950년대 제작된 라이언 파이어비(Ryan Firebee), 감시드론에는 핵무기활동 감시용으로 1998년 도입인 글로벌 호크(Global Hawk, RQ-4), 정찰과 공격이 가능한 드론(MQ)에는 중형급인 프레데터(Predator, MQ-1)와 대형급인 리퍼(Reaper, MQ-9) 등이 있다.

드론(drone; 무인기)은 수벌이 "윙윙"거린다는 뜻으로 최근 드론이라는 용어가 더 많이 사용되고 있다. 드론은 군사적 목적으로 개발되었지만 최근 상업용 드론으로 항공촬영, 산불감시, 택배, 게임, 경제임무, 농업, 어업, 삼

▲ 헬리캠은 회전날개를 이용해서 부양할 수 있고 사람의 접근이 불가능한 장소에서 공중촬영이 가능한 장점 때문에 방송용으로 각광받고 있다.

림, 방송 등 전 산업계에 무제한의 영역을 확대해 가고 있다. 드론은 "무선조종 비행장치"를 뜻하며, 여러 개의 프로펠러가 장착된 비행체란 뜻에서 "멀티콥터(multicopter)" 혹은 일반적으로 카메라를 탑재하므로 "헬리캠(helicam)"이라고도 한다. 2000년대 들어 항공촬영 등 전문분야와 상업적, 취미 등 많은 분야에서 다양한 용도로 활용되고 있다.

국내 항공법상 드론은 무게 150kg 이하의 "무인비행장치"이다. 그 이상은 무인항공기로 분류한다. 무인 비행장치 중 연료를 제외한 자체중량이 12kg을 초과하는 무인비행장치는 관할 지방항공청에 신고를 하고 교통안전공단으로부터 안전성 인증을 받아야 한다. 다만, 12kg 이하는 신고 및 안전성 인증 대상에서 제외된다. 12kg 이하 무인비행장치라도 모든 조종자는 항공법에 정한 안전수칙을 반드시 준수해야 한다. 즉, 조종자는 장치를 눈으로 볼 수 있는 범위 내에만 조종해야 하며 비행금지구역 또는 150m 이상의 고도에서 비행하려는 경우는 지방항공청장의 허가를 받아야 한다. 수도권의 경우, 비행금지구역(P-73A, P-73B, P-518)에서의 비행은 사전허가가 필요하며, 비행제한구역(R-75)에서도 고도 150m 이상에서의 비행은 사전허가가 필요하다. ✈

하늘을 나는 자동차 ……✈

고속도로에 꽉 막혀 갇혀 있는 운전자라면 한번쯤 하늘을 날 수 있는 자동차를 생각해보지 않았을까? 이 꿈을 실현하기 위한 도전이 개인적 열정을 넘어 전문 항공기 제작사에서도 설계와 시험비행이 계속되고 있어 실용성이 인증되면 하늘을 나는 자동차 등장이 현실화될 것으로 예상한다. 이제까지 알려진 하늘을 나는 자동차는 공상과학 만화 혹은 영화에 등장하면서 가상의 세계에서나 가능한 것으로만 여겨졌다. 스타워즈와 같은 영화에 등장하는 하늘을 나는 자동차는 현대 항공기와 같은 개념의 양력 발생장치가 아닌 마치 지구의 자기장(magnetic field)과 같은 초양력 개념을 형상화했지만 현실은 다르다. 이 같은 초양력과 같은 비행체는 또 다른 1세기 정도의 기술력이 발달했을 때 가능하지 않을까? 현실에서 하늘을 나는 자동차가 실현되기 시작한 것은 이미 오래 전부터이다.

"자동차에 날개를 달 수 있다면 날 수 있지 않을까?"

"날개가 너무 길어 자동차 주행에 방해되지 않을까?"

위의 문제는 날개를 접을 수 있도록 설계한다면 간단하게 해결할 수 있다. 이것을 실제로 적용한 자동차 비행기가 개발되어 시험비행에 성공했다. 이들 비행체가 실용화되기 위해서는 기술적, 경제성 그리고 안전성이 철저히 보장되어야 한다. 실용적 비행-자동차는 수직으로 이착륙할 수 있는 성능을 갖추어야 한다. 그러나 현대 수직 이착륙 기술은 프로펠러를 수직으로 장착하거나 제트 배기가스를 하향으로 내뿜으면서 상승해야 하지만 이 과정에서 발생하는 소음과 비산물로 인하여 공상과학 영화에 등장하는 비행-

▲ 2006년 개발을 시작하여 2009년 3월 첫 비행을 하였다. 최대이륙중량이 650kg, 최대속도 185 km/h 그리고 도로에서 시속 110 km로 주행할 수 있다.

자동차와는 거리가 멀다.

또한 가상현실과 달리 동체의 중량을 지지하기 위한 높은 동력이 요구되는 것이 현실이고, 이것은 획기적인 동력장치의 변혁이 없이는 불가능하다. 비행-자동차가 일반화되기 위해서는 높은 안정성과 함께 조종성을 갖추어야 하지만 안정성이 떨어지는 비행체를 조종하기 위해서는 더욱 훈련된 조종기술을 필요로 한다는 문제를 해결해야 할 것이다. 그러나 이와 같이 현실적 문제점들을 극복하는 것이 불가능한 것은 아니다. 우리나라의 기술력은 소재산업에서 더욱 가볍고 강한 복합소재는 항공기 무게를 획기적으로 줄일 수 있고, 각종 전자장치와 디스플레이를 더욱 작게 그리고 더욱 가볍게 개발되어 가고 있는 추세를 반영한다면 비행-자동차가 먼 꿈같은 이야기만은 아닐 것이다.

비행-자동차의 개발이 과학자들만의 몫은 아니다. 인류의 역사가 그래왔듯이 필요는 발명의 원천이고 이미 상상을 초월한 아이디어의 단계에서 실용화를 위한 단계에 접어들었다고 볼 수 있다. 제트엔진의 개량은 지속되고 있고, 소형화에 성공하고 있는 섬은 신개념 항공기의 출현을 얼마든지 예상해 볼 수 있다. 실제 헬리콥터에 소형 터보팬 엔진을 장착한다든지 비행기 동체의 강력한 소형 터보팬 엔진을 장착하여 수직 이착륙을 할 수 있는 하이브리드 항공기(hybrid aircraft)가 속속 개발되고 있다.

▲ 미래 플라잉 카의 개념도

자동차의 비약적인 발달이 "마이 카" 시대를 열었듯이 머지않아 "자가용 항공기" 시대가 오지 않을 것이라고 말할 수 없다. 실제 항공 마니아들의 이목을 끄는 것이 소형 자가용 항공기일 것이다. 이 단원의 부제로 선정한 "항공기는 상상력의 창작물이다"라고 했듯이 인류는 오래 전부터 하늘을 나는 꿈에 도전하여 현재는 우주비행까지 가능한 수준에 와 있지만 정작 항공 마니아들이 원하는 항공기는 따로 있는 듯하다. 기존의 항공지식을 바탕으로 현대의 첨단 기술이 접목된다면 우리가 먼저 자가용 항공기 시대를 열 수 있지 않을까 기대해 본다. ✈

▲ 최근(2017) 하늘을 나는 자동차 시제기 모델이다. 이 중 아래 모델은 드론과 같이 프로펠러를 하부에 장착하여 부양하고 비행방향을 자유롭게 조종할 수 있는 점이 기존 방식과 다르다.

항공기 등록기호 ……✈

모든 항공기는 등록기호(aircraft registration)를 받아 항공기의 지정된 위치에 반드시 표기해야 한다. 등록기호는 일종의 자동차 번호판과 같이 항공기의 소유주가 누구이고 어떠한 기종인지를 표기한다. 등록기호는 세계 각 나라마다 기준이 다르다. 예를 들어 미국의 경우는 국적기호가 "N"이고 다음에 세자리 숫자가 부여되고 끝에 영어 알파벳 두 문자로 표기된다. 알파벳 영문자는 대부분 소속 항공사 기호와 일치한다. 예를 들어 NxxxUA는 유나이티드 항공이고, NxxDL은 델타항공 그리고 NxxxFE는 페덱스항공의 등록기호이다.

등록기호는 항공기 사고조사를 위해서 동체의 영구 방화 판 위에 새길 것을 요구하고 있다. 대부분의 비행기에서는 등록기호를 꼬리날개 또는 꼬리날개의 바로 앞쪽에 표기되기 때문에 이를 꼬리번호(tail number)라고도 한다. 국내 항공기의 등록기호는 국적기호 "HL" 다음에 항공기 종류, 엔진 수 그리고 등록 순서가 지정되어 로마자 대문자와 숫자를 조합한 4자리로 구성된다. 예를 들어 HL0xxx는 글라이더, HL1xxx는 왕복엔진 단발기 그리고 HL2xxx는 쌍발 왕복엔진을 의미한다. HL71xx는 단발 터보제트 엔진이고, HL72xx은 쌍발 터보제트, HL73xx, HL74xx는 각각 3발 엔진과 4발 터보제트 엔진을 의미한다. HL91xx는 단발 터보축 엔진 헬리콥터, HL92xx은 쌍발 터보축 엔진 헬리콥터를 나타낸다.

마지막 숫자는 동일 기종의 등록순서에 따라 부여된다. 예를 들어 HL7432는 대한민국에 등록된 터빈엔진 4기를 장착한 32번째 등록된 항공

▲ 민간 항공기의 등록기호를 통해서 항공기의 대략적인 이력을 알 수 있다. 오른쪽은 단발 왕복엔진으로 국내에 40번째로 등록된 비행기이고, 왼쪽은 쌍발 터보축 엔진 헬리콥터로 94번째 등록된 헬리콥터이다.

기라는 것을 알 수 있다.

전투 항공기는 F-16, F-15, F/A-18, C-130, T-50, Su-25, Su-27, MiG-25, MiG-29, Mirage, Rafale, Eurofighter 등과 같이 명명되고 있다. 전투기를 생산하는 국가는 미국, 중국, 러시아, 프랑스 그리고 영국 등 몇몇 국가들로 한정되고 우리나라도 T/A-50 경전투기를 생산하는 국가의 반열에 올랐다.

미국 군용기는 제2차 세계대전 이전 미 육군항공대에서부터 시작되었다. 이 시기에는 "P-(P-47, P-51)" 접두사를 붙였다. 이후 6.25 전쟁을 치르면서 미 육군항공대가 미 공군으로 독립되면서 전투기 접두사가 "F-"를 사용하기 시작했다. 이때부터 개발 순서에 따라 번호를 부여하였고 F-51(P-51)에서부터 시작된 전투기 명칭은 100번을 넘기게 되었다. 이후 미 공군, 해군 그리고 해병대의 명칭 통일작업이 이루어지면서 F-113부터 F-4로 개칭이 되어 다시 이 번호부터 숫자를 부여하였다.

현재의 3세대 주력 전투기인 F-14, F-15, F-16, F/A-18은 개발 순서대로 번호가 부여된 것이다. 여기서 번호가 일률적으로 적용되지 않고 중간에 빠진 것은 개발 과정에서 도태된 기종들이 있음을 알 수 있다. 예외적으로 개발 프로젝트의 명칭을 그대로 사용하는 경우도 있다. 예를 들어 F-117에서 "F-"는 Fighter를 의미하는 것이 아니라 록히드사의 스컹크 웍스(skunk works; *국가나 기업이 비밀리에 추진하는 과학기술 분야의 개발 프로젝트*)에서 붙

<table>
<tr><th>구분</th><th>종류</th><th colspan="2">발동기 종류 및 장착 수량</th><th>등록기호</th></tr>
<tr><td rowspan="18">항공기 종류
Category
of Aircraft</td><td>활공기</td><td colspan="2">-</td><td>0000~0599</td></tr>
<tr><td>비행선</td><td colspan="2">-</td><td>0600~0799</td></tr>
<tr><td rowspan="10">비행기
Airplane</td><td rowspan="2">피스톤 발동기
Piston Engine</td><td>단발기</td><td>1000~1799</td></tr>
<tr><td>다발기</td><td>2000~2799</td></tr>
<tr><td rowspan="4">터보프롭 발동기
Turbo-Prop Engine</td><td>단발기</td><td>5100~5199</td></tr>
<tr><td>쌍발기</td><td>5200~5299</td></tr>
<tr><td>삼발기</td><td>5300~5399</td></tr>
<tr><td>사발기</td><td>5400~5499</td></tr>
<tr><td rowspan="4">터보제트발동기
Turbo-jet Engine</td><td>단발기</td><td>7100~7199</td></tr>
<tr><td>쌍발기</td><td>7200~7299
7500~7599
7700~7799
7800~7899
8000~8099
8200~8299</td></tr>
<tr><td>삼발기</td><td>7300~7399</td></tr>
<tr><td>사발기</td><td>7400~7499
7600~7699
8400~8499
8600~8699</td></tr>
<tr><td rowspan="4">회전익항공기
Helicopter</td><td rowspan="2">피스톤 발동기
Piston Engine</td><td>단발기</td><td>6100~6199</td></tr>
<tr><td>쌍발기</td><td>6200~6299</td></tr>
<tr><td rowspan="2">터보 발동기
Turbo Engine</td><td>단발기</td><td>9100~9199
9300~9399
9500~9599</td></tr>
<tr><td>다발기</td><td>9200~9299
9400~9499
9600~9699</td></tr>
<tr><td colspan="2">경량항공기</td><td colspan="2">-</td><td>C001~C799</td></tr>
<tr><td colspan="2">임시지정</td><td colspan="2">국내 생산
실험 및 연구 목적
그 밖의 경우</td><td>001S~999S
001X~999X
001Y~999Y</td></tr>
<tr><td colspan="2">무인항공기</td><td colspan="2">-</td><td>001U~999U</td></tr>
</table>

여진 명칭이다. 참고로 F-13은 빠졌는데 이는 "13"이 불운의 숫자로 인식되었기 때문이다.

F-16은 미국에서 제작한 전투기이고, KF-16은 국내에서 면허 생산된 전투기임을 나타낸다. 그러나 F-15K는 기본 F-15에 국내에서 전투기 부품을 제작하기는 하지만 KAI에서 생산되는 것이 아니라 보잉사에 제작된 부품들을 보내 현지에서 완성된 후 다시 국내로 들여오는 절차를 따르기 때문에 본래의 명칭에 대한민국 버전(version)임을 나타내는 "K" 문자를 추가하여 사용한다.

[기본 임무 코드]

- A : Attacker(지상 공격기)
- B : Bomber(폭격기)
- C : Cargo(수송기)
- E : Special Electronic Mission(특수 전자전)
- F : Fighter(전투기)
- K : Tanker(공중급유기)
- L : Laser Equipped(레이저 장비 탑재, 연락기)
- O : Observation(관측기)
- P : Maritime Patrol(해상 초계기)
- R : Reconnaissance(정찰)
- S : Antisubmarine Warfare(대잠기)
- T : Trainer(훈련기)
- U : Utility(다목적기)
- X : Experiment(실험기)

※ F/A-18은 전투기와 공격기 임무를 수행한다.

[개량 임무 코드]

- A : Attacker(지상 공격기)
- C : Cargo(수송기)
- D : Drone Director(무인기 통제기)
- E : Special Electronic Mission(특수 전자전)
- F : Fighter(전투기)

- H : search and rescue(수색 및 구조)
- K : Tanker(공중급유기)
- L : equipped for cold weather operation(한랭지 장비탑재)
- M : Multimission(다목적)
- O : Observation (관측기, 전선통제기)
- P : Maritime Patrol(해상 초계기)
- Q : Unmaned Drone(무인기)
- R : Reconnaissance(정찰)
- S : Antisubmarine Warfare(대잠기)
- T : Trainer(훈련기)
- U : Utility(다목적기)
- V : V.I.P(VIP 수송)
- W : Wether Reconnaissance(기상관측기)

러시아의 경우 구소련 내에 있었던 항공기 설계국들의 첫 글자(initial)를 사용한다.

- Sukhoi(수호이 설계국): Su-25, Su-27
- MAPO Mikoyan-Gurebich(미코얀-그래비치 마포 설계국): MiG-25, MiG-29
- Tupolev(투폴레프 설계국): Tu-16, Tu-160
- Yakovlev(야코플래프 설계국): Yak-18, Yak-38
- Iluysin(일류신 설계국): Il-76, Il-86
- Mil(밀 설계국): Mi-24, Mi-26

프랑스에는 다쏘 항공기(Dassault aviation) 제자회사가 거의 유일하고 설계번호 등을 생략하고 "Rafale", "Mirage" 같은 명칭을 붙이고, 개량형의 경우 "-숫자"를 붙인다.(ex, Dassault Mirage 2000-5) 영국은 자체 전투기를 생산하였으나 현재는 대부분 미국 전투 항공기를 도입하여 사용하고 있다. 다만 개량기종에 대해서는 "Mk.숫자"를 붙인다. (ex, Harrier Mk.2) ✈

항공기 블랙박스 ……✈

비행기록장치는 항공기 사고조사를 목적으로 항공기에 장착되어 있는 일종의 전자녹음장치이고 통상 블랙박스(black box)라 한다. 항공기의 활동영역이 공중공간인 점을 고려한다면 사고 순간의 흔적이나 이를 증언해 줄 수 있는 목격자가 거의 없는 조건에서 사고의 원인을 밝히는 것은 쉽지 않다. 블랙박스는 통상 비행자료기록장치(flight data recorder; FDR)와 조종실 음성녹음장치(cockpit voice recorder; CVR)와 같이 2종류가 있으나 2개의 기록장치가 단일 장치로 통합되기도 한다. 블랙박스는 차량에도 많이 장착되어 있어 사고가 발생했을 때 원인을 밝혀내는 결정적인 증거로 채택되고 있어 더욱 스마트한 블랙박스들이 개발되고 있는 추세이다.

얼마 전 말레이시아는 2건의 민간 항공기 사고를 겪었다. 하나는 미스터리로 남아있는(2014년) 항공기 실종사고이고, 또 다른 비극적인 사고는 우크라이나 국경지대에서 반군에 의한 미사일 발사로 많은 민간인의 희생이 발생했다. 한 항공기는 인도양 상공을 비행 중 실종되었고 다른 한 항공기는 10,000m 이상의 고도로 비행 중 피격되었기 때문에 사고 원인을 규명하는데 블랙박스와 같은 장치가 없으면 사실상 불가능하다.

이에 블랙박스란 무엇인지 간단하게 소개한다.

첫째, 블랙박스는 용어가 의미한 것처럼 검은 색이 아닌 오렌지색이다. 이것은 파손된 잔해 속에서 눈에 잘 띄게 하여 식별이 용이하게 하기 위함이다. 블랙박스는 통상 길이 50㎝, 너비 20㎝, 높이 15㎝ 가량의 크기로 온도 1,100℃에서 한 시간 그리고 260℃에서 10시간을 견딜 수 있도록 내구

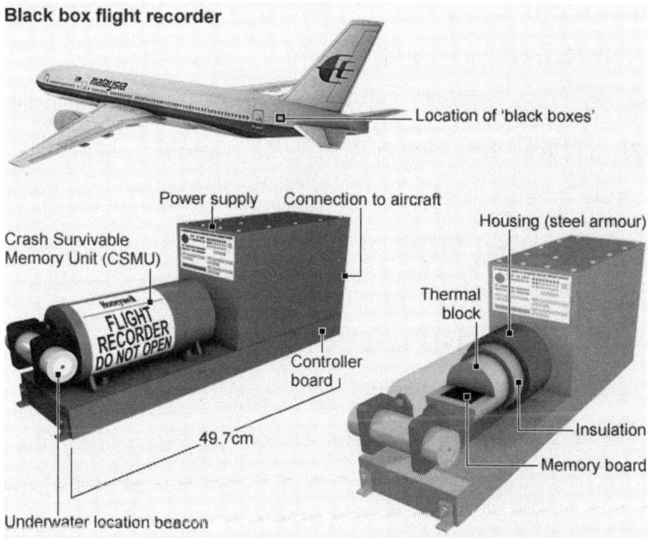

▲ 블랙박스의 장착 위치와 대략적인 구조를 관찰할 수 있다.

성을 갖추어 한다.

둘째, 블랙박스는 6.5마이크로초에서 3,400g(33km/s^2)의 가속에 견딜 수 있어야 하고 이것은 대략 충격속도 270노트와 등가이다. 블랙박스는 통상 항공기의 꼬리(tail) 부분에 탑재된다. 이 부분이 구조적으로 충분한 공간이 많고 충돌했을 때 덜 파손될 수 있기 때문이다.

셋째, 비행기록장치의 테라바이트(Terabyte; *컴퓨터 칩에 저장할 수 있는 정보량의 단위. 1테라바이트는 1바이트의 10^{12}배*) 기록은 고형 메모리 드라이브에 25시간 연속해서 기록된다. 25시간이 지난 후 가장 오래된 기록 위에 덮어서 기록된다. 비행기록장치는 항공기의 기동에 관한 거의 모든 사항들이 기록된다. 예를 들어 대기속도, 기압고도, 기수방위, 엔진상태 그리고 피치, 롤, 요 외에도 객실과 화물칸의 온도 등 거의 모든 사항들이 기록된다.

넷째, 음성기록장치(CVR)는 조종실내 대화 그리고 관제기관과 교신 내용 중 최종 30분간이 녹음되고 주변 소음을 포함한 항공기 주변에서 발생하는 다양한 소음원이 기록된다.

다섯째, 블랙박스 전면에는 수중 발신기(underwater acoustical locator beacon)가 장착되어 있어 해상에 불시착 또는 추락했을 때 위치를 찾는데 도움이 된다. 수중 발신기는 4,200미터의 깊이에서 37.5kHz의 신호음을 약 30일 동안 송출하기 때문에 신호음 주변 해역에서 전파 탐지기를 이용해 위치를 찾아낼 수 있다.

FDR은 컴퓨터 자기 테이프(magnetic tape)에 수록된 데이터를 조합해 분석하며 미국과 러시아, 일본 등 일부 선진국에서만 해독 능력을 갖고 있다. 분석하는데 통상 1개월 이상 걸린다. CVR은 기장과 부기장, 항공기관사, 조종실 내부의 무선마이크 등을 통한 대화 내용이 누구의 음성이 녹음된 것인지 분별하기 위해 4개 채널로 나눠 기록되고 국내에서도 하루 이틀이면 분석이 가능하다.

말레이항공의 실종 사고가 이미 오랜 시간이 흘렀지만 뚜렷한 단서를 찾지 못하면서 항공기 위치를 식별하기 위한 새로운 장치의 개발을 필요로 한다. 전자기술의 발달과 함께 비행과 관련된 모든 기록을 실시간(real time)으로 녹음하고 지상관제기관에서도 계속 추적할 수 있는 시스템이 필요하다. 지상의 무선통신시설을 이용하여 고고도의 항공기를 추적하기는 사실상 불가능하기 때문에 머지않아 위성을 이용한 다양한 실시간 추적 시스템이 개발될 것으로 본다. ✈

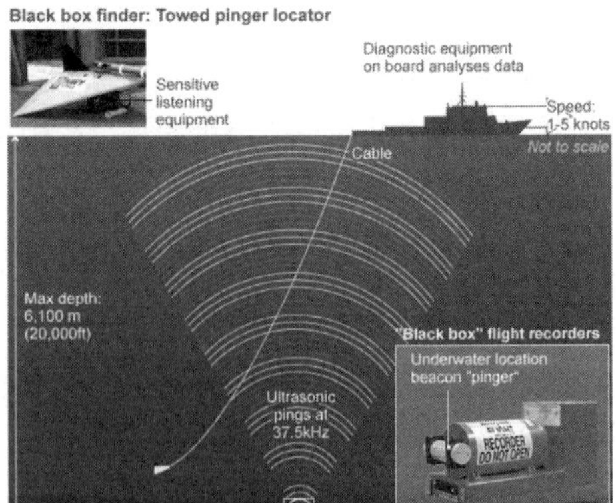

▲ 블랙박스의 수중 탐색

메이데이 메이데이 메이데이 ······✈

항공기는 언제든지 비상상황(emergency)에 조우될 가능성이 있어 이러한 위험에 처한 조종사는 즉시 안전조치를 취한 후 지상의 관제사에게 도움을 요청해야 한다. 조종사가 위험에 처했을 때 "메이데이"를 연속적으로 3회 사용함으로써 위험에 처한 상황을 전파하고 우선적으로 구조를 받을 수 있다. 메이데이의 원래 뜻은 프랑스어인 메데(M aider)이고 국제적 조난 신호를 의미하는 "SOS" 그리고 "Help me"와 동일한 의미다.

"메이데이(Mayday) 메이데이 메이데이" 용어는 해당 주파수를 사용 중인 모든 항공기에 대한 무선침묵(radio silence)을 명령하는 강한 의미를 갖고 있어 이 용어를 청취했을 때 관제사의 특별 지시가 전파되지 않는 한 사용해서는 안 된다. 이 같은 이유는 재난(distress)에 처해 있는 항공기의 위치, 호출부호, 재난상태, 조종사의 의도 등에 대한 정보를 파악하고 재난 항공기를 우선적으로 보호하기 위해서이다. 재난에 처한 조종사는 즉각적으로 "메이데이"를 호출하여 전파의 우선권을 확보할 수 있다. 또한 재난에 준하는 위험에 처한 조종사는 "팬-팬(Pan-pan) 팬-팬, 팬-팬"을 호출함으로써 전파의 우선권을 확보할 수 있고, 이는 해당 주파수를 이용하는 모든 조종사에게 무선침묵을 권고하는 의미로 전파된다. 조난 상황을 확실히 알리기 위해 세 번씩 연이어 호출할 것을 권고한다. ✈

비상착수와 구명조끼 ……✈

2009년 1월 15일 오후 3:27... US Airways Flight 1549는 승객 150명과 승무원 5명이 탑승한 에어버스 A320-200 여객기는 뉴욕 LaGuardia 공항을 이륙하여 워싱턴의 Seattle-Tacoma 국제공항을 향하여 이륙하였다. 상승 중 여객기는 한 무리의 거위(geese) 떼와 충돌하면서 엔진 동력을 상실했다. 기장은 현재 위치에서 주변 비행장까지 활공할 수 없음을 판단하고 기수를 남쪽으로 선회하여 허드슨 강(Hudson river) 상공으로 활공하면서 허드슨 강의 중앙에 성공적으로 비상착수(ditching)하였다. 비상착수한 여객기는 반쯤 잠겨 있는 상태에서 서서히 가라앉고 있는 상황에서 155명의 모든 탑승객이 안전하게 탈출했고, 주변에 있는 선박들이 신속한 구조에 참여하여 한 명의 희생자도 발생하지 않았다. 기장을 비롯한 승무원의 침착한 대처가 "허드슨 강의 기적"을 이루었다.

모든 항공기의 기장은 이륙하기 전에 직접 혹은 승무원을 통해서 승객에게 구명조끼(life vests)의 사용 방법을 설명하고 시범을 보이도록 규정하고 있다. 비상착수가 예상될 때 모든 탑승객이 구명조끼를 신속하게 착용할 수 있도록 구명조끼는 좌석 바로 아래에 비치되어 있다. 항공기 구명조끼는 방수와 공기누출을 막을 수 있고 접어서 보관하기 편리한 섬유에 고무 코팅을 한 재질로 제조된다. 내부에 2개의 가스압축캡슐(16g의 이산화탄소 가스)이 들어 있어 구명조끼를 착용한 상태에서 양쪽 하단의 끈에 연결된 손잡이를 당기면 가스캡슐(gas capsule)의 밀봉이 터지면서 순간적으로 가스가 구명조끼의 공기주머니를 채우게 된다. 만약 구명조끼가 충분하게 부풀지 않

▲ 비행기에서 탈출한 후 구명조끼를 팽창시켜야 한다.

았다면 구명조끼에 달려 있는 튜브 관을 통해서 공기를 더 불어넣을 수 있다. 이 관은 공기가 들어갈 수는 있지만 튜브 관의 앞 마개를 누르지 않으면 공기가 빠지지 않는다. 여기서 한 가지 중요한 사실을 반드시 기억해야 한다. 보관 상태의 구명조끼는 목에 착용하면 얇은 패드 모양이 되지만 이를 팽창시켰을 때 그 부피는 제법 커지게 된다. 만약 항공기가 비상착수가 예상되어 구명조끼를 착용한 후 손잡이를 당겨 기내에서 팽창시켰다면 그 부피로 인해서 물에 잠겼을 때 비상탈출구를 빠져나오기 어렵거나 빠져나올 수 없는 위험한 상황에 처할 수 있다.

따라서 구명조끼를 착용했다면 객실을 완전히 탈출한 후에 손잡이를 당겨 팽창시켜야 한다. 실제로 항공기의 비상착수에서 생명을 구하고자 하는 장비를 잘못 사용하여 생명을 잃을 수도 있다는 점에 유의하고 승무원의 설명과 시범에 집중하여 정확한 사용 방법을 미리 알아두면 비상상황에서 침착하고 안전하게 대응할 수 있을 것이다. ✈

동체착륙 ……✈

동체착륙(belly landing)은 착륙장치(landing gear)가 고장 났을 때 조종사가 최종적으로 결심할 수 있는 수단이다. 얼마 전 폴란드 여객기의 성공적인 동체착륙으로 승객과 승무원 전원 무사할 수 있었던 사례가 있다. 동체착륙과 관련해서 항공기 운용과 공기역학적 영향에 대해서 좀 더 세부적으로 분석했을 때 착륙속도(landing speed)는 가능한 한 낮을수록 안전하다는 것은 두 말할 필요가 없다. 항공기 설계자들도 착륙속도를 낮추기 위한 다양한 고양력장치(high lift devices) 개발을 위해서 노력하고 있다.

현대의 운송용 항공기의 순항속도는 시속 900km를 상회할 정도로 매우 높다. 다시 말해서 정지에서부터 시속 900km까지의 속도영역을 처리할 수 있어야 한다. 이들 항공기의 최대이륙중량은 수백 톤이 되고 착륙중량은 이륙중량보다 크게 낮아지기는 하겠지만 역시 상당한 무게이다. 착륙단계에서 날개 양력을 보조하기 위한 다양한 종류의 고양력장치들에 대해서 소개했다. 착륙장치를 내리는 것 역시 항력을 증가시켜 착륙속도를 낮추는데 기여한다. 플랩과 착륙장치를 내렸을 때 항공기의 착륙자세는 약간 숙여지는 경향이 있다. 이것은 조종사에게 양호한 시계를 제공한다. 만약 플랩을 사용할 수 없을 때 항공기에는 양력을 보조할 수 없어 항공기의 착륙속도는 그 만큼 증가하게 될 것이고 조종사에게는 매우 불리하다.

이 여객기는 플랩과 착륙장치를 작동시키는 유압장치가 고장을 일으킨 것으로 알려졌고 다행이도 예비전원을 사용하여 플랩을 내릴 수 있었다. 이것만으로도 착륙속도는 정상접근속도에 가깝게 줄일 수 있다.

▲ 성공적인 동체착륙을 위해서 무게를 최대한 줄이고, 가용한 고양력장치를 이용하여 착륙속도를 최저로 하여 활주로에 가능한 한 얕은 각으로 동체를 착지시켜야 한다.

최악의 동체착륙은 활주로에 충격하면서 두 동강나는 사고이다. 이것은 동체의 어느 한 부분이 지면에 강하게 부딪쳤을 때 그 지점이 회전축으로 작용하여 반대편 동체가 지면에 부딪치면서 동강나는 경우일 것이다. 또 다른 최악의 사례는 화재의 발생 가능성이다. 동체착륙 과정에서 활주로와 마찰로 인해 극도로 높은 열이 발생하면서 화재가 발생하는 주원인이 된다. 또한 많은 양의 연료는 화재를 급속히 확산시킬 수 있다. 이외에도 조종사 입장에서는 착륙속도를 실속속도(stall speed) 이하로 줄일 수 없기 때문에 착지점을 훨씬 초과할 수 있고 적절한 감속 조치를 취하지 못했을 때 활주로를 크게 벗어나 주변 시설 등과 부딪치는 사고가 발생할 수 있다

착지하는 순간 항공기의 속도를 줄이고 정지할 때까지 조종사가 활용할 수 있는 장치는 다음과 같이 3가지가 있다.

첫째, 스포일러(spoiler)이다. 스포일러는 날개 윗면에 장착된 일종의 긴 패널이다. 날개가 양력을 발생하는 장치라면 스포일러는 양력을 급격히 소멸시키는 역할을 한다. 착지(touchdown)하자마자 스포일러를 작동시켰을 때 날개에 남아 있는 양력을 제거하여 항공기 무게를 바퀴에 실리도록 하는

중요한 역할을 한다.

둘째, 역추력장치(reverse thrust)이다. 역추력이란 용어가 의미하는 바와 같이 항공기를 앞으로 추진시키기는 추력과 반대로 후방으로 이동할 수 있는 추력을 발생시키는 것이다. 대부분의 운송용 항공기들은 이 같은 역추력장치를 갖추고 있다. 다양한 종류의 역추력장치가 있지만 고바이패스비 터보팬 엔진은 통상 팬에서 발생된 흐름을 사용한다.

셋째, 바퀴 브레이크(wheel brake)이다. 위의 장치들을 사용하여 항공기 속도가 어느 정도 감소했을 때 조종사는 유연하게 바퀴 브레이크를 적용하기 시작하여 최종적으로 항공기를 정지시킨다.

동체착륙하는 항공기가 선택할 수 있는 항공기 저지(retard) 수단은 동체를 이용하는 것이지만 너무 빠른 속도는 상당한 마찰열(friction heat)을 일으킬 수 있고 미끄러져 가는 순간 동체의 불균형은 어느 한 방향으로 급회전(swivel)을 일으켜 위험한 상황으로 전개될 수 있다. 위의 여객기가 완전히 정지했을 때의 외형을 관찰했을 때 부분적으로 스포일러는 작동된 것으로 관찰되었으나 역추력장치는 작동되고 있지 않았음을 알 수 있다. 이를 분석했을 때 유압장치의 고장이 역추력장치를 작동시키는데 문제가 있었기 때문에 작동되지 않았는지 추측해 볼 수 있다.

또 다른 가능성은 착지하는 순간 지면과의 마찰은 높은 열로 인하여 화재가 발생할 수 있다. 이를 사전에 방지하기 위해서 착지하는 순간 엔진 아이들 컷-오프(idle-cutoff) 했다면 엔진정지와 함께 연료가 공급되지 않아 화재가 발생하더라도 화재의 급속한 확산은 방지할 수 있을 것이다. 이 베테랑 조종사가 어떠한 선택을 했든지 간에 그가 선택한 결과는 최고가 되었고 그 결과 수많은 인명피해를 방지하고 영웅이 되었다. ✈

비행기 최저속도와 헬리콥터 최대속도

비행기는 최저속도가 제한되고 헬리콥터는 최대속도가 제한된다. 만약 비행기가 최저속도 이하로 떨어졌다면 비행기는 속도를 잃고 추락하고 만다. 이것을 실속(stall)이라 한다. 예를 들어 어른과 아이가 동일한 돌을 집어 던졌다고 가정하자. 어른이 던진 돌은 힘이 실려 속도가 빠르고 멀리 날아갈 수 있다. 그러나 어린이는 힘이 약하기 때문에 돌은 멀리 날아가지 못하고 떨어지고 만다. 모든 비행체는 속도가 있어야 비행할 수 있다. 만약 이 속도가 특정 값 이하로 떨어지면 지상으로 곤두박질치게 될 것이다. 따라서 비행기는 최저속도가 제한되고 최저속도에 도달했을 때 경고장치가 작동하여 위험을 경고해 준다.

비행기의 날개와 상대풍 사이의 각도(받음각)에 따라 양력 발생이 결정된다. 만약 이 각도를 크게 하면 양력은 더 커질 수 있지만 특정 값 이상을 초과했을 때 날개 위의 공기흐름이 유연하게 흐르지 못하면서 와류가 발생하고 실속이 유발하는 한 원인이다. 비행기의 착륙속도는 최대한 낮아야 유리하다. 일반 경량비행기의 착륙속도는 대략 30~40노트 정도이고, 경비행기는 50~60노트 정도이다. 대형 운송용 항공기의 착륙속도는 다양한 조건의 영향을 받기 때문에 정확한 값으로 지정되지 않지만 B747의 경우 대략 130~160노트 정도이다.

헬리콥터의 최저속도는 제로이지만 최대속도가 제한된다. 헬리콥터를 평면에서 관찰했을 때 주회전날개(main rotor)의 회전을 하나의 회전판으로 볼 수 있다. 제자리비행 상태라고 가정한다면 회전판은 기축을 중심으로 좌

▲ 착륙속도를 낮추기 위해서 고양력장치를 사용하고 있고 지정 속도보다 더 낮아졌을 때 정상 활공각을 유지할 수 없다. 헬리콥터의 전진방향으로 회전하는 블레이드와 후진하는 블레이드 사이에는 명백한 상대속도의 차이가 발생하고 양력 불균형의 근원이다.

우측이 동일한 상대속도가 발생한다. 그러나 만약 전진비행하고 있다면 주회전날개의 회전방향에 따라 전진하는 블레이드(advancing blade)와 후진하는 블레이드(retrading blade)로 구분해 볼 수 있다. 헬리콥터의 이동방향과 동일한 쪽의 블레이드 상대속도는 증가하고, 반대로 후진하는 블레이드의 상대속도는 감소하는 결과가 발생한다. 만약 헬리콥터의 전진비행 속도가 증가한다면 좌우측 블레이드의 상대속도 차이는 더욱 증가한다.

주회전날개의 양력은 속도에 비례한다. 상대속도가 높아지면 양력 증가가 크고 상대속도가 떨어지면 양력 발생이 상대적으로 감소한다. 따라서 헬리콥터의 전진속도가 증가함에 따라 오른쪽 블레이드의 양력은 더욱 증가하고 왼쪽 블레이드의 양력은 더욱 감소하여 결국 양력 불균형 현상이 심화된다. 이 같은 양력 불균형이 심해지면서 양력이 감소한 측면의 블레이드는 더 큰 양력을 발생하기 위한 블레이드와 상대풍 사이의 각도가 증가하여 특정 값 이상이 되면서 블레이드 실속(blade stall)이 발생한다. 블레이드 실속이 발생한다는 것은 더 이상 양력이 발생하지 못하는 상태가 되어 실속이 발생한 쪽으로 동체가 급격히 기울어져 정상적인 비행이 불가능하다. 이것이 헬리콥터의 최대속도가 제한되는 원인이다. 헬리콥터의 최대속도는 시속 401 km를 초과하지 못하고 있다.(1986년 Westland Lynx model ZB500) ✈

헬리콥터

이제까지는 주로 비행기(airplane)에 대해서 다루었다. 항공교통이 증가하면서 우리 주변에서 요란한 소리를 내며 날아가고 있는 헬리콥터를 자주 볼 수 있다. 동심의 세계에서는 잠자리비행기라고 알려진 헬리콥터의 비행 모습을 보면서 어떻게 날을 수 있을까 하고 한번쯤 생각해 보았을 것이다. 비행기에 대해서는 많이 알려져 있지만 헬리콥터의 비행 세계에 대해서는 잘 알려져 있지 않아 많은 호기심을 갖고 있을 것이다.

비행기가 이착륙하기 위해서는 일정 길이의 활주로를 필수적으로 갖추어야 하고 활주로는 상대적으로 넓은 공간을 차지하기 때문에 공간적으로나 경제적으로 상당한 비용이 요구된다. 특히 우리나라 지형의 약 70% 이상이 크고 작은 산으로 이루어져 있다는 것은 비행기 운항에도 상당히 불리한 요소로 작용한다. 이 같은 공간적 제한의 한계를 극복하고 개발된 것이 수직 이착륙이 가능한 회전날개 항공기이다.

헬리콥터는 회전체(rotor blade)의 회전에 의해서 발생하는 원심력으로 양력을 얻을 수 있어 회전날개(rotary wing) 항공기로 구분한다. 회전날개 항공기의 대표가 헬리콥터이며 레저용으로 개발된 소형 회전날개 항공기로 자이로플레인(gyroplane)이 있다. 주변에서 헬리콥터를 자주 볼 수 있는 이유는 헬리콥터의 다양한 특성 때문일 것이고 가장 큰 장점은 역시 제자리비행(hovering)이다. 수해지역 한 가운데 지붕 위에 고립되어 생존의 기로에 놓여 있는 사람을 구출하는 극적인 장면을 매스컴을 통해서 볼 수 있으며 새삼 헬리콥터의 실용성을 엿볼 수 있다.

▲ 왕복엔진을 탑재한 경량 헬리콥터와 2개의 터보축 엔진을 탑재한 대형 운송용 CH-47 헬리콥터이다.

비행기가 후방으로 비행한다? 상상도 할 수 없는 일이지만 헬리콥터는 후방비행은 물론 측방비행도 가능하다. 수천 파운드의 무게를 들어 올릴 수 있는 힘과 수십 피트 상공에서 제자리비행할 수 있는 힘은 어디서 나오는가? 간단히 말해서 헬리콥터 힘의 원천은 원심력(centrifugal force)이라고 정의할 수 있다. 원심력이란 회전하는 물체가 회전체 중심부로부터 밖으로 이탈하려는 힘이라 할 수 있고 원심력은 회전속도에 달려 있다. 헬리콥터도 엔진에서 발생한 회전력을 구동축에 연결하여 주회전날개(rotor blades)를 회전시켜 원심력을 발생시킨다. 소형 헬리콥터는 왕복엔진을 사용하지만 다목적 또는 군용 헬리콥터는 보다 큰 출력을 생산하는 터빈엔진(터보축)을 장착하고 있다.

엔진에서 발생한 동력은 주회전날개(블레이드)를 회전시킬 수 있는 힘을 발휘하고, 이 회전력은 대형 헬리콥터를 부양시킬 수 있는 원심력을 발생시키는 동력원이 된다. 대형 헬리콥터의 주회전날개에서 발생하는 원심력은 크기에 따라 6~24톤의 힘을 발생시킨다. 헬리콥터는 고정된 날개가 없는데 어떻게 전진비행할 수 있는가 하는 의문이 생길 것이나 주회전날개가 빠르게 회전함에 따라서 회전면(plane of rotation)이 형성된다. 주회전날개 하나하나를 생각하기보다 회전면으로써의 역할을 생각해야 한다. 헬리콥터의 기동은 이 회전면을 변화시켜 비행방향을 조종할 수 있다. 회전면이 회전축을 중심으로 정중앙에 위치해 있을 때 헬리콥터는 제자리비행 상태가 된다. 이때 회전면에서는 상부의 공기를 아래로 끌어내려 동체를 부양시키고 있는 것이다.

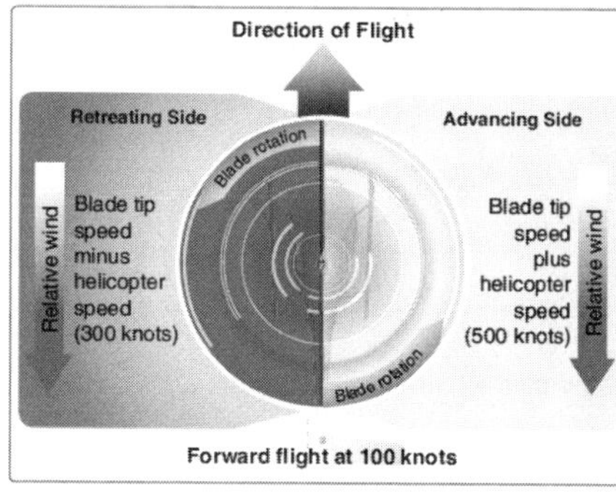

▲ 헬리콥터의 양력불균형

"회전면을 앞으로 기울이면 어떨까?"

제자리비행 상태에서 직상공의 공기를 끌어내리 던 회전면이 앞으로 기울어지면서 앞의 공기를 뒤로 밀어 내리게 된다. 이때 헬리콥터는 앞으로 전진한다. 회전면을 뒤로 기울이면 당연히 헬리콥터는 후진 비행을 할 수 있다. 비행중인 헬리콥터를 유심히 관찰해 보라. 회전면이 앞으로 기울어져 있는 것을 볼 수 있고 동체는 약간 후방에 매달려 있는 형상을 볼 수 있을 것이다.

헬리콥터의 주회전날개의 움직임을 관찰해 보면 또 하나 재미있는 현상을 발견할 수 있다. 정지되어 있는 주회전날개는 그 자체의 무게를 견디지 못하고 아래로 축 처져 있는 모습을 볼 수 있다. 그러나 회전하기 시작하며 원심력이 발생하여 주회전날개는 서서히 수평을 이룬다. 헬리콥터가 이륙을 하기 위해서 주회전날개의 피치각을 증가시키면 회전면우 동체의 무게만큼 원추현상이 발생하는 것을 관찰할 수 있다. ✈

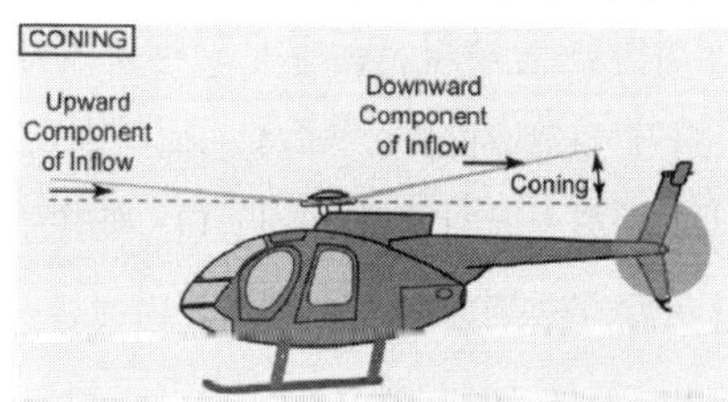

▲ 동체 무게로 인한 회전면의 원뿔현상

헬리콥터의 기본구조 ······✈

헬리콥터는 비행기와 유사한 구조이지만 주회전날개(로터 블레이드)에 의한 양력과 추력(lift and thrust)을 얻을 수 있는 구조이다. 헬리콥터는 동체, 꼬리부, 주회전날개, 착륙장치, 동력전달장치, 엔진 등으로 구성되어 있다. 동체는 공기의 저항을 최소화하기 위해서 유선형(streamlined)으로 제작되고 조종실과 객실이 있다. 주변에서 자주 볼 수 있는 대부분의 헬리콥터는 단일 로터(single rotor) 헬리콥터이고 한 개의 주회전날개와 꼬리회전날개(tail rotor)로 구성되어 있다. 이외에도 2개의 주회전날개로 구성된 헬리콥터, 동축 로터(co-axis rotor) 헬리콥터 그리고 쌍축 로터 헬리콥터 유형이 있다.

전형적인 단일 회전날개 헬리콥터의 동체 중심부에 있는 엔진에서 발생한 회전력을 주회전날개에 전달해 주는 각종 기어박스가 내장된 동력전달장치가 있고 기어박스에서 정밀하게 조정된 회전력을 회전축(마스트)을 통해서 주회전날개를 회전시킨다. 헬리콥터의 엔진은 왕복엔진과 가스터빈엔진으로 구동된다. 초기 헬리콥터에는 주로 왕복엔진이 활용되었으나 왕복엔진으로는 대형 헬리콥터를 운용하는데 많은 제한이 있어 강력한 출력을 발생할 수 있는 가스터빈엔진이 보급되면서 헬리콥터의 성능도 획기적으로 증대되었다. 현재 사용되는 왕복엔진은 경헬리콥터인 R-22, OH-23G 등은 아직도 왕복엔진을 사용하고 있다. 왕복엔진을 사용하는 R-22 헬리콥터는 운용비용이 저렴하고 구조가 간단하여 훈련용, 농약살포 또는 삼림 및 하천 감시 그리고 관광용으로 적합하다.

▲ 주회전날개가 있고 주회전날개의 회전방향 반대로 동체의 회전 성향을 방지하기 위한 꼬리회전날개가 수직으로 설계되어 있다. 1개의 회전축에 2개의 주회전날개가 서로 반대방향으로 회전하면서 꼬리회전날개를 필요로 하지 않는다.

헬리콥터의 착륙장치는 고정된 2개의 강철봉으로 된 스키드형과 바퀴형이 있으며 일부 바퀴형 착륙장치는 비행 중 공기 저항을 최소화하기 위해서 동체에 접어 넣을 수 있다. 단일 로터 헬리콥터에는 특이하게 꼬리회전날개가 있다. 헬리콥터를 구경해 본 사람이면 꼬리부에 또 하나의 회전날개가 수직으로 장착되어 있는 것을 발견할 수 있다.

"꼬리회전날개는 왜 필요한가? 그리고 없으면 어떨까?"

단일 로터 헬리콥터에서 꼬리회전날개(tail rotor) 없이는 운용이 불가능하다. 뉴턴의 운동법칙에서 작용한 힘에 대해서 반드시 반대방향으로 동일한 힘이 작용하게 된다는 작용 반작용의 법칙이 있다. 이를 헬리콥터에 적용했을 때 동체 상부에서 회전하는 주회전날개가 왼쪽으로 회전한다면 그 밑에 매달려 있는 동체는 반대방향으로 회전하려는 경향이 있다. 주회전날개가 왼쪽으로 회전할 때 동체는 오른쪽으로 회전하려는 힘이 발생하고 이를 토크(torque)라 한다. 단일 로터 헬리콥터에서 이 힘을 제거 또는 상쇄시키지 않는 한 헬리콥터는 운용이 불가능하다. 따라서 꼬리회전날개를 수직으로 장착하여 동체의 토크를 상쇄시킴으로써 헬리콥터는 세로축 안정을 달성할 수 있다. 꼬리회전날개를 회전시키기 위한 별도의 엔진이 장착되지 않고 엔진에서 발생한 회전력을 동력전달장치에서 회전력을 조절하여 꼬리회전날개까지 연결된 회전축을 통해서 회전력을 발생시킨다.

▲ 쌍축 헬리콥터는 2개의 축에 각각의 주회전날개를 서로 반대방향으로 회전시켜 토크를 상쇄시키기 때문에 꼬리회전날개가 없다. 꼬리회전날개 대신에 가스터빈엔진의 배기가스를 수평으로 배출시켜 세로축 균형을 유지하고 있다. 꼬리회전날개를 구동시키기 위한 연결계통을 없애고 위험성을 제거하였다.

동축 로터 헬리콥터는 1개의 축에 2개의 주회전날개를 장착하여 서로 반대방향으로 회전하도록 설계하여 토크를 상쇄시키고 있다. 전형적인 동축 로터 헬리콥터는 러시아에서 도입하여 현재 산림청에서 산불진화에 집중 투입되는 Kamov Ka-32 기종이다.

또 다른 기종으로는 마치 자벌레 모양의 헬리콥터를 본적이 있을 것이다. 이 기종의 헬리콥터는 전후방에 한 개씩의 주 엔진을 장착하고 전후방의 주회전날개가 서로 반대방향으로 회전하도록 설계함으로써 주회전날개에서 발생하는 반작용을 상쇄시키는 형태이다. 이 같은 기종의 헬리콥터를 종렬식 회전날개 헬리콥터라 하고 대표적인 기종으로 치누크(CH-47)가 있다. 2개의 엔진을 작동시켜야 하기 때문에 엄청난 운용비가 소요되는 대형 수송용 헬리콥터이다. 이외에도 국내에서는 보기 드문 기종이지만 2개의 축을 장착하여 서로 반대방향으로 회전시켜 토크를 상쇄시키는 유형이 있다.

단일 로터 헬리콥터의 꼬리회전날개는 고속으로 회전하기 때문에 육안으로 식별이 어려워 사고의 원인이 되기도 한다. 이를 해결하기 위한 설계로 꼬리회전날개를 둥그런 구조물 내에 장착하는 방식으로 설계되기도 한다. 이외에도 단일 로터 헬리콥터이면서 꼬리회전날개의 역할을 수행할 수 있도록 테일붐(tail boom)에 터빈엔진의 배기가스를 분사하여 토크를 상쇄하는 방식의 헬리콥터가 개발되었다.

▲ 헬리콥터와 비행기 성능을 결합한 하이브리드 항공기이다. 수직이착륙이 필요할 때 회전날개가 유용하고 고속비행을 할 때 쌍발엔진이 유용하다.

헬리콥터와 비행기 고유의 특성을 조합한 방식의 하이브리드 헬리콥터가 개발되어 항공인의 관심을 끌었다. 주회전날개와 함께 동체에 짧은 날개를 장착하여 끝에 터보프롭 엔진으로 프로펠러를 회전시킨 유형으로 개발되었다. 주회전날개에 의한 토크는 좌우측에 설치되어 있는 프로펠러의 회전력을 조절하여 달성할 수 있고 고속비행과 함께 수직이착륙 성능을 달성할 수 있는 장점을 갖고 있다. 앞으로 이 같은 유형의 항공기가 주목 받을 것으로 예상된다. ✈

▲ 틸트-로터로 설계된 미래형 하이브리드 항공기

헬리콥터 조종 ……✈

수직비행(vertical flight)은 BC 400년 중국에서 어린이들은 대나무 비행 장난감(bamboo flying toys)을 갖고 놀았다는 기록이 있다. 이 대나무 콥터는 로터에 달려 있는 축을 회전시키는 방식이다. 축을 두 손바닥에 놓고 강하게 비벼 축이 회전체(rotor)를 회전시키면서 양력이 발생하고 이를 놓았을 때 회전체는 회전하면서 날아간다. 이후 수직비행에 대한 관심이 높아지면서 수많은 나르는 기계(flying machine)가 설계되고 개발되었지만 Leonardo da Vinci의 설계 개념보다 고대 대나무 비행 장난감에 더욱 유사한 회전날개의 비행기계의 개념이 정착되었다.

"헬리콥터는 어떻게 조종할까?"

헬리콥터 조종장치는 사이클릭(cyclic), 컬렉티브(collective) 그리고 테일 로터 페달(tail rotor pedal)과 스로틀(throttle)이 있다. 사이클릭은 일종의 스틱이고 조종사는 오른손으로 가볍게 사이클릭 손잡이를 잡고 전후좌우로 압을 가하여 조종할 수 있다. 사이클릭의 움직임은 각종 연결계통을 통해서 회전면을 경사지게 하는 역할을 한다. 회전면의 경사는 곧 헬리콥터의 진행 방향을 결정한다.

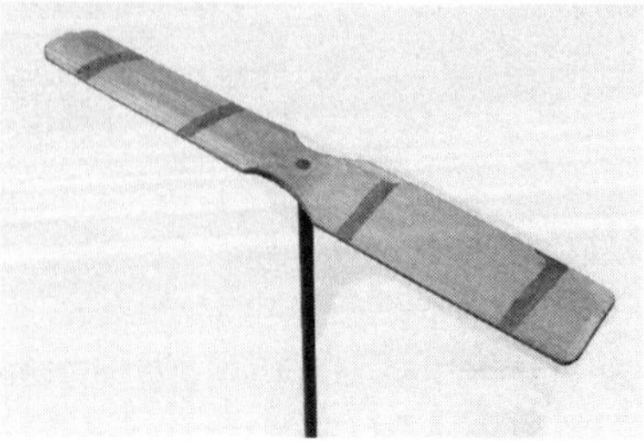

▲ 대나무 바람개비

컬렉티브는 주회전날개의 비틀림 각도(twist angle)를 증감시킬 수 있는 장치로 블레이드가 공기를 취할 수 있는 각도를 변화시켜 주는 역할

▲ R-22 경헬리콥터의 조종장치를 엿볼 수 있다. 조종실 중앙에 사이클릭이 설치되어 있는 유형이지만 대부분의 터보축 엔진 헬리콥터는 기장과 부기장석에 각각 사이클릭과 컬렉티브 조종간이 설치되어 있다. 동력을 조정하는 스로틀은 컬렉티브 스틱에 있다. 오른손으로 사이클릭 그리고 왼손으로 컬렉티브를 조종하고 양발로 테일로터 페달을 조종한다.

을 한다. 컬렉티브를 올리면 주회전날개의 꼬임각을 증가시켜 받음각을 크게 함으로써 더 많은 공기를 아래로 끌어내릴 수 있어 헬리콥터는 상승하고 반대로 컬렉티브를 내리면 헬리콥터는 강하한다.

주회전날개의 회전에 따라 발생하는 반작용을 상쇄하는 역할로 꼬리회전날개가 회전하고 있다. 작용과 반작용의 힘이 동등할 때 헬리콥터는 기축과 비행경로를 일치시켜 비행할 수 있지만 동력이 증가하면 힘의 균형이 깨져 동체가 어느 한 방향으로 돌아가려 할 것이다. 이 같은 동력 변화에 따라 작용과 반작용의 힘을 조종사가 수정해야 기축 안정을 유지할 수 있다. 일정한 방향을 유지하는 헬리콥터의 동력이 증가하면 회전력이 증가하고 회전력의 증가는 반작용의 힘도 증가시켜 균형을 이루고 있던 동체가 틀어지려 하므로 조종사는 테일로터 페달을 이

▲ 초창기 헬리콥터 V-300의 비행 모습

▲ 헬리콥터의 주회전날개이고 로터 블레이드라고도 한다. 일반 헬리콥터의 주회전날개 끝단은 딱 잘린 모양으로 끝단에서 상당한 와류가 발생하고 고속 회전에 따른 소음 역시 크다. 이 같은 와류 발생을 최소화하고 소음을 줄이기 위해서 끝단을 앞쪽으로 전진시켰고 동시에 뒤쪽으로 젖힘 설계를 반영하였다.

용하여 꼬리회전날개의 추력을 증가시켜야 세로 안정을 유지할 수 있다. 헬리콥터 조종에서도 역시 삼타일치(사이클릭, 컬렉티브, 테일로터 페달)/균형조종이 매우 강조된다. 특히 헬리콥터는 비행기와 달리 가로축과 세로축이 짧아 동체의 운동이 더욱 민감하게 작용하기 때문이다. ✈

▲ 로터 블레이드의 소음을 크게 감소시킨 블레이드 끝단 설계

헬리콥터 최대의 특성, 제자리비행 ……✈

특수 요원들이 탑승한 헬리콥터가 건물의 옥상 위에서 제자리비행을 하고 있는 동안 로프(rope)가 내려지고 특수 요원들이 재빨리 로프를 이용하여 옥상으로 진입한다. 영화의 한 장면만은 아니다. 헬리콥터가 일정한 고도에서 정지된 상태로 비행하는 것을 제자리비행(hovering)이라고 한다. 제자리비행은 헬리콥터 기본 비행술의 하나로 헬리콥터 조종을 익히는 조종훈련생에게 중요한 과목의 하나이다. 헬리콥터 조종의 시작과 끝은 제자리비행에서 제자리비행으로 종료된다 할 정도로 헬리콥터에서 제자리비행이 차지하는 비중은 크다. 제자리비행은 일정한 고도에서 지정된 방향으로 편류(drift) 없이 공중에 머무는 비행술이다.

헬리콥터에는 다양한 공기역학적 힘들이 작용하고 아울러 바람과 같은 외부의 힘까지 작용하는 상황에서 조종훈련생이 제자리비행을 한다는 것은 결코 쉬운 것만은 아니다. 교관의 시범을 보기에는 손가락만으로 가볍게 조종하는 것을 보고 조종훈련생도 시도해 보지만 헬리콥터는 천방지축으로 날뛰는 망아지 모양으로 흔들거리니 이를 잡기 위해서 손과 발에는 엄청난 힘이 들어가 있을 수밖에....

제자리비행은 시각으로 헬리콥터 자세의 변화, 참조점과의 위치, 바람에 의한 편류 등을 순간순간 판단하여 동시에 수족의 감각으로 삼타(사이클릭, 컬렉티브, 테일로터 페달) 조종량의 적용을 지속적으로 조절해 주었을 때 비로소 제자리비행이 가능하다.

▲ 제자리비행의 특성을 이용한 헬기 레펠

처음 제자리비행을 익히는 조종훈련생은 이 같은 조종감각이 아직 발달하지 못했기 때문에 놀이기구의 바이킹을 타는 것과 같은 심한 진자운동, 롤링, 편류 등을 초래하고 통상 이 같은 현상은 점점 운동량이 커져 교관이 수정해 주지 않으면 안 되는 상황에 이른다.

헬리콥터는 주회전날개와 공기의 받음각을 증가시켜 공기를 아래로 밀어내리는 힘으로 제자리비행을 할 수 있다. 이때 헬리콥터의 주회전날개에서 발생하는 힘과 헬리콥터의 무게가 일치해야 일정한 고도를 유지할 수 있다. 만약 주회전날개에서 발생하는 양력이 작으며 헬리콥터는 강하하기 때문에 조종사는 양력을 증가시킬 수 있도록 컬렉티브를 들어 올려야 한다. 바람이 없는 상황에서 제자리비행시 하강풍은 사방으로 고르게 분산되지만 만약 바람이 불고 있다면 헬리콥터는 바람의 영향을 받아 흐른다. 조종사는 이 편류를 방지하기 위해서 바람 부는 방향으로 사이클릭 압을 적용해야 헬리콥터는 편류 없이 제자리비행을 할 수 있다.

제자리비행은 지면으로부터 약 3피트 상공에서 제자리비행하는 것과 그 이상의 고도에서 제자리비행하는 두 종류가 있다. 일반적으로 3피트 고도에서 제자리비행할 때 그 이상의 고도에서 제자리비행할 때보다 동력이 적

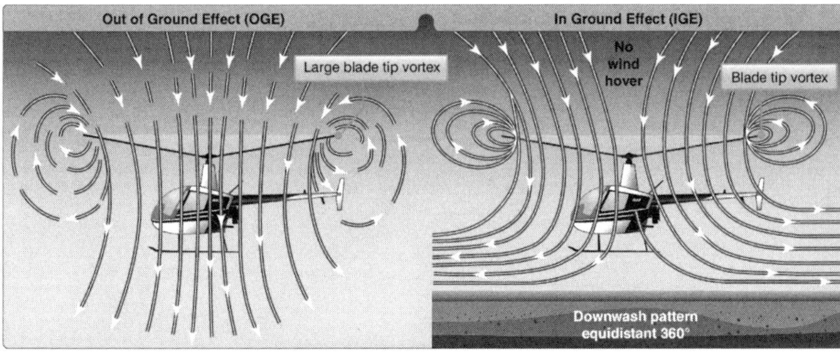

▲ 헬리콥터가 지면효과(IGE)를 받고 있는 상태와 무지면효과(OGE) 상태에서의 공기흐름을 관찰할 수 있다.

게 든다. 이 같은 이유는 지면 가까이에서 제자리비행할 때는 주회전날개에서 발생한 하강풍이 지면에 부딪혀 상승함으로써 쿠션(cushioning) 작용을 한다. 고도가 증가할수록 하강풍이 지면에 부딪치는 쿠션 작용을 받지 못하는 높은 고도에서 제자리비행시는 더 많은 동력이 요구된다. 그러나 비록 3피트 고도에서 제자리비행을 한다 할지라도 지표면이 거칠거나 풀밭 또는 수면 상공에서는 충분한 지면효과(ground effect)를 받지 못하여 더 높은 동력이 요구된다. ✈

▲ 제자리비행 특성은 인명 구조에 최적이다. 수면 위에서 제자리비행하고 있는 헬리콥터의 주회전날개에서 발생하고 있는 하강풍의 행태를 관찰할 수 있다.

오토로테이션(자동활공) ……✈

바람개비(pinwheel)를 높은 곳에서 놓으면 바람개비는 자체의 무게로 인하여 하강하면서 공기의 영향을 받아 회전하는 것을 간단한 실험을 통해서 관찰할 수 있다. 헬리콥터가 동력을 잃었을 때 바람개비의 회전원리가 적용되고 이를 자동활공(autorotation)이라 한다. 하늘을 나는 항공기 엔진은 정밀하게 제작되고 철저한 점검으로 고장률이 적으나 엔진고장은 언제든지 발생할 수 있는 개연성을 갖고 있다. 비행 중 엔진고장과 같은 비상상황에서 조종사는 기체와 승객의 안전을 위한 조치를 취할 수 있어야 한다.

헬리콥터는 주회전날개의 회전에 의해서 존재할 수 있고, 주회전날개의 정지는 바로 공중에 내던진 바위 덩어리와 무엇이 다르겠는가? 엔진에서 발생한 회전력을 축을 통하여 회전날개를 회전시키게 되나 만약 엔진이 정지된다면 엔진에서 공급되는 힘에 전달되지 않아 적절한 조치를 취하지 않으면 공기 저항으로 주회전날개가 수초 내에 정지해 버린다.

"정지해 버린 주회전날개는 날개 잃은 새와 같다"

여기서 헬리콥터 조종사의 최고의 기량이 발휘되는 시점이다. 숙달된 조종사라면 엔진고장 징후를 인지하자마자 컬렉티브를 최대로 내려 주회전날개의 꼬임각을 수평으로 만드는 즉각적인 초동 조치가 요구된다. 초동 조치가 늦어지면 주회전날개의 속도는 급격히 감소하고 이는 치명적 사고로 이어진다. 헬리콥터의 구조 역학에서 엔진이 정지되면 주회전날개는 자동적으로 엔진의 회전축과 분리된다. 이는 마치 자전거의 기어와 같은 역할을 한다. 평지나 오르막길을 올라갈 때 페달을 사용하고 페달은 뒷바퀴의 기어

▲ 오토로테이션의 성공은 주회전날개의 회전력을 최대한 보존하는데 있다. 조종사는 엔진고장을 인지한 순간 최우선적으로 "컬렉티브 풀-다운..." 조치를 취한다. 정상 순항비행 중일 때 통상 9초 이내에 이 조작이 이루어져야 한다. 엔진이 정지되는 순간 주회전날개와 엔진 회전축이 분리되어 이때부터 주회전날개는 바람개비와 같이 강하할 때 아래에서 위로 작용하는 공기흐름에 의해서 회전력을 유지할 수 있다. 조종사는 활공이 가능한 거리에 착륙장소를 선정해야 한다.

와 연결되어 있다. 그러나 내리막길에서는 페달을 사용하지 않아도 자전거는 스스로 이동할 수 있으며 이때 페달과 기어는 자동 분리된다. 헬리콥터도 엔진이 정지됨과 동시에 축에서 분리되어 주회전날개는 동체의 무게를 받아 활공하면서 공기가 위로 작용하여 자동활공할 수 있는 힘을 발생한다.

"컬렉티브 풀-다운(full down), 로터 인-그린(in green), 기축 유지..."

비행기는 엔진이 정지되더라도 날개의 양력으로 일정기리를 활공할 수 있다. 그러나 고정날개 항공기라 하여 모두 같은 비율의 활공률을 갖는 것은 아니다. 초음속 전투기는 중량이 무겁고 날개의 가로세로비가 매우 작아 활공을 거의 기대할 수 없다. 대형 운송용 항공기 역시 수백 톤의 중량에

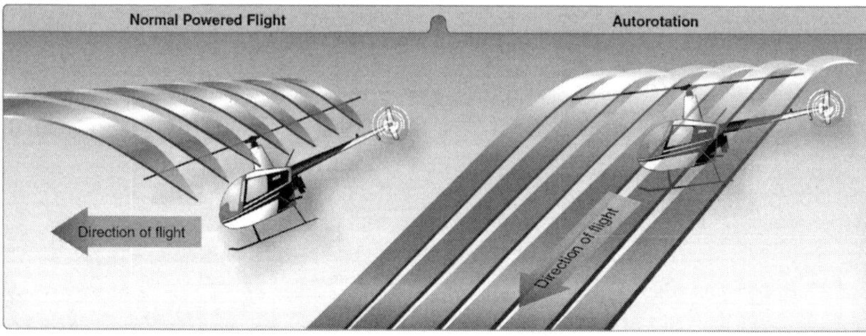

▲ 헬리콥터가 정상적인 비행상태에서 공기흐름과 오토로테이션할 때 공기흐름이 다르다는 것을 알 수 있다. 헬리콥터가 활공하는 동안 공기는 아래에서 위로 흐르면서 로터 블레이드에 회전력을 제공한다.

비해서 날개의 가로세로비가 작아 역시 높은 활공률을 기대할 수 없다.

헬리콥터는 기본적으로 약 1:3~4 정도의 활공률을 갖기 때문에 현재 비행 상태에 따른 큰 영향을 받을 수 있다. 예를 들어 상승 중이라면 고도가 낮고 속도 역시 낮은 상태이기 때문에 정상 순항비행 조건에 비해서 매우 불리한 상황이라고 볼 수 있다. 헬리콥터 엔진이 정지되면 조종사는 가장 먼저 회전날개의 회전속도를 유지해야 한다. 회전속도를 유지했을 때만 자동활공이 가능하다.

"100피트 감속 조작과 15피트 착지 조작"

동력을 잃은 헬리콥터는 조종사의 적절한 초동 조치로 자동활공할 수 있다는 것을 알았다. 엔진이 정지된 헬리콥터는 매우 빠른 속도로 강하하기 때문에 그 속도로 지면에 충격착륙(hard landing) 했을 때 조종사는 물론 기체의 안전을 보장받을 수 없다. 따라서 지속적으로 자동활공하여 지면으로부터 약 100피트 정도의 고도에 이르면 조종사는 헬리콥터의 자동활공에 의한 강하속도를 감속시켜야 한다. 바람개비를 높은 위치에서 놓았을 때 공기의 영향을 받아 회전하면서 강하하지만 지면에 강한 충격으로 떨어지고 만다. 헬리콥터도 마찬가지로 지면 가까이에서 강하율과 속도를 감소시켜 주지 못하면 수천 파운드의 무게로 지면에 부딪쳤을 때를 상상해 보라. 그

▲ 엔진정지 후 적절한 조치로 활공에 성공했다면 헬리콥터는 빠른 속도로 강하하게 될 것이다. 이 강하속도를 줄이기 위해서 약 100피트 상공에서 사이클릭을 뒤로 당기면 회전면이 뒤로 기울면서 공기 제동력을 제공한다. 마치 새가 착지하는 것과 유사한 자세이다. 속도는 줄었지만 위의 그림과 같이 뒤로 기울어진 자세에서 착지하면 착륙 사고로 이어진다. 이를 방지하고 쿠션 착지를 위해서 마지막 컬렉티브를 최대로 당겨 주회전날개 피치를 최대로 꼬아주고 사이클릭을 앞으로 밀어 수평자세에서 착지되도록 조치해야 한다. 어느 한 순간의 실수는 사고로 이어질 수 있는 고난도의 기술이다.

래서 감속 조작이 필요한 것이고 정확한 판단력을 갖춘 조종사의 기량이 요구되는 것이다. 헬리콥터의 강하속도를 줄이기 위해서 사이클릭을 뒤로 당기면 회전면이 후방으로 경사지고 동체도 뒤로 기울어진다. 이때 공기역학적으로 회전면은 공기 브레이크(air brake)로 작용하여 강하속도가 급격히 감소하면서 지속적으로 침하한다. 지속적으로 자동활공하여 고도 100피트에서 성공적으로 감속 조작을 실시하였다. 이때 헬리콥터는 뒤로 기울어진 자세이기 때문에 적절한 자세변경(flare)을 하지 못하면 꼬리부터 지면에 부딪치는 사고가 발생한다. 강하율도 크기 때문에 또 다른 적절한 조치가 없으면 강한 충격으로 불시착하게 될 것이다.

감속 조작을 실시하여 헬리콥터가 지면으로부터 약 15피트 상공에 이르면 조종사는 헬리콥터의 자세를 수평으로 만들고 동시에 완전히 내렸던 컬렉티브를 최대한 들어 올려 강하율을 감소시키면서 수평자세로 지면에 가볍게 착륙할 수 있도록 최후의 결정적인 조종이 요구된다. 낙하산 강하를 해본 경험이 있는 사람은 마지막 착지 단계에서 낙하산 줄을 힘껏 당겼다 놓음으로써 순간적으로 낙하산의 양력을 증대시켜 가볍게 지면에 착지하는 것과 같은 원리로 마지막 순간에 주회전날개에 남아있는 양력을 활용하는 기술이다.

마지막 단계의 조치가 자동활공의 성패를 좌우하고 또한 순간순간의 조작이 적시성을 갖추어야 하며 조작은 과감하게 실시되어야 한다. 이 같은 비상조치 능력이 말처럼 그리 쉬운 것은 아니며 예리한 판단력과 과감한 조작은 많은 훈련을 통해서 달성될 수 있다. 아울러 불시착 장소가 자동활공의 성공 여부에 결정적으로 작용하게 된다는 것을 간과할 수 없다. 헬리콥터 기장은 이 같은 비상조치 능력을 구비해야만 기장으로서 임무를 수행할 수 있다. 당신이 탑승하고 있는 헬리콥터 기장 역시 충분한 비행기량을 갖춘 베테랑 조종사로 기장을 믿고 편안한 마음으로 헬리콥터의 여행을 느껴보길 바란다. ✈

항공안전과 승무원 ……✈

교통수단은 조그마한 인력거에서부터 초음속 항공기까지 획기적인 발전을 거듭해 왔고, 지금 이 순간에도 더욱 안전하고 편리하게 그리고 빠른 교통수단을 개발하기 위해서 치열한 경쟁이 계속되고 있다. 항공교통의 발달과 더불어 간과할 수 없는 것은 항공안전(aviation safety)이다. 인간은 두 발이 지면에 닿아 있어야 안전함을 느낄 수 있고 단 몇 미터 높이에서도 두려움을 느낀다. 하물며 수백 혹은 수천 피트 상공을 나는 조종사의 심정은 어떠할까?

항공기가 대형화되면서 항공기 사고가 발생했을 때 많은 인명피해를 입을 수 있다. 따라서 항공기 제작사는 최첨단 기술을 도입하여 무결함 항공기 제작에 많은 연구와 투자를 하고 있으며 항공기를 운용하는 항공사에서도 인적과실(human errors)을 최소화하기 위한 조종사 및 승무원 훈련에 많은 비용과 노력을 기울이고 있다. 대형 항공기 사고는 항공사의 경영에 치명적 영향을 줄 수 있을 뿐만 아니라 안전관리에 대한 국가의 이미지에도 타격을 줄 수 있으니 그 무엇보다 작은 실수로 인한 사고가 발생하는 것을 방지하기 위한 투자와 훈련은 아무리 강조해도 지나침이 없다.

하늘을 날아 보고자 하는 사람이 이 같은 두려움을 극복하지 못한다면 지상 교통망으로 만족할 것이나 남녀노소 적지 않은 사람들은 자신의 손으로 항공기를 조종하거나 제작해 보고자 하는 시도한다. 몇 해 전 미국에서는 9세의 소년이 경비행기를 조종하여 대륙 횡단을 성공해 화제가 되기도 했

▲ 비행 중 엔진정지와 같은 비상상황에 대비하기 위한 지속적인 훈련만이 성공 가능성을 높여 줄 수 있다. 고고도를 운항하는 여객기는 철저하게 밀봉되어 있어 전문 훈련을 받은 승무원이 조작할 수 있다. 또한 출입문 주변에는 각종 비상탈출 장비들이 비치되어 있어 이를 다룰 수 있는 객실 승무원은 근처 좌석에 착석한다.

으나, 또 다른 어느 한 소년은 대륙 횡단의 새로운 도전에 나섰다가 악천후에 휘말려 동승했던 아버지와 함께 사망하는 사고가 발생했다.

사고의 원인이야 어쨌든 항공기 사고는 치명적이라는 것을 다시 한 번 상기해야 하고 국내에서도 크고 작은 항공기 사고가 발생하고 있다. 따라서 조종사는 스스로 모든 절차를 철저히 준수해야 하고 최종적으로 항공기 운항에 대한 책임을 갖는다고 규정에 명시되어 있듯이 모든 결심은 스스로 내려야 하는 막중한 책임을 갖는다. 비행 중인 항공기는 언제 어떠한 형태의 비상상황(emergency)에 처할지 모른다. 차량 고장이 발생했을 때 도로 옆에 세우고 필요한 정비를 하거나 견인할 수 있지만 공중에서 엔진고장과 같은 재난상황에 처한다면...

이러한 비상상황에서 순간적인 재난(distress) 상황을 인식하고 침착하게 대응하느냐의 여부에 따라 비상조치의 성패가 달려있고 인적 물적 피해를 최소화할 수 있는 길이다. 비행중 비정상적인 소음, 거친 흔들림, 조종간의 효력 상실, 계기의 비정상 지시, 각종 경고등 작동 등을 통하여 이상을 감지할 수 있다. 어느 경우든 초임 조종사는 매우 당황하게 될 것이나 가능한 한 빨리 심리적 안정을 되찾고 즉각적인 비상조치에 들어가야 한다.

비행 중에 발생할 수 있는 비정상 상황은 엔진고장을 포함하여 다양한 형태가 있을 수 있다. 조종사는 우선적으로 권장 활공속도와 자세를 취하고 차후 절차를 생각해야 한다. 매우 당황한 상황이라면 사고력이 마비되어 우유부단한 조치와 악몽과 같은 순간을 회피하기 위한 급조작으로 적절한 조치를 취할 수 있는 기회를 상실하기도 한다.

▲ 이 경비행기는 도로에 비상착륙했다.

"정신적 안정을 되찾고 신속한 초동 조치를 취하라."

당황하면 사고력이 경직되고 부상에 대한 지나친 염려가 가중되면 공포심의 단계를 넘어 심신의 마비를 초래하는 공황(fear)으로 발전되어 치명적 실수를 유발한다. 일단 활공자세를 취한 후에는 비상상황을 확실히 인지하고 그 동안 익혔던 비상절차 훈련을 상기하여 적극적으로 대응하는 자세가 필요하다.

"항공기의 안전은 조종사와 승객의 안전을 보장한다."

항공기의 안전이 조종사 자신과 승객의 안전을 보장한다는 의식은 매우 중요하다. 항공기가 대파될 정도의 피해를 입은 상황에서 조종사와 승객의 안전 역시 보상할 수 없다는 것은 불을 보듯 뻔한 이치이기 때문이다. 따라서 조종사는 안전하게 불시착할 때까지 최고의 기량을 발휘하는 것이 기체와 승객 모두를 구할 수 있는 길이다.

"긴급 구조요청을 타전하라."

초동 조치로 안정을 되찾았다면 즉시 구조 요청을 한다. 재난을 당한 조종사를 구조하기 위한 비상주파수 121.5 MHz가 할당되어 있다. 시간적 여유가 있다면 주파수 변경을 하여 구조 요청을 하고 시간적 여유가 없거나

▲ 항공기에서 비상 탈출할 때 알아두면 유익한 내용이다. 순간의 결정이 생사를 결정할 수 있기 때문이다.

생각나지 않을 때는 현재 사용 중인 주파수를 활용하여 구조 요청을 하면 이를 감청한 지상관제소에서 구조에 필요한 지시를 받을 수 있다.

관제기관에 "메이데이 메이데이 메이데이"를 선언하여 위급상황, 자신의 위치, 조종사의 의도 등 가능한 정보를 제공하라. "메이데이"를 접수한 관제기관에서는 재난에 처한 항공기를 최우선적으로 구조하는데 가용한 모든 수단이 강구되고 즉각적인 수색 및 구조팀을 발진시킬 것이다.

"점검표(emergency checklist)를 활용하여 비상조치 내용을 점검하라."

비상상황이라 할지라도 점검표의 중요성이 강조되고 있다. 복합한 항공기일수록 점검사항이 많아 중요한 요소를 빠뜨리기 쉽기 때문이다. 아울러 점검표를 활용하여 엔진시동 절차에 따라 재시동을 시도함으로써 가용한 방법을 최대한 활용하고 재시동(restart)에 실패했을 경우는 불시착을 결심한다.

"현재 위치에 적합한 최적 불시착 장소를 선정하라."

불시착 장소는 가능한 한 넓어야 하고 주변에 사람이 많이 모여 있는 장소 또는 민가 등은 피해야 한다. 민간 항공기나 군용기가 추락하고 있는 급박한 상황 속에서도 조종사는 민가나 인구 밀집지역을 피하려는 필사의 노

◀ 최신 여객기는 장시간 여행하는 승객의 편의를 위한 영화, 게임, 오디오 등과 같은 다양한 편의시설을 갖추었다. 기장과 객실 승무원의 끊임없는 노력과 열정으로 더욱 안전하고 안락한 항공여행을 만들어 가고 있다.

력이 알려지는 것은 조종사의 높은 책임감을 엿볼 수 있는 대목이다. 불시착 장소는 활공거리를 판단하여 결정해야 하고 활공거리를 초과하여 무리하게 활공을 시도하는 것은 매우 위험하다. 불시착 방향은 맞바람으로 시도해야 대지속도를 감소시킬 수 있고 불시착 장소 주변에 고압선이라든지 커다란 나무 또는 구덩이가 있는 지역은 피해야 한다.

항공기 승무원은 항공기에 탑승하는 주어진 각자의 임무를 수행하는 사람들이다. 이들은 수행하는 임무에 따라 항공기 조종업무를 수행하는 운항승무원과 객실 내에서 업무를 수행하는 객실승무원으로 분류된다. 따라서 기장과 부기장은 운항승무원이 되고 스튜어디스라고 하는 객실 승무원은 항공기 객실에서 승객의 안전과 기내 서비스를 제공하는 것이 주 업무이기 때문에 "항공종사자"에 속하지 않는다.

2000년대 이후 호칭에 관한 성차별 방지를 위해서 "steward" 또는 "stewardess" 내신에 "flight attendant" 또는 "cabin attendant"로 사용하고 있다. 국내 항공사의 정식 명칭은 "cabin crew(객실 승무원)"이다. 객실 승무원에 대해서 객실에서 기내식을 제공하고 때로는 면세품을 판매하는 단순한 사원 혹은 판매원으로 잘못 생각하는 승객이 적지 않다. 객실 승무원의 기본 임무는 객실 내 승객의 안전관리이다. 출발 전 객실 장비의 점검에서부터 비상상황에서 승객 대피 유도나 응급구조까지 모두 객실 승무

▲ 항공기가 비상착륙한 후 객실의 승객을 구조하는 데는 결정적으로 승무원의 활약에 달려 있다.

원이 수행한다. 이 때문에 운송용 항공기에는 법규에 지정된 수의 객실 승무원을 반드시 탑승시켜야 한다.

최근에 발생한 항공기 사고에서 승객의 탈출을 돕고 자신보다 큰 남성 승객들을 업고 대피시켜 인명 피해를 예방할 수 있었던 사례 역시 모두 여승무원들의 활약이었다. 하지만 아직도 항공기 여승무원에 대한 그릇된 인식이 남아 있는 것은 항공사의 채용 과정에서부터 미모를 중시하거나 승객이 미모의 여성 승무원을 더 선호하는 것과 같은 인식부터 바뀌어야 한다. 만약 당신의 생명을 구해야 하는 절박한 상황이라면 당신의 생각은 어떨지 한 번쯤 생각해 본다면 그 정답은 명확하다.

객실 승무원의 책임자로 임명된 사무장은 전체 객실 승무원의 업무를 총괄 감독한다. 객실 사무장의 지시에 따라 기내를 정돈하고 목적지, 비행시간, 항로, 귀빈의 좌석 등에 관련된 내용을 확인한다. 탑승객이 제시하는 좌석표를 확인하고 좌석을 안내한다. 승객의 탑승이 완료되면 항공기의 출입문을 닫고 안전벨트, 구명조끼, 산소마스크, 비상탈출구의 사용법 등에 대한 시범을 보인다.

항공기가 목적지 공항에 거의 도착했을 때 승객의 입국수속에 필요한 입국서류와 세관신고서(국제선) 등을 배포하고 작성방법을 설명한다. 착륙 전 모든 좌석을 바로 세우고(upright) 안전벨트 착용을 안내한다. 비상상황 시에는 안내방송을 하고 비상탈출 장비를 작동시켜 승객의 탈출을 돕는다.

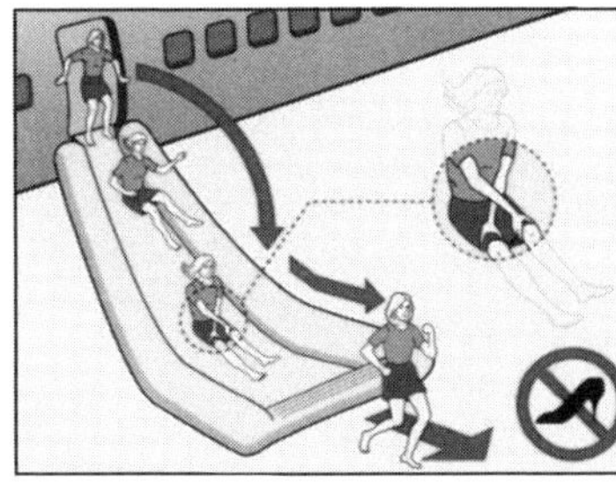

▲ 탈출 슬라이드를 사용하는 방법

항공기 운항을 책임지고 있는 조종사를 포함한 전 승무원들은 자신보다 승객의 안전을 최우선으로 하는 강도 높은 교육훈련과 책임감으로 무장되어 있다. 조종사는 비상상황에서 항공기의 안전이 바로 승객의 안전을 보장하는 길이기에 항공기의 조종에 최대의 역점을 둔다. 항공기가 불시착했을 때 기내에 있는 승무원은 우선적으로 출입구 쪽으로 향한다. 출입구를 신속하게 개방하여 승객이 탈출할 수 있도록 탈출구(emergency exit)를 확보하고, 출입구에 설치되어 있는 각종 비상탈출 장비들을 작동시켜야 하기 때문이다. 항공여행이 대중화된 사회에서 이 같은 위급 상황에 승무원들의 길을 터 줘 신속하게 더 많은 인명 구조에 나설 수 있도록 배려하는 것은 구급차에게 도로를 양보하는 것과 무엇이 다르겠는가? ✈

▲ 항공기가 바다에 비상착수했을 때를 대비해서 구명보트를 갖추고 있다. 구명보트는 제품에 따라 다양하지만 법규에 정한 최소한의 생존장비와 신호수단을 갖추어야 한다.